欲望动力心理学书系

21世纪经典原创理论推荐与精选

欲望的世界

欲望与精神心理学

人类精神宇宙的第一推动力

张振学/著
zhang zhenxue

中国商业出版社

图书在版编目（CIP）数据

欲望的世界．Ⅱ，欲望与精神心理学 / 张振学著．-- 北京：中国商业出版社，2016.8

（欲望动力心理学书系）

ISBN 978-7-5044-9519-8

Ⅰ．①欲… Ⅱ．①张… Ⅲ．①欲望 Ⅳ．① B848.4

中国版本图书馆 CIP 数据核字（2016）第 173993 号

责任编辑：朱丽丽

中国商业出版社出版发行

010-63180647　www.c-cbook.com

（100053 北京广安门内报国寺 1 号）

新华书店经销

北京洲际印刷有限公司印刷

*

710 × 1000 毫米　16 开　15.75 印张　260 千字

2017 年 5 月第 1 版　2017 年 5 月第 1 次印刷

定价：39.80 元

* * * *

（如有印装质量问题可更换）

致　谢

一直以来，我们似乎都被一个共性的问题所困扰：快乐与烦恼总是频繁交替地出现在我们的生活中，几乎每一天都在搅扰着我们的心灵难得安宁。小时候，我们哭着哭着就笑了；长大后，我们笑着笑着就哭了。那么请问，有谁知道我们的心情为什么总是处于如此这般的波动起伏之中呢？我们的心灵天空为什么总是一会阴一会晴呢？

后来，再后来，我终于找到了问题的根源所在，那就是，我们每个人自打出生之日起，便都不可避免地坠入了欲望的世界里。巡睃着眼花缭乱的人间万象，我们心神摇荡，迷离惝恍，不知所从。无论我们怎样努力，似乎也摆脱不掉欲望之魔的蛊惑与纠缠。我们因此而惊惶失措地意识到，如果不能解决好欲望问题，如果不能把欲望解释清楚，我们将永无解脱之日，永无释怀之时。于是，为了寻求人生的解脱与心灵的安宁，我开始把关注的目光转向了欲望的世界，并将它作为专门的课题进行了长期的探索和研究。

然而随着研究的不断深入，我发现人类欲望问题几乎与宇宙中的一切事物和所有问题都交织在一起，很难给出一个明确的边界。为此，我陆续阅读了古今中外大量的哲学、心理学、物理学、认知神经科学等经典著作，从柏拉图、亚里士多德、笛卡尔、斯宾诺莎、康德、黑格尔、弗洛伊德，到牛顿、爱因斯坦、普朗克、麦克斯韦、薛定谔、德布罗意，再到达尔文、巴甫洛夫、詹姆斯、马斯洛、皮亚杰，等等，正是他们思想的璀璨光辉，将我心中的宇宙照亮，将人类欲望的世界照亮，并使我有条件援引和借鉴他们优秀的理论成果作为阐述本书系观点的强大支撑。我为此要特别感谢历史上这些学术巨人们的慷慨赐惠。我对他们充满了无限敬意！

而当今时代更是一个群英荟萃、大师辈出的时代！全世界各地的科学家以异乎寻常的力量，不断推出一个又一个惊人的发现，使现代基础科学的天空不断放射出奇光异彩，使人类的世界观不断发生巨大的改变！人类主客观两个世界在现代物理学所建构的统一理论模型中有可能正在合并为一个特殊的奇点，一旦将这个奇点揭秘出来，整个世界都将为之震撼！人类对于世界的解释可能由此发生一场天翻地覆的革命。新时代科学巨匠们的惊世发现和优秀理论成果，更为我研究欲望问题增添了新鲜的活力，提供了诸多非常直接的有益启示，我在此向这些伟大的科学家们表达深深的敬仰和谢意！

同时，我还要感谢本书系的文字校对、内文排版、封面设计等工作人员的辛勤努力，他们连续加班加点地工作，大大加快了本书系出版的进程，我对他们的热心和勤奋充满了感动。

我也要感谢一位未满 16 岁的绘画少女。她用她天才的绘画技能帮助我完成了内文中几幅人物漫画插图的绘制工作。

最后，我更要衷心感谢出版社的编辑们。他们为本书系的出版做了大量辛苦的审读工作，并提出了很多宝贵建议，使得本书系能够以如此精美的面貌呈现在读者面前。

正是得益于如此众多人的福赐与成全，才使得本书系的创作过程成为一种令人激动而愉悦的经历。我对所有支持我的人深表感激，当然也包括所有阅读本书系的读者。

作　者

2017 年 4 月于北京

目录
Contents

前言：一本解释世界并改变自我的书

本书系将欲望作为具有开端意义的学科门类进行研究，并以物理学为依托，以生理学为基础，以心理学为导向，以认知神经科学为介质，以欲望作为人类主观世界的第一推动力，借助欲望层次理论和自我质能结构理论模型，构筑了一个规模宏大、经纬万端、独出机杼的理论体系，藉此演绎并绘制了人类精神宇宙的巨幅画卷。从此，人类主观世界的大门在欲望力所指引的方向上被一脚踹开，虽是庭院深深，红尘滚滚，却是三观尽显，一览无余！

同时，我们借助主观世界不断闪烁的幽微的光芒，一路走去，甚至还惊异地发现了主客观两个世界所存在的奇点性契合与叠加，进而别具只眼地领略到了客观物质世界的发生与发展的神奇风貌和诡异踪迹。

欲望动力心理学是为了让人们更好地了解人类欲望与生理机能之间的关系、人类欲望对精神宇宙的形成和发展所具有的特殊驱动作用、人类欲望与心理的本质以及由此产生的行为与表现，从而更理性地把握自身言行、更准确地解读他人动机，并藉此恰到好处地处理社会关系和引导人类文明未来走向的一门新兴科学。

人类的所思所言，所作所为，无一不源于自身欲望的诱使和驱动，人类社会的一切现行状态、一切人文成果和客观面貌无一不掩映着欲望碾轧的辙痕，无一不是内心的欲望在外部世界绽开的魔幻之花。这是对于人类整体而言的。对于人类个体而言，也莫不如是。

任何人的所思所想，所言所行，无不串掇着无形的欲望的丝线，无不是自身内在欲望的展露与体现。表面上的成功或失败，平凡或卓越，顺利或坎坷，平安或灾难，吉凶或福祸，等等，无一不是源于内心欲望的蛊惑、诱使、感召和驱动而造成的一种客观现状和自我感受。

社会要求每个人都要把握好自己的言行，规范好自己的言行，其实从根本上说就是要求人们把握好和规范好自己的欲望以及对欲望的表达方式与表现分寸，从而更好地适应社会，适应自然，适应各种不断变化着的生存环境。

同理，如何把握好或规范好别人的言行，其实也是如何把握好和规范好别人的欲望的问题。特别是作为各行业、各领域的领导者或管理者而言，不但要善于把握好自己的欲望坐标，也要善于把握好别人的欲望曲线，从而才能更好地实现有效领导和科学管理。

欲望动力心理学不但能帮助你实现梦寐以求的夙愿和理想，让你的人生获得可期待的幸福和满足，而且还能有效地帮助你避开“欲壑难填、利欲熏心”的罪恶的渊薮；不但让你更全面和更深刻地认识和改造外部客观世界和人类主观世界，而且也能让你更准确和更现实地认识自己、改造自己、完善自己和提升自己；不但让你更有分寸地把握欲望底线，让欲望之手成为推动自己前进的动力，绝不让欲望的无底洞成为蛊惑自己抬脚踏空的人生陷阱，而且也可以让你在为人处世、职场交际、商场运营、员工管理、社会治安以及化解各类社会矛盾纠纷等过程中更好地揣摩和洞察别人的欲望脉搏，让欲望之衡成为丈量别人品德与意志的尺度，让欲望之力成为引导和激发别人产生特定行动的精神号角。

可以说，欲望动力心理学就像一剂良药，既能养生又能健体，既能治病又能防疾，不但可以使自己的人生功德圆满，而且也可以对别人的七情六欲洞幽烛微，并施以恰当的指教、规范、训诲与管理。

当然，研究欲望动力心理学的功用还远不止于此。按照法国哲学家德勒兹与精神分析学家伽塔利的观点，欲望者同时还是一台创造和生产世界人文万物的“机器”，在西方被广泛描述为“欲望机器”，即在宇宙系统与社会伦理关系中，有一种普遍存在的对偶或对称关系。此即对立者或对应者的永恒轮回，永恒重复。它是因主体向往获得某物或达到某种目的而自行运转、产生能量、并经由零件与要素组成的一种特殊装置。

我认为这台特殊装置不但可以将客观世界映照、投射、拼接、组合、演绎为主观世界，而且也能将主观世界辐射、描摹、仿造、复制、落实为客观世界。正像人类看到飞鸟便会产生飞的想法，而后便能制造出飞机；看到美的景观便会产生美的蓝图，而后便能创造出丹青；看到野兽奔跑便会产生追赶的念头，而后便能制造出汽车；看到好的人物便会产生爱的欲望，而后便能施与爱的情感，如此等等，皆可理解为欲望机器在工作，在运转，在生产，在创造。通过这台机器，客观的现实似乎都可以变幻为主观的梦想，而主观的梦想似乎也都可以演变为客观的现实。

欲望作为一种“对缺乏者的抱憾”，蕴藉了愿望、想往、要求、欲求、物欲、性欲、肉欲等所想要的东西，与此同时排斥其反义领域的诸如疼痛、苦闷、轻蔑、冷漠、惰性、恐慌、忧虑、厌恶、不安、无视等不想要的东西。机器作为一种创造工具或研发器械，也涵盖了具有机械装置或类似器械装置的诸如工具、器物、火车头、计算机、机器人、动物机体、身体器官、机构、机关、文学创作、绘画作品、雕刻作品、影视作品，以及人、东西、地球、宇宙、基本粒子等可以实现人类意图的一切事物。“欲望机器”把技术、技艺、力量、观念、理想、精神、计算、缝纫、打印、复制、传输、虚拟处理、翻译、战争、航海、交通、舞台、人、动物、政治、社会、经济、艺术、世界等统统融入其中，并试图像变戏法一样将这些东西一一研发和制造出来。

这就是说，人类的一切文明成果和不文明成果，无一不是欲望生产和制造出来的，这也许就是“欲望机器”之概念被提出来的重要意义。

因此，研究欲望动力心理学不仅可以造福于个人，也可以造福于社会，不仅可以解读内在的主观世界，也可以解读外在的客观世界，不仅可以解读自然景观的形成之妙，还可以解读人文景观的形成原理。

就简单的社会个体意义而言，人在自我认识与自我保护方面（内部力量）要寻求最大限度的满足，有赖于得到他者力量（外部力量）的呼应、支持与配合，也正是在内部力量与外部力量的相互合作、竞争、交融的共同作用下，作为人的自我才能不断成就自身、满足欲求、净化心灵、提高素质，从而达到改善环境、美化生活、实现幸福的目的。

欲望在帮助你成功把握前进方向的同时，还能帮助你有效地洞穿和驾驭他人的欲望，使他人的欲望目标与自己的欲望相契合，然后借势而动，借力而行，轻松而高效地达成自己的目标。这一点，对于领导者来说尤其重要，它同时还是一种有效管理下属、带动下属和激发下属工作积极性的高明的管理手段。

欲望如火。生活中我们知道，只有用适当的火苗才能为自己烹食煮饭，保暖护身；火苗太大，不但可能会烧着自己，也可能会烧着别人；而别人的欲望之火太大，在烧着他自己的同时，也要小心烧着你、烧着其他人。所以，欲望之于人、之于社会都是一种不可小觑和利害攸关的事件。

同时，我们还会认识到，人们的一切活动都是为了寻求欲望的满足，为其喜，为其忧，为其忙，为其休，人生的每一种感受，比如喜怒哀乐忧思惧等等，都是由欲望决定并创生的。欲望就是串连人生一切心理和行为的不可见的细线。印度20世纪哲学家、心灵导师克里希那穆提也曾说过：“对欲望不理解，人就永远不能从桎梏和恐惧中解脱出来。如果你摧毁了你的欲望，可能你也摧毁了你的生活。如果你扭曲它，压制它，你摧毁的可能是非凡之美。”

欲望并非人类所特有，一切生物都不同程度地具有诸如生命欲、生长欲、生存欲、生理欲等不同的欲望表现形式，特别是动物，同人类一样也具有食欲、性欲、安全欲、自由欲以及与生存群体或地域环境等相关的情感欲或归属欲。人类是高级动物，不仅智力发育的水平高，改造自然的能力强，谋求生存的本领大，而且欲望水平和敏感度也比其他一切生物或动物都要高级很多，无论在欲望的数量上还是在欲望的质量上、层次上，人类的欲望都是其他生物或动物所无可比拟的。

具体来说，欲望动力心理学所研究的内容，不但包括人作为动物的本能需求及其反应，还包括人作为社会成员的物质需求和精神需求及其反应。

关于这一点，马斯洛的需求层次论已做了较为详细的论述。这使欲望动力心理学兼具了生物学和社会学的性质。同时，欲望动力心理学所研究的是关于欲望形成的心路历程，即人从欲望发起至产生动作行为的整个心理活动和满足过程，这使欲望动力心理学与行为动机理论有了交集的内涵。欲望有着相当强的自利性，欲望的过度贪婪必然要冒犯到道德和法律的界限，因而欲望动力心理学又与道德学、法制学和管理学牵扯到一起。

再详细点说，欲望动力心理学既要研究人的生存、繁衍的本性，又要研究人的性格、意志、思维、意识、爱好、情感、理性、信仰、精神、品质等特性，以及由此而形成的人生观、世界观、价值观，还要研究人与人之间的关系，人与社会、团体、组织之间的关系，研究人因欲望而形成的善恶念头及行为准则，研究人因欲望而对社会产生的积极作用和消极作用，研究人看得见摸得着的显性的物质需求，研究人看不见摸不着的隐性的精神需求。

同时，欲望与需求两者既有联系又有本质上的差别。

①欲望诞生于需求与要求的裂缝中。拉康曾经指出：“在有关欲望方面，我们觉得不可归结为要求的理由，也同样使它不等同于需求。”拉康将欲望、要求、需求区分开来，认为需求是指人机体的需要，隶属于生理学的范畴；要求是指对爱的要求，它涉及的是一种人际互动；而欲望则是诞生于需求和要求的裂缝中，“在要求和需求分离的边缘中欲望开始形成”。

②欲望“内核于需求而存在”，需求“外缘于欲望而产生”。欲望是产生需求的根本动因，需求是欲望产生之后的递进反应；就是说，先有欲望然后才有需求。对人类自身来说，需求的本质是欲望，欲望的本质是人性，人性的本

质是生理，生理的本质是生命。

应该说，欲望动力心理学是一门横跨哲学、生物学、生理学、人类学、医学、解剖学、脑科学、认知神经科学、社会学、道德学、政治学、经济学、行为学、法制学、犯罪学、精神现象学、宗教学等多学科的人学，是对人性深层最本质的透视学。

它的研究对象是人，核心内容是研究人的生理功能及其产生的意志反应，并将人的肉体和精神辩证统一，以物质性的肉体生理为基础，藉此推导出人的心理、情绪、情感、意识、理性、思想和精神等形成的轨迹和管道。它面向个体和世界，反思自我并提升自身，管理别人并规范自己。它关注人的心灵世界，追寻生命的意义，并为个体找到最合适的存在方式，为群体找到最合适的相处方式。它是研究关于人对于欲望追求的本质、行为、现象及其产生、运动、发展、变化规律的新兴科学。

因而，欲望动力心理学对人生、对社会、对整个人类文明都有着极其广泛、深刻的指导作用。

欲望是来自于人类的精神世界还是来自于人类的物质世界？这个问题似乎也有着许多令人困惑的模糊边界。因为人类除了与生理有关的欲望之外，还有许多心理欲望或精神欲望。心理的东西或精神的东西一直以它与物质世界相对应的姿态二元于人类的观念中，并成为哲学家们争论不休的永恒话题。

随着科学的高速发展，人类对物质世界各种规律的认识已日臻清晰，而对于精神世界的认识却依然踯躅不前。有关于欲望、心理、心灵、情绪、意识、灵魂、观念等精神内容一直散发着诱人的魅力，并吸引着无数哲人志士为此苦思冥想，上下求索。但遗憾的是，人们对这个神秘王国的上层建筑和物质基础，似乎始终不得要领，不得路径而登堂入室，一睹芳容，只能凭借自身有限的表征、以及与其他动物的类比或自造的仪器介质以自证或他证的方式而猜想臆度，于是在大量的关于人类心理世界和精神世界及其来源的讨论中，正确与谬误常常混杂在一起，令人眼花缭乱，不知所宗。

作为人类精神的载体，人心到底什么样，没有人能够探进头去看个究竟，甚至在很长一段时间里，包括中国人在内的很多文明都把“心脏”作为灵魂、心灵、意识“中枢”所在，主宰着人的精神世界。直到笛卡尔的出现，才找到了心灵的真正居所——大脑。笛卡尔认为大脑才是人类心灵起源或发动的中枢。从此，人类洞察心理问题和精神问题的视角开始向“神经问题”的物质层面转身。

在西方哲学史上被公认为第一位哲学家的泰利斯首先提出了“什么是世界

本原”的问题，并试图借助经验观察和理性思维来解释世界。亚里士多德认为，“所有的人都主张，研究最初原因和本原才可称为智慧”“智慧是关于某些本原和原因的科学”。[1]我同样也坚定地认为，任何一种学说，都需要有一个开端。“一个哲学的本原，当然也表现了一种开端，但并非主观的，而是客观的，即一切事物的开端”“但是，关于开端问题，近代的仓皇失措，则由于另外一种需要而来，有些人不认识这种需要，他们独断地以为这是有关本原的证明”“开端是逻辑的，因为它应当是在自由地、自为地有的思维原素中，在纯粹的知中造成的。于是开端又是间接的，因为纯知是意识的最后的、绝对的真理”。（以上三段话均引自黑格尔《逻辑学》第一篇，有论。）

我们在这里不但要厘清欲望动力心理学的开端，而且还要找到欲望本身的开端，更要通过欲望找到人类心理世界或精神世界的开端，包括智能、知识、意识、思想、情感、智慧、理性、信仰、心灵、灵感、灵魂等起源问题和本原问题，这类问题可以统统称作端问题，而将这些端问题作为研究对象的学问，我们可以称之为端学。端学是研究事物本原或终结的科学，甚至可以不限于精神世界，也包括物质世界的本原问题和终结问题。那么，我在这里所要讨论的欲望动力心理学便是端学研究的正式开端。而欲望则是人们研究一切学科和一切问题的开端。

哲学家尼采在论及欲望时曾遇到了无法突破的思维瓶颈，他认为欲望乃一人之本能与目的之结合，其功利性勿能视，不可见，因此得出了“欲望之论难以尽善人意”的结论。

而本书系试图破解尼采的认识瓶颈，利用理论与现象互证、抽象与形象互补，从多个角度揭开了人类欲望迷离的面纱，洞穿了其深邃的本质特征和诸多表现形式，破解了在欲望驱动下徐徐展开的人类主观精神世界的整体风貌，力图使读者在阅读本书系之后，能对人生产生深刻的感悟和启示，能给自己的欲望在“清心寡欲”和“欲壑难填”之间找到一种最佳的生存位置和自处坐标，并在生活、学习、工作、处世以及改造自我、改造社会、改造自然等实践中获得有益的帮助。

另外，特别值得一提的是，本书系最初冠名为《欲望学》，后来考虑到其中大部分内容属于心理学范畴，遂更名为《欲望心理学》，而这个书名经查证发现被一位美国学者用过了，尽管与我的创作意图和基本观点没有本质的联系，但我还是决定避让一下书名的雷同关系，于是定名为《欲望动力心理学》。

后来随着研究的深入，逐渐发现本书系所阐述的内容与哲学、物理学、宇

1　亚里士多德《形而上学》，中国人民大学出版社，2003 年 12 月第一版，第一卷 3-4 页。

宙学等学科竟然也存在着特殊的渊源关系，遂以“欲望动力心理学书系”作为总冠名，以“欲望的世界”来界定本书系所涵盖的基本内核，然后再向下细分为若干个专题，每个专题即以一个单行本出版。

我最初的计划是推出八个专题，分别为《欲望与认知心理学》《欲望与意识心理学》《欲望与精神心理学》《欲望与人格心理学》《欲望与行为心理学》《欲望与场域心理学》《欲望与舒适心理学》《欲望与情绪心理学》。

除此之外，我甚至还设想以上述八个专题为基础，进一步创作并出版《欲望与政治心理学》《欲望与经济心理学》《欲望与文化心理学》《欲望与道德心理学》《欲望与法制心理学》《欲望与犯罪心理学》等多部作品。但由于时间所限，未能如愿。

全书系写到2016年的时候，前五本便基本完成了，后面三个专题由于时间关系，仅仅写出了主要观点，未能展开铺陈，不免有些遗憾，但我自觉确实有些倦了，便临时决定把欲望与舒适、欲望与情绪这两个专题全部合并到欲望与场域心理学之中，因为欲望与舒适、欲望与情绪问题虽然未能展开论述和独立成书，但细究起来，它们皆在我创设的欲望场理论的统摄范围之内，也是完全可以自圆其说的，更何况这样安排也并不妨碍这两大课题可以自成体系的特点。

这样，我的《欲望动力心理学书系——欲望的世界》至此算是正式完成了，八个专题合成六本书出版，共计一百多万字，也算是一个不小的工程。如果将来兴致再起，或许有机会可以对后面的诸多专题深研细究，展开论述，以补遗憾，也是可能的。

这里还需要特别说明的是，本书系缘起于现代量子物理学对于哲学和心理学产生的巨大影响，特别是近年来出现的一些惊人的理论成果，更给作者带来了强烈的思想震撼。本书系借用美国著名粒子物理学家和诺贝尔物理学奖得主利昂·莱德曼在《上帝粒子》一书中提出的“上帝粒子”概念，试图借助量子物理学最前沿而奇妙的理论模型，为现代哲学和心理学寻找一种更独特而有趣的逻辑推演方法和证明路径。所以，本书系在探索世界本原问题上，以《圣经·创世纪》中上帝的概念开始说起，最后落实到莱德曼所提出的著名的“上帝粒子”的概念，整个讨论过程富有缜密而生动的逻辑推演机趣。我们高兴地看到，为了回答亚里士多德时期既已提出的关于“宇宙第一推动力”的千古疑问，量子物理学家们以其高妙的证明手段，正在逐层剥去套在人们心灵中的宗教外衣和神话色彩，进而为人们确立科学的世界观提供最基本的理论依据。

我在本书系中对于人类欲望的分析和阐述，借鉴了经典物理学和量子物理学大量的研究成果和成熟的理论范式，以独成体系的论证方法，对宇宙演化、物质结构、生命起源、大脑认知等事关人类终极之间的基本问题提供了别开生面的观照视角，开创了一个全新的用以解读人类欲望心理、行为动机、人格品质、自我意识和精神宇宙的理论模型，试图对人类各种心理现象和行为动机做出更精准的数学解释。

鉴于我对于经典物理学特别是量子物理学的理论造诣和理解深度所限，在逻辑架构上和观点阐释上难免存在一些浅见、偏颇、甚至谬误之处，敬请各界专家学者提出宝贵意见，以利本书系在进一步修订和再版时参考和借鉴。

作 者

2017 年 4 月于北京

第一章　人体八大欲望系统

——人体生理系统与欲望系统的关系

从严格的理论规定性上来讲，每一种欲望都来自于某一特定的生理系统及其功能，如食欲来自于消化系统及其功能，性欲来自于生殖系统及其功能，呼吸欲来自于呼吸系统及其功能。

如果这一理论完全成立，就意味着每一种欲望都能找到相应的出处和来源，这将为我们描述欲望系统的内部机理以及有针对性地解决人类欲望问题提供更明晰的线索，并可以为此设计出更为实用有效的欲望满足机制和解析欲望系统的理论模型。

一、欲望的产生与人体生理结构

问题已经很清楚，欲望来自于人的生理系统及其功能。我们要想了解欲望就必须把目光移向人的生理，看看欲望是在人体生理系统的哪些环节上衍生出来的？

人的生理包括两部分内容：一部分是器质性的内容，包括细胞、组织、肌体、器官等等有形有质的内容；另一部分是功能性的内容，包括内部自主神经功能、躯体运动神经功能、中枢神经功能、呼吸功能、消化功能、分泌功能、生殖功能以及眼耳鼻舌身五官的视、听、嗅、闻、触等功能。这些功能具有无形无质、不可视、不可触摸的特性。其中，前者为质，后者为能，质能合一，质能互转，才能构成一个完整的人的意义。

那么，欲望是产生于器质性的生理结构中还是产生于功能性的生理结构中呢？仔细研究就会发现，欲望不是由某一个细胞产生的内容，也不是由某一个肌体产生的内容，甚至不是由某一个具体的生理器官产生的内容，而是由有机的整体的系统性生理功能产生的内容，而生理功能不是由一个细胞、一个组织、一个肌体或一个器官实现的，而是由一系列组织和器官的整体性连锁运动来实现的。

比如，人的眼睛不会产生欲望，但其所具有的视觉功能却可以产生欲望，产生视欲，即观看大千世界各种景色和洞察各种可视形色信息的欲望。眼睛由角膜、瞳孔、晶状体、视网膜、虹膜、巩膜、神经等构成了一个视觉系统，只有这个系统才能实现视觉功能（这个系统缺少一个组织、缺少一个器官都不能实现视觉功能），而只有实现了视觉功能，才能产生视觉欲望。一个天生失明的人，头脑中没有经历过任何视觉信号刺激，如果没有人告诉他外部世界具有色彩斑斓的可视性，那么他就不会产生视觉欲望，除非另外有人告诉他世界的形象是可视的，或者是后天的眼疾引起的失明，使他头脑中存在可视的信息或记忆，他才会产生视觉欲望。

正如一个天生患有红色盲的人，是不会自动产生观看红色景观之欲望的，除非另外有人告诉他世界上还有红色这一事实，他才会产生不能一睹此类美色的抱憾。

耳朵也是如此，耳朵本身也不会产生欲望，但其所具有的听觉功能却能产生欲望，产生闻听万籁和各种有声信息的欲望。人的耳朵由外耳、中耳、内耳和神经等组成，外耳、中耳、内耳又有很多组织并构成听觉系统，从而产生听觉功能，正是由听觉功能产生了听觉欲望。先天失聪的人不会产生听觉欲望，除非另外有人向他描述声音世界的美妙，他才可能产生与声音无缘的遗憾。

嘴巴本身没有欲望，但嘴巴所具有的饮食功能、味觉功能和消化功能却可以产生食欲，产生品尝欲、咀嚼欲、吞咽欲等等，嘴巴由上嘴唇、下嘴唇、门牙、尖牙、切牙、侧牙、上颌牙、下颌牙、磨牙、前磨牙、上腭、悬雍垂、咽腔、舌、神经等组成，并与胃肠等器官一起形成一个味觉饮食消化系统及其功能，从而产生食欲。

人的鼻子不产生欲望，但鼻子所具有的嗅觉功能和呼吸功能却可以产生嗅闻各种味道的欲望和呼吸欲望。

人的皮肤不会产生欲望，但其所具有的触觉功能却可以产生对特定温度、软硬度、光滑度等的欲望。

这就是说，欲望不是生理组织或生理器官的产物，而是生理功能的产物。每一种生理功能都具有神经系统对该功能的反应，当功能运转出现故障、出现异常或出现能量匮欠时，就会产生对该功能及其整个系统的自我保护和有效调整的欲望。

人体中一切功能的正常运转带来的是安逸和舒适的感觉，一旦出现异常或发生能量匮乏，就会带来不安和不适，这就是欲望产生的根源。不管哪一种欲望，都离不开神经对系统功能是否运转良好的感觉，离开感觉的欲望是不存在的。感觉正是生理内容中神经系统的功能反应。比如人的手掌皮肤通常对光滑绵软的床几有一种触摸的欲望，但一当手掌皮肤磨出老茧，手掌上的皮肤感觉便不再敏感了，在这种情况下，用手触摸光滑绵软的床几的欲望便会变得淡然，甚至消失，这说明，没有感觉便不会产生任何欲望。

二、生理系统与欲望系统的关系

人的欲望系统是怎样形成的呢？欲望系统的演绎规律是怎样的呢？

我们通常认为，欲望是无止境的，这里所说的无止境，一是指欲望的数量难以统计，二是指欲望的膨胀空间没有边际。关于第二点“欲望的边际”问题我们以后还要论述到，这里我们仅就欲望的数量做一下初步的统计。而统计欲望数量的最好办法就是先给欲望做一次严谨的分类。

通过上面的论述，我们已经得出了一个结论，即欲望是生理系统功能性的产物，而不是生理系统器质性的产物。按照现代生理学研究的成果来看，目前生理学家把人体大致分为八大系统，计有运动系统、消化系统、呼吸系统、循环系统、泌尿系统、生殖系统、神经系统、内分泌系统。

我们说，人的欲望是生理系统及其功能的产物，并不意味着每一个生理系统功能都能产生欲望。生理学家归纳的八大生理系统，并非是按照欲望动力心理学理论划分的。其中有些生理系统可以产生相应的欲望，如呼吸系统、生殖系统、消化系统、泌尿系统、神经系统、运动系统都可以相应产生诸如呼吸欲、性欲、饮欲、便欲、控制欲、运动欲等不同的欲望。

而另有些生理系统如循环系统、内分泌系统、免疫系统却不能产生欲望，这是为什么呢?

我通过对这些生理系统与欲望的关系进行深入研究之后发现：之所以有些生理系统功能可以产生欲望，有些生理系统功能不能产生欲望，就在于这两类生理系统在循环机制上存在着显而易见的不同。

那么，究竟什么样的生理系统功能能够产生欲望，什么样的生理系统功能不能产生欲望呢?

仔细归纳和分析就会发现，每一个生理系统都构成了一个特定的循环，有的是属于体内各种要素构成的封闭式内部循环，有的是体内要素与体外某些特定物质环境要素构成的开放式内外循环，还有的是属于封闭式内部循环与开放式内外循环兼具的双循环。

封闭式内部循环的生理系统有循环系统、内分泌系统、免疫系统；开放式内外循环的生理系统有呼吸系统、消化系统、分泌系统、生殖系统和运动系统。

生殖系统构成的循环即是开放式内外循环，人体生殖系统内部不能单方面完成生殖的全过程循环，而必须与人体外部的异性相结合，构成雌雄二体之间的内外循环，才能实现生殖系统的全部功能。

消化系统构成的循环也是开放式内外循环，人体消化系统内部不能实现消化系统的自身循环，而必须与人体外部的食物和水相结合，构成需求与供给之间的内外循环，以及体内消化剩余的食物残渣与体外可供粪便排出的空间之间构成的内外循环，这样才能实现消化系统的全部功能。

呼吸系统构成人体内外部空气的循环；泌尿系统存在体内多余的尿液与体外可供尿液排出的空间之间构成的内外循环。

运动系统的体内运动功能必须与体外足够的运动空间构成内外循环，才能实现运动的全部功能。运动系统的循环实为身体内部空间与身体外部空间之间的循环。

神经系统属于开封兼具式双循环系统，承担着感知和传输信息的功能，包括两个部分，一部分属于随意神经系统，主管开放式内外循环关系，一部分属于自主神经系统，主管封闭式内循环关系。随意神经系统必须与外界的客观事物形成联系，从外部刺激到外部感觉，从外部感觉再到内部感觉，从内部感觉再到神经中枢，从神经中枢再到发出指令动作，以驱使人体及各种官能对外部刺激进行应对，并最终满足某种特定的欲望，从而形成了内外循环关系。

在感觉系统中，从外在刺激到外部感觉，从外部感觉到内部感觉，从内部感觉到大脑意识，都属于内外信息循环关系，只有通过内外信息循环才能实现神经系统的全部功能。

而自主神经系统则主要负责人体内部器官或腺体的运动，属于封闭式内部循环系统，所以不能产生欲望。

内分泌系统也属于开封兼具式双循环系统，既具有内循环特征，也具有内外循环特征，内分泌系统中包括汗腺、性腺、胸腺、甲状腺、肾上腺、前列腺、松果体、垂体、胰岛 A 细胞、胰岛 B 细胞等腺体功能都具有双循环特性，像汗腺、肾上腺、性腺等，除了在体内完成润滑和分泌激素等工作外，还可能将一部分分泌物排出体外，在一定程度上与外在的空间内容构成了微弱的循环关系，比如出汗、排尿、射精。这种特殊的开封式双循环系统只有体现开放式内外循环关系时，才能产生欲望。

循环系统和免疫系统是纯粹的封闭式内循环系统，所以不会产生欲望。

这样，我们就会得出一个结论：只有构成开放式内外循环关系的生理系统，才能产生欲望，而不能构成开放式内外循环关系的生理系统是不能产生欲望的，但对于情感性欲望却具有特殊的激荡作用和感受作用。

这跟我们日常生活所体验到的情况没有什么两样，我们的欲望总有一个目标，这个目标并不在人体内部，而在人体外部，而外部的这个目标一定与自身生理方面有着显在的或潜在的某种对应关系，否则便不会构成欲望关系。这个关系就是与人体内部相应生理系统构成完好的、顺畅的、舒适的、安逸的循环关系。不构成这种关系，便不会产生欲望。这种关系一旦出现不顺、不适、不安、不得，便产生一种对体外能量、空间和条件需求的匮欠反应，这个反应就是欲望反应。

亚里士多德在讨论运动的“三本原”时将“缺乏”认定为决定运动所朝向的状态，他认为，缺乏不但决定了运动的朝向，而且是朝着这一方向运动的潜能。[1]看来，客观世界的运动及运动方向与主观世界的运动及运动方向可能都遵循着完全相同的规律，即二者都是由“缺乏”引起的。

欲望的外在对象是构成内外循环的必要条件，这个条件根据生理系统的特点和需要，有的是能量性条件，如消化系统功能产生的食欲；有的是空间性条件，如运动系统功能产生的自由欲；有的是信息性事理性条件，如神经系统功能产生的控制欲、协调欲等等。而属于封闭式体内循环的生理系统，包括循环系统和免疫系统等，由于不与外界即体外的任何东西构成开放式内

1 参见赵敦华著《西方哲学简史》，p70-71，北京大学出版社，2012 年 7 月第二版。

外联系和循环，所以，这些生理系统的功能不需要与外在对象结合，因此也不会产生欲望。

图 1–1 是人体九大生理系统功能产生的不同欲望属类图。这个图指的是人体九大生理系统所产生的若干本性欲望属类，揭示了每一种欲望与各生理系统的对应关系，不同的生理系统产生不同的欲望，不同的欲望源自于不同的生理系统。在这里，我把感觉系统归并于神经系统之中，其中舒适欲即是感觉系统的产物。

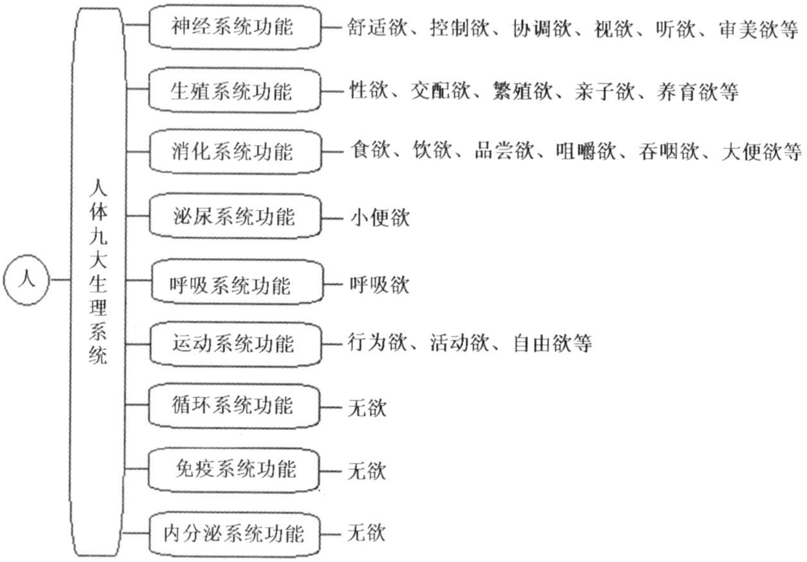

图 1–1 人体九大生理系统功能产生的不同欲望属类图

这里值得一提的是，人体生理世界开放式内外循环系统，虽然是从内向外或从外向内的循环关系，并经由这种循环关系而建立与外在事物填充物目标的欲望关系，但这种欲望所满足的对象并非仅仅是其所对应的某一特定的开放式内外循环系统本身，而重点则是为了满足体内那些封闭式内循环系统，如消化系统的食欲经过内外循环而获取的食物目标，并非仅仅是为了满足肠胃本身，而是经由肠胃的消化之后，进而去满足内封闭式循环系统所需要的物质能量；呼吸系统的呼吸欲经由内外循环而获取的空气，并非仅仅是为了满足肺部对于空气的需求，而重点是为了满足体内封闭式内循环系统所需要的氧气。

所以，开放式内外循环系统所建立的欲望关系在更大程度上是为了保证封闭式内循环系统的完好运行。这就意味着开放式循环系统与封闭式循环系统同时也是一种特殊的和更大的循环关系，是外部环境与内部环境经由这种循环关系而实现了统一，是外部环境中的能量与内部环境中的能量的循环与统一。

按照我提出的人类自我质能结构组合原理[1]，整个人类个体自我是质结构与能结构的有机契合，二者在相互转化过程中有效维护生命的持久平衡，而人类个体自我的质结构主要是由封闭式内循环系统来维持和见证的，人类个体自我的能结构则主要是由开放式内外循环系统来维持和见证的。人类生理性欲望匮欠全部产生于封闭式内循环系统的质结构之中，而后由神经智能做出反应并驱动和协调开放式内外循环系统实现对外在填充物目标的搜寻、索取和回馈。

同时，我在上面谈到过，人体九大生理系统（也有人分为八大生理系统）并非按照欲望动力心理学理论划分的。传统生理学的九大生理系统并非是对人体结构及其功能最严谨的归纳和总结，因此，依赖于现成的传统生理学对于人体生理系统的归纳不足以阐述欲望系统理论遇到的所有问题。

三、人体欲望系统理论与欲望的基本分类

我们从欲望动力心理学理论出发，在现成的传统生理学八大系统的基础上，重新划分出八大生理性欲望系统。计有：神经受动性感觉系统、神经能动性控制系统、信息系统、呼吸系统、消化系统、泌尿系统、生殖系统、运动系统。

这里我们将封闭式内循环生理系统包括循环系统、内分泌系统或免疫系统不列入生理欲望系统中来，而另增加神经受动性感觉系统和信息系统作为欲望系统的组成部分。其中神经受动性感觉系统是由人体内部感觉和外部感觉（眼耳鼻舌身等）组成，与神经能动性控制系统相对，体现了人类神经系统中所具有的主动性与被动性两个相对独立的反应层次。信息系统则是由感觉系统部分功能和神经系统部分功能组成的，负责信息接收、传输、反馈、归纳、汇总、储存、管理、处置等与人体各方面信息有关的工作。这样，我们就得到了新的完整的人体八大欲望系统图，见图 1–2。

从图 1–2 中可知，每一种生理系统所产生的欲望，与该系统功能具有相匹配的隶属关系，都是为了满足该系统功能的需要而产生的欲望。一个系统中的欲望也可以称之为一个属类的欲望。这样，我们至少可以得出欲望具有八个属类的结论。

值得一提的是，运动系统功能产生动性欲望，即产生行为、动作以及施加特定行为而产生特定效果的欲望，人体被限制自由时，这种动欲就会显得尤其

1　见欲望动力心理学书系《欲望与人格心理学》。

强烈。而且动性欲望还是其他一切欲望的下线欲望，某种欲望产生后，马上就会产生动欲，即为某种欲望的满足而付之于行动的欲望。

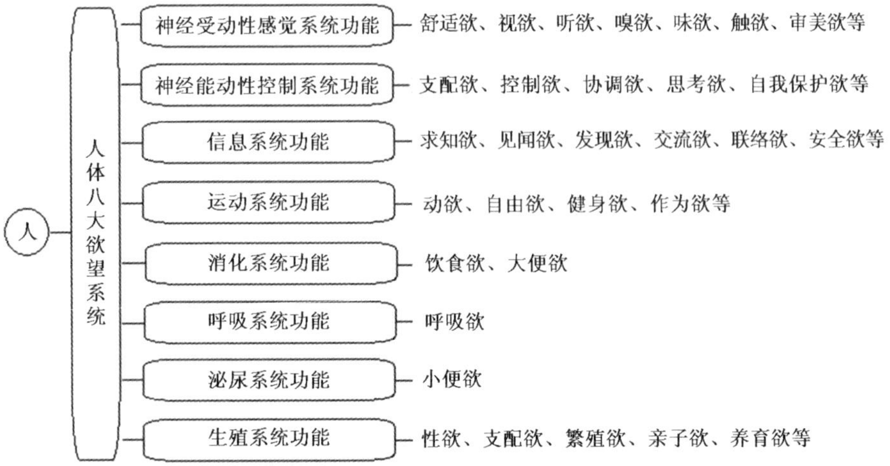

图 1-2 人体八大欲望系统

人的生理欲望系统不包含封闭式内循环系统，只包括开放式内外循环系统，因为只有开放式内外循环系统才能产生欲望。具体归纳如下：

（1）呼吸系统的生理欲望：呼吸欲为呼吸系统的基本欲望。在呼吸欲基础上衍生的高层次次生欲望有：呼吸新鲜空气欲、嗅闻芬芳气息欲等。在呼吸欲基础上衍生的低层次次生欲望有：怪味欲（如粉笔味、灰尘味、潮湿味、汽油味、腥臭味、腐烂味）、靠呼吸气流表演的口技欲等（呼吸欲的次生欲望有些也与感觉系统中的嗅欲直接相关，或者也可以被直接认定为嗅欲的一部分）。

当新鲜空气、宜人气息、芬芳气息成为供给紧缺的资源时，便会通过神经系统的高层次认知而产生针对这些有限资源的社会性次生欲望，如新鲜空气的占有欲、控制欲，而实现占有欲或控制欲的媒介有时会表现在金钱或权力上，这时金钱欲和权力欲便会自兹而生。

（2）消化系统的生理欲望：饮欲、食欲和大便欲为消化系统的基本欲望。大便欲目前尚未发现是否会衍生出其他层次的次生欲望。在饮欲、食欲基础上衍生的高层次次生欲望有：佳饮欲、热饮欲、凉饮欲、畅饮欲、痛饮欲、豪饮欲、酣饮欲、欢饮欲、美食欲、美味欲、饱食欲等。在饮欲、食欲基础上衍生的低层次次生欲望有：醉饮欲、饮食猎奇欲、异味欲等（食欲和饮欲的次生欲望有些也与感觉系统中的味觉欲望直接相关，甚至可以被直接认定为味欲的一部分）。

在饮食资源有限的条件下还会通过神经系统的高层次认知而衍生出占有欲、

权力欲、控制欲、分配欲、独占欲、抢掠欲、偷盗欲、贪欲、霸欲等其他社会性次生欲望。

（3）泌尿系统的生理欲望：小便欲为泌尿系统的基本欲望。目前尚未发现小便欲是否还能够衍生出其他高层次或低层次欲望。

（4）生殖系统的生理欲望：性欲为生殖系统的基本欲望，在性欲基础上衍生的高层次次生欲望有：爱欲、美容欲、魅人欲、健美欲、拥抱欲、亲吻欲、亲和欲、肌肤相亲欲、调情欲、发情欲、交媾欲、繁殖欲、养育欲、亲子欲、传宗接代欲等，在性欲基础上衍生的低层次次生欲望有：肉欲、淫欲、强奸欲、兽奸欲、鸡奸欲、自恋欲、性虐欲、肉体占有欲等。

在性资源有限的条件下，还会产生争风吃醋欲、霸欲、性贪婪欲等社会性次生欲望。

（5）神经受动性感觉系统的生理欲望：舒适欲为神经受动性感觉系统的基本欲望。在舒适欲基础上衍生出的高层次次生欲望有：安全欲、安逸欲、热闹欲、闲静欲、审美欲、美观欲、美声欲、美味欲、温暖欲、光滑欲、柔软欲、洁净欲、轻松欲、休憩欲、快乐欲、享乐欲、刺激欲等。在舒适欲基础上衍生的低层次次生欲望有：毒瘾、赌瘾、网瘾、洁癖、惰性、惯性等。

（6）神经能动性控制系统的生理欲望：控制欲为神经能动性控制系统的基本欲望。在控制欲基础上衍生的高层次次生欲望有：生存欲、自我保护欲、安全欲、支配欲、协调欲、权力欲（官欲）、占领欲、占有欲、独享欲、自私欲等。在控制欲基础上衍生的低层次次生欲望有：贪欲、霸欲、侵略欲、劫掠欲、攻伐欲、侵吞欲、凌人欲、泄愤欲、妒欲等。

这里需要说明的是，从纯粹的生理学角度上看，神经系统包含着感觉系统，感觉系统是神经系统中处理感觉信息的部分。感觉系统包括感受器、神经通路以及大脑中和感觉有关的部分，通常而言感觉系统包括那些和视觉、听觉、触觉、味觉以及嗅觉相关的系统。

我在对人类欲望系统进行理论研究的过程中，发现感觉系统对于诸多生理性欲望的产生具有非常直接而显在的作用，而且我还发现所有的感觉都属于受动性感觉，即只有当刺激出现之后，感觉神经才能因受到刺激的干扰而产生受动性反应，我在这里将这一类神经反应系统称之为神经受动性感觉系统；而人类神经除了具备受动性感觉和传导性功能之外，还具有对刺激进行主动性和能动性反应的功能，即对于已然被感觉到和感觉过的刺激进行主动的考察、检测、评估、判断、推理、分析、控制、反思、感悟等能动性反应，我将神经这一类反应系统称之为神经能动性控制系统。

这两个系统都具有相互传导信息的功能，并且都具有将信息在大脑中枢做出反应的功能。为此我需要特别做出说明，我在欲望动力心理学中所提到的神经系统或感觉系统，即分别指神经能动性控制系统或神经受动性感觉系统。

我们每个人作为一个独立的生命个体自打一出生的瞬间开始，便具有了不可阻止、不可怠慢的自我存在性（存在是一个非常宽泛的概念，不限于物质，不限于精神，也不限于机能、功能、作用、影响，一面包含着有，一面也包含着无）。正如斯宾诺莎所言："各个事物只要它是自在的，都努力保持自己的存在。"人作为一个自在的生物体，当然也会努力保持自我存在性。

这种自我存在性既包含物质性客观肉体的存在性、运转性生理机能的存在性、传导性神经功能的存在性和意识性主观精神的存在性。这时的自我实为物质的自我、机能的自我、功能的自我和精神的自我的有机结合和无缝连接。其中，神经功能的存在性和主观精神的存在性共同激活了物质性自我的现实存在感和意志性自我的现实存在感。

保持自我的现实存在性，并让自我保持着舒适自在的现实存在性，这是神经功能特有的天性。而自我存在感从根本上说主要体现在三个方面，一个是内觉性存在感，一个是外觉性存在感，最后一个是控制性存在感。

内觉性存在感由内部感觉来觉察。当身体出现不适、生理发生障碍时，便影响了这种舒适自在的自我存在感，自我便会对造成身体不适或导致生理发生障碍的因素产生直接的拒斥性反应。

外觉性存在感由外部感觉来觉察。当自我通过眼耳鼻舌身等外部感官发现和感知到外部事物时，总是以自我为出发点，以自我欲望为中心，以自我与这些事物之间的欲望关系为观照视角。自我存在感正是从观察者的自我与被观察者的外在事物的对立性和并存性关系中被觉察出来，被映衬出来，被凸现出来。

而神经受动性感觉系统就是由内部感觉和外部感觉构成的。可以说，整个感觉系统是自我内部神经觉察功能与自我外部事物刺激之间的触摸屏，是人体内部环境与人体外部环境的对接桥，是物理世界与内心感受之间的变换器，也是客观物质世界与主观精神世界的邻接点，更是从内外两个方面整合自我意识的信息源。

控制性存在感由感觉做出对目标的反应，由思维做出对目标的判断和推理，由人体效应器做出支配和控制。

我能支配我自己，我能控制我自己，我能决定我自己，这才能确定自己的存在，才能确信自己属于自己，才能确信自我的存在性。

但自我置身于错综复杂、包罗万象的各种关系（包括自我与自然的关系、自我与社会的关系和自我意识与自我肉体的关系等）当中，却常常产生眩晕感、迷蒙感、困惑感，甚至有时找不着自我，失去了自信，失去了自我真实的存在感。

于是，自我开始思考“我是谁？”“我是从哪里来的？”“我将要到哪里去？”“我为什么存在？”“我是灵魂还是肉体？”“我能做什么？”“我不能做什么？”等各种涉及自我存在性的问题。

依据来自于感性材料中的各种信息，每一个人都开始对自我进行角色判断和角色定位，并由此形成了一个相对稳定的具有特定形象、特定人格结构、特定知识结构、特定兴趣爱好、特定观念信仰的自我意识符号。这样，自我存在感开始根植于内心深处，并深刻地影响着自己的行为，从而获得对自我存在性实实在在的控制能力。

我把神经系统划分为受动性感觉系统和能动性控制系统两个部分，目的是针对其不同功能特点的差异而有所偏重，凡属于神经对刺激直接做出反应的可归属于受动性感觉系统，凡属于神经对刺激做出应答性反应的均可归属于能动性控制系统[1]。

比如同是安全欲，在突然发现危险事件降临时的猝然闪避，当属于受动性感觉系统功能产生的安全欲；而在经过观察、检测和评估而预判危险可能会降临，因而产生的安全欲则属于能动性控制系统功能发挥作用的结果。

这说明，受动性感觉系统对刺激的反应一般只限于觉察性反应，具有直接性、单次性、浅在性、暂时性、一过性等特征，不具备对刺激机理的全面考察、深刻分析、细密推理和科学评价的功能；而能动性控制系统则在于对刺激的反应是以感觉为前哨，以知觉为铺陈，以情觉为主线，以理性逻辑为思维规则，以悟觉为突破口，以灵觉为应对手段而进行的能动性考察、思索、分析、评判、决策和处置，具有间接性、全面性、深刻性、连续性、延展性、逻辑性和应答性或应对性等特征。

换句话说，受动性感觉系统不具备思考、分析、推理、归纳、总结、判断和决策的功能，只具有表层的觉察性和一过性意识功能，而能动性控制系统却可以依据受动性感觉系统的觉察性认知，而借助已知信息进行全面而深刻的思考、分析、推理、归纳、总结，从而找出问题的机理、症结和规律，并提出简

1　我在本书系其他章节中将受动性感觉系统界定为神经智能层次，而将能动性控制系统界定为大脑意能层次或自我意能层次。

便而有效的解决问题的方法，从而实现对问题的有效控制，因此，具有应对性和处置性意识功能。

受动性感觉系统属于神经反应范畴或神经智能范畴，能动性控制系统属于大脑反应范畴或大脑意能范畴，前者代表的是躯体局部性反应，后者代表的是自我整体性反应。

（7）信息系统的生理欲望：求知欲为信息系统的基本欲望。在求知欲基础上衍生出的高层级次生欲望有：见闻欲、视听欲、发声欲、触摸欲、观察欲、试探欲、尝试欲、发现欲、创作欲、联络欲、传授欲、表达欲、发表欲、表现欲、表演欲、交往欲、交流欲、归属欲、尊重欲、荣誉欲、责任感、正义感、使命感、审美欲、卫生欲、终极关切欲等。在认知欲基础上衍生的低层次次生欲望有：兜售欲、卖弄欲、发泄欲、泄愤欲、伪装欲、欺骗欲等。

此系统中的某些欲望可能与神经系统（包括受动性感觉系统和能动性控制系统）中的某些欲望存在一定的交集，但是，这类欲望在不同系统中总是各侧重于本系统的功能，如视听欲在受动性感觉系统中侧重于自身感觉和知觉的浅层次欣赏功能，如观看美景、欣赏美乐、品尝美味、享受审美过程中的舒适等，而在信息系统中则表现为了解情况、捕捉信息、探听信息、获取信息、传输信息、反馈信息和汇总信息的功用。

我们继续拿安全欲做例子，受动性感觉系统可以产生安全欲，能动性神经系统也能产生安全欲，而信息系统也同样可以产生安全欲。

比如，当有人传言居住地附近在近期可能会发生中级以上地震，这个信息会直接引起主体产生安全欲，并促使主体一面自觉增强防范意识，一面对这个信息加以核实和求证。

中国古代有“三人成虎”和“众口铄金，积毁销骨”的典故，说的就是信息的力量有时可以超越思维的力量而直接产生特定效果。一般而言，一个特定的欲望总是来自于特定的人体欲望系统，但也有一些特殊的欲望形式，可能会例外地成为多个欲望系统的交集性产物。

安全欲如此，生存欲也如此，比如消化系统、呼吸系统、泌尿系统等都可能会发生危及生存的事件，因此也都有可能产生与之相应的安全欲或生存欲。说到这里，似乎有些扯远了，要知道我们这里在说信息系统，下面我要回到这个话题上来。

信息系统是以神经系统中的受动性感觉系统和能动性控制系统为基础而建立起来的信息传导和管理系统。人体内部生理环境和人体外部客观环境，构成了一个信息互动的系统。包括物质性能量信息、精神性能量信息，一般在内外两种环境中是不对称的，这就需要两厢交流和互动，而交流和互动必须借助于神经网络，借助于内部感觉和外部感觉，借助于大脑中枢。神经网络所传导的信息内容便是来自于人体内外的各种刺激信号，刺激信号总是以视觉性影像、听觉性声音、嗅觉性气息、味觉性味道、触觉性软硬涩滑、痛觉性疼痛、痒觉性瘙痒、情觉性激动、性觉性诱惑等形式进行传导的，这些信号分别以其与主体欲望的关系而被赋予了不同的意义。

大脑具有对这些信息进行分析、储存、管理和处置的功能。所以，我在本书中将信息系统也列为人体欲望系统的一个特殊单元，以强调信息对于人类欲望的产生所具有的特殊铺垫作用和制导作用，任何欲望都具有独特的信息结构和意义组合。信息系统远远超出了神经系统的物质性、生理性、传导性和智能性特征，而更侧重于神经之外的信号意义以及这些信号对于人的生理、欲望、心理、意识、思想、精神等方面所产生的重要影响。

（8）运动系统的生理欲望：活动欲为运动系统的基本欲望。在活动欲基础上衍生的高层次次生欲望有：行为欲、自由欲、游玩欲、娱乐欲、游戏欲、旅游欲、健身欲、护身欲、比武欲等。在自由欲基础上衍生的低层次次生欲望有：攻击欲、蹂躏欲、践踏欲、狂躁欲等。

通过对欲望系统的考察和研究，我这里还有一个新发现。

封闭式生理系统尽管不能直接产生欲望，但对欲望所导致的正负方向上的心情、情感或情绪类内容却能够及时做出生理性反应。这种反应主要体现在机体对欲望在不同方向上所带来的心情、心态、情绪、情感、感情等心理活动所驱动的生理性反应，这种反应即为情觉。

情觉首先隐藏于封闭式的内循环生理结构中。而其心理反应过程又是如何呢？首先，感觉不会直接产生情感，知觉及其以上的认知层次才会产生情感，并且只有在主体产生自我与其他事物之间联系的知觉，才能产生情感。

从欲望动力心理学视角观察发现，伴随情绪活动而发生的一系列生理变化，主要是由不能产生欲望的封闭式内循环系统做出的反应。这种反应基本上是由自主神经系统所主辖的血液循环系统、内分泌系统、免疫系统活动的改变而引起的，有时会表现为交感神经系统活动的相对亢进。例如，在人或动物发动防御反应时，可出现骨骼肌血管舒张、皮肤和内脏血管收缩、血压升高、心率加快、体内腺体分泌物增多或减少等交感活动的改变。这些变化可使各器官的血流量得到重新分配，使骨骼肌获得充足的血液供应。

在某些情况下，也可表现为副交感神经系统活动的相对亢进，如食物性刺激可增强消化液分泌和胃肠道蠕动；性兴奋时生殖器官血管舒张、性器勃起；悲伤时则表现为表情沉郁、泪腺分泌泪水等。内分泌系统的生理反应涉及的激素种类很多，据有关研究证实，在创伤、疼痛等原因造成的应激反应中，痛苦、恐惧和焦虑等情绪会引起血中促肾上腺皮质激素和肾上腺糖皮质激素浓度明显升高，肾上腺素、去甲肾上腺素、甲状腺激素、生长激素和催乳素等浓度也升高或情绪波动时出现性激素分泌紊乱，引起育龄期女性月经失调和性周期紊乱等生理性改变。

生理学家巴甫洛夫在研究条件反射形成和发展规律时，得出了胃液或唾液的条件反射性分泌就是心理性质分泌的推断。我们还知道，在免疫系统中，情绪的良好状态会导致人体免疫能力的提升，情绪的不良状态会引起人体免疫能力的降低等等，说明人体自我结构系统都在遵循着生理—心理互通互动转化原理而运行。

这就使我对于封闭式内循环生理系统与开放式内外循环生理系统在欲望系统中所表现出来的明显不同不得不产生疑问，这种不同给我的提醒意义到底是什么？我一时半会还不能给出明确的理论上的推断。

对这种特殊的关系，我再重新表述一遍：能够产生欲望的开放式内外循环生理系统，可以通过其所产生的欲望激发欲望主体的心理性波动，并通过心理性波动而对不能产生欲望的封闭式内循环生理系统发生特殊的感应性拉动或驱动作用，使封闭式内循环生理系统产生连锁性、应激性生理内环境和内机制的改变，这样，不但导致生理内环境隐性状态的改变，也导致了生理外环境显性状态的改变，从而完成了心理与生理之间的直接互感联动关系。

这说明，封闭式生理系统虽然不能产生欲望，但对于欲望下线的产物——心理情绪（包括心情、心态、情感、情绪、感情、态度等）却能够直接做出生理性反应，这就使得生理状态在这个意义上来说不啻为心理活动的晴雨表，意味着一个人的心理状态随时可以依靠封闭式生理系统的功能而将它们的方向性特征写在脸上，写在表情上，写在皮肤上，写在血管里、体腺里、体液里、细胞里，我们观察一个人时，可以借助人体生理状态的改变而洞察其内心活动状态。在整个欲望系统中，或许在封闭式内循环生理系统和开放式内外循环生理系统之间，可能还潜藏着更深刻的连带关系和掣肘关系，这一点尚有待人们进一步研究和发现。

这同时也可以用来解释人类情感世界、精神世界、意识世界等心理层面的内容，归根结底都来自于生理层面，生理与心理具有联通互感效应。典型的以爱情为例，生理尚未成熟之前，人类头脑中不产生男女意识，更不会产生以性欲方向为指导的爱情，因此也不会产生与爱情相关的爱、美、亲昵、嫉恨、怨怒等心理反应或情绪反应，更不会产生与爱情有关的激动或与爱情有关的心理活动以及与爱情有关的思考、认识、观念等等，这样，以爱情为主题的文学作品、美术作品、电影作品、电视作品等艺术形式，就没有了存在的意义，因为在一个没有爱情观念的世界里，这些事关爱情的艺术作品就没有人能够看得懂了。

四、人类十大基本欲望属类的科学总结

我们从人体八大生理欲望系统中可以看出，这些系统共产生十种基本欲望，计有呼吸欲、饮欲、食欲、大便欲、小便欲、性欲、舒适欲、控制欲、求知欲和动欲。这些基本欲望是人类衍生其他各种欲望的基础和源泉。

其中，呼吸欲、饮欲、食欲、大便欲、小便欲、性欲、动欲、舒适欲等八种欲望为准欲望，即这八大欲望直接事关生命的存活与延续，不可亵玩，不可怠慢，不可漠视，而必须提升到最高的地位上加以重视。自郐以下，其他包括求知欲和控制欲等欲望则是附属于这八种准欲望的次欲望。在通常情况下，次欲望可以随时被准欲望所倾轧，所取代，随时可以被主体所放弃，所移转，但准欲望却是难言放弃和不可置换的。

同时需要说明的是，有些次欲望也并非可以不被重视，而是在不同的个体那里，根据个体所形成的不同的世界观、人生观、价值观和所面对的不同的客观环境与背景，对于一些次欲望的重视程度也是大相径庭的。有道是："士可杀而不可辱"，即是个体自我在特定情境中把尊严欲置于生存欲之上的最好范例。"生命诚可贵，爱情价更高，若为自由故，二者皆可抛"，也是把自由欲置于比生命和爱情更高的地位上来对待的，说明某些特殊的次欲望的地位有时也可以被人为地视为高于准欲望之上的核心欲望。

除了这十大基本欲望之外，人类其他一切高层次或低层次欲望都是由这十种基本欲望衍生出来的次生欲望，其中更高层次的欲望，特别是一些社会性欲望，包括权力欲、尊严欲、价值欲、荣誉欲等，对不同欲望系统的基本欲望和次生欲望具有一定的辐射和延伸作用，即一旦拥有这些高级欲望，便可以满足多个生理系统中产生的基本欲望和次生欲望。因此，这些除十大基本欲望之外

的欲望也自然与人体生理系统有着千丝万缕的联系。有的虽然表现得比较间接，但其在整个欲望场内所产生的实际效应却十分显明和卓著。

我同时发现，有些高级欲望，并非只对应于某一特定的生理系统，如权力欲、占有欲，既可以从呼吸系统、消化系统衍生出来，也可以从感觉系统、生殖系统衍生出来，最后再经由神经系统正式推出。能否正式推出这种高级欲望，关键是看某系统中填充匮欠的目标资源是否具有紧缺性，只要该系统目标资源紧缺，就一定会由神经系统推演出控制欲、权力欲、占有欲等社会性高层次欲望。

由于有些生理系统之间界限并不很清楚，这使得我们难免会遇到一些表面上看起来比较尴尬的欲望归属问题，比如，安全欲、占有欲、权力欲、控制欲等欲望似乎并不能截然分明地归结到某一个固定的生理系统之中，这些欲望究竟来自于哪一个生理系统，似乎并不十分明确。而且还有些欲望表面上看，像是来自于甲系统，实际上却是来自于乙系统，比如毒瘾似乎可以归结到呼吸系统或消化系统，但我们同时认为，只有在某一种刺激严重到足可以产生神经性依赖时才能算作“瘾”“嗜”“癖”，这就不能不把毒瘾之类的欲望归类到神经系统中去。

再如作为次生欲望的安全欲，好像既与感觉系统或神经系统一脉相承，更与信息系统密不可分。当一个人看到身边的房子即将倒塌或脚下的土地即将陷落之时，可能不太有机会凭借信息系统对眼前的信息进行汇总、分析和评估，而在第一时间便会感受到危险的降临并不自觉地或下意识地躲逃和闪避，这种凭直觉产生的安全欲完全来自于感觉系统。

而当身体发生疼痛事件时，人们通常首先会产生解除疼痛、解除不舒适状态的浅层次欲望，这在本质上仅仅是舒适欲的一种表现，是来自于感觉系统的欲望；当联想到疼痛可能会导致残疾或死亡事件的发生时，因对残疾或死亡事件的恐惧而促使其安全欲抬头，并随着疼痛的加剧而变得越发强烈，这时的安全欲已经从感觉系统上升到信息系统或神经系统的信息汇总或信息处理层面上来了；同样的，一个从没有经历过地震的人，在第一次经历较低级的地震时，有一种像玩跳跳床或荡秋千一样的美妙感觉，此时只会在感觉系统中产生舒适欲，而不会产生安全欲。只有在具备了一定的地震知识或遭受过地震危害的经验的前提下，才会在地震来临时产生安全欲。这时的安全欲应当属于信息系统的衍生产物。

每一种欲望都来自相应的生理系统及其主控人体消化功能的脑区。抛开相应脑区神经，而仅从基础性欲灶发生部位而言，我们有理由认为每一种欲望都与特定的机体部位相对应。如食欲只能产生于消化系统，而不会是呼吸系统；呼吸欲只能产生于呼吸系统，而不会是泌尿系统或其他系统；性欲只能产生于生殖系统而不会产生于其他系统。如果把感官上看到一位美女便会产生性欲，而藉此把性欲归纳到感觉系统中去，那显然是忽略了包括感觉系统、神经系统和信息系统对于遍布于整个肌体的神经网络性特征，正像食欲与感觉系统、神经系统和信息系统的关系一样，虽然食欲产生于消化系统，但同时却要靠感觉系统、神经系统和信息系统接受匮欠刺激、传递匮欠刺激和汇总匮欠刺激，而后才能产生食欲，但这不能说食欲就是感觉系统、神经系统或信息系统产生的，而只能是消化系统产生的。

作为人体指挥中心的神经系统和感知哨所的感觉系统与采集、搜罗、汇纳和传输刺激的信息系统，情况似乎要复杂得多，一些具有一定复杂性、综合性和智能性的欲望，尽管最初发轫于某一生理系统，但有些时候此类欲望的归属却要划分在信息系统之中似乎更为贴切。如安全欲、占有欲、权力欲、尊重欲、归属欲、荣誉欲等信息含量较大、层次较高、智能性较强的欲望，都要经过大脑对各种信息的分析过滤加工处理统筹才能达成，所以应该归属于信息系统。如因食物紧缺而产生的对食物的占有欲，因住房有限而产生的对房产的占有欲，虽然发生的生理系统不同，但因其要高度借助于信息系统对各种信息的汇集筛选才能达成，所以，这类欲望应该算作信息系统的产物。

一种欲望到底归属于哪一个生理系统，关键是要看匮欠发生在哪一个部位和哪一个生理系统中，这是归纳欲望属类的决定性条件。同样是安全欲或自我保护欲，有时其匮欠发生于感觉系统（如猝然发生的危险事件，有了感觉便立即做出安全反应），有时发生于信息系统（经过分析、评估或鉴定认识到的危险事件而做出的安全反应），还有时甚至发生于呼吸系统（面临毒气危害而做出的安全反应）或消化系统（极度饥饿而做出的安全反应），等等，这些都需要根据匮欠发生的具体生理系统而进行属类归纳。

其他如呼吸系统出现呼吸障碍或呼吸到异常气味，消化系统出现消化障碍或品味到异常口味的食物，首先产生的欲望也不会是安全欲，而是舒适欲，是希望解除呼吸或口味的不适感，只有当发现问题越来越严重时，才会意识到人身危机问题，相应脑区针对空气或针对食品的安全欲才会随之而生。

我们还知道一些恐高、晕水、晕针的人，其所晕者，表面上看都与感觉系统有关，其实这与他们的经验性已知信息有关，从高处落下会被摔死，掉进水中会被淹死，把针扎入肉里不但会令人疼痛，还会造成皮肤及肉体损害，甚至导致感染，危机生命，这些耳闻目睹或亲身经历过的经验性的信息虽然都是通过感觉系统和神经系统汇总并潜伏于人的意识中，但只有在意识层面实现与外在同类信息的传递、反馈、互动与综合分析之后，才能产生事关安全欲的反应，这个信息传递、反馈、互动和分析的过程是由人体信息系统的功能来完成的。所以，这类安全欲应该归属于信息系统才更恰当一些。

正像人们居住在某一建筑或某种环境之中，总是先对这个建筑或环境做一下安全评估，这个评估的过程不是单凭感觉系统做出的，而是依靠各种信息的采集、汇纳、分析之后得出某种事关安全性的结论。人体信息系统包括感觉系统和神经系统的部分功能，单靠感觉系统本身或神经系统本身是无法单方面完成对信息的采集、筛选、分析和做出结论的。这说明，人体多个生理系统都涉及到安全问题，某一安全欲来自哪一个生理系统，要具体问题具体分析，只要经过严谨的推理，就会找到与之相对应的生理系统的发源地。

再拿权力欲来说，权力欲是实现控制欲的媒介性欲望，而控制欲是实现占有欲的媒介性欲望，这类社会性高层次欲望表面上看不会是某一个特定生理系统的产物，而是与多个生理系统都可能发生目标资源紧缺情况下的必然产物。控制欲或权力欲的最后落点是在占有欲上，根据占有的目标资源的不同，我们即可以找到对不同目标资源的占有欲所对应的不同的生理系统，从而确定其权力欲和控制欲的归属。比如对食物的占有，对衣物的占有，对建筑物的占有，对工具的占有，对性伙伴的占有，其实都是与特定的生理系统存在相对应的关系。只是我们用了一个模糊的措辞或概念将对不同目标资源的占有做了一个笼统的概括而已，占有欲的概念本身没有精准的规定性，这是语言障碍或词语障碍造成的表意混乱，其实我们的理论规律本身并不混乱。

通过上面的论证可以证明，每一种欲望都可以找到特定的生理系统逐一对应的关系。这样，我们便可以对每一种欲望发生和发展的脉络按图索骥，藉此寻找解决欲望系统平衡问题的有效方法或工具。这个欲望系统被建立起来之后，我们必将发现历史上很多关于哲学、精神学、生理学、心理学和社会学等学科中的很多论证方法并不是符合逻辑的，而是混乱的和滑稽的，其中难免有些结论是错误的。同时，我建立的这个生理欲望系统也必将对意识形态领域包括人类情感、理性、意识、心理和精神方面具有重要建树和全新认识。

人类欲望虽然多如牛毛，不可胜数，但归根到底，其基本生理欲望大致无过乎十种，即呼吸欲、饮欲、食欲、大便欲、小便欲、性欲、舒适欲、控制欲、认知欲和动欲。只有把这十种欲望的坐标搞清楚了，其他欲望的曲线也就可以逐一描摹和推演了。换句话说，其他一切欲望都是由这十种基本欲望演绎出来的衍生欲望、派生欲望或次生欲望。我们也可以把这十种欲望称之为母欲，其他欲望则是子欲或孙欲。

从基本欲望出发，人类由此衍生出了无数高级欲望或低级欲望的次生欲望，构成了巨大庞杂的人类欲望系统。在这个系统中，我们发现，欲望与欲望之间，包括但不限于高级欲望与基本欲望之间，显而易见存在着一种互动互推的特殊关系，比如实现了权力欲，顺势也满足了荣誉欲、尊严欲、支配欲、占有欲、控制欲等；再比如一个人的食欲迟迟得不到满足时，顺带也威胁到生存欲、安全欲、舒适欲、审美欲等。我们把欲望与欲望之间存在的这种互相影响、推动、牵扯、掣肘和制约的连带作用或连带关系，称之为欲望连环效应。其中可分为好运连环效应和霉运连环效应两种情况，前者如实现了权力欲的例子，后者如食欲迟迟得不到满足的例子。

我们在生活中也常会看到，一个人一步走运，则步步高升，一步赶不上则步步赶不上。好事总是以“一花绽开百园春”的锦上添花的逻辑规则演绎。莫言获得了诺贝尔文学奖之后，好运连连，各种荣誉、头衔、官阶、职务、财富纷至沓来，一扇扇好运的大门不断向他打开：不但作品连续畅销，还相继获得了人民艺术家、中国作家协会副主席、北京师范大学教授等荣誉和职位，几近达到了“社会通吃”的境界，令人艳羡不已。这些都是欲望连环效应所致。同样的，坏事也总是以“屋漏偏逢连夜雨”的雪上加霜的逻辑规则运行。秦代商鞅推行的连坐制，一人犯法，株连九族，很多人都要跟着倒霉，这是社会性连环效应沾坏光的情况；还有“一人得道，鸡犬升天”的社会性连环效应沾好光的情况。这就是说，一个欲望会连带地辐射和延伸到其他欲望或其他与自己有关的人身上去。这些现象都是欲望连环效应发生作用的结果。

同时，在十大基本欲望中，有八种准欲望事关个体的物质性生存，直接影响个体的生命运行，具有明显物质性欲望特征，我们之所以把这种纯粹的生理性欲望称为准欲望，是因为我们每一个人都不得不以这些欲望为准则、以这些欲望为核心，其他一切欲望都是由这八种准欲望衍生出来的，并自始至终为这八种准欲望服务，这八种准欲望计有舒适欲（物质性目标为住所、衣物、阳光、景观等）、呼吸欲（物质性目标为空气）、饮欲（物质性目标为水）、食欲（物质性目标为食物）、小便欲（物质性目标为空间场所）、大便欲（物质性目标为空间场所）、性欲（物质性目标为性对象）、动欲（物质性目标为自由活动的空间和条件）；另外两种欲望，包括控制欲（非物质性目标如权力等）和认知欲（非物质性目标如信息等），属于精神性欲望，事关个体的意志性体现，直接影响个体的社会心理状态，具有明显的智能性欲望特征。物质性欲望所对应的目标具有实实在在的物质意义，其作为填充物的紧缺性决定了该欲望的满足程度和满足水平。

为什么把舒适欲和动欲也列为物质性欲望，却是具有另外的考量的。原因在于这两种欲望也是由物质性资源或物质性能量来实现和满足的，离开了物质性资源和能量，这两种欲望不但不会得到满足，而且在这些物质性资源或能量极端匮乏的条件下，也同样会影响生命与健康。比如影响舒适欲的温度、影响动欲的生理条件和空间条件，都会直接关乎个体的生命与生存。这跟精神性欲望中权力欲、控制欲、荣誉欲等存在着根本的不同，人的权力欲、认知欲、荣誉欲等精神性欲望，即便极端到一无所有的情况下，也不会直接影响到个体的生命运行。

在物质性欲望中，包括呼吸欲、饮欲、食欲、性欲、动欲、大便欲、小便欲、舒适欲等，是事关人类生存质量的最重要的八种欲望，这八种欲望涉及到人类生存所必需的空气、阳光、水、食物、衣物、住所、性伴侣和自由活动的空间，我们将这八种欲望称之为物质资源型欲望。一般地，一个人只要基本满足了这八种物质资源型欲望，生存欲和生命欲就不会发生危机。除此之外，其他以非物质性资源为目标的欲望，我们称为精神感受型欲望，如控制欲、荣誉欲、价值欲、归属欲等。

如果人人都能正常获得物质资源型欲望的满足，社会就达到了基本的和谐稳定，人生就获得了基本的平安幸福；如果精神感受型欲望也能得到基本满足，则更是锦上添花，两全其美，丰衣足食，康乐俱全。

事实上，有些物质资源型欲望所期待的对象可能是取之不尽用之不竭的，如满足呼吸欲的空气，满足饮欲的水等，这种情况下的欲望满足条件和方式就会变得简单而有效，一般不会成为欲望满足的难点。人类社会发展数千年以来，通常只有舒适欲（涉及到用来保暖的衣物、用来居住的房舍、自由并安全的社会环境）和食欲（涉及到通过正常劳动而获取的食物）两大欲望最是影响人生幸福和安稳的关键性欲望。社会民众也大多是由于这两项欲望难以获得基本满足而引起恐慌、骚乱甚至动荡。这也是历朝历代统治者都十分重视、不敢怠慢的两大欲望管理课题。

我在这里，从林林总总的复杂的人类欲望系统中，为社会管理者科学地抽出了两大事关社会和谐稳定的关键欲望，我把这两大欲望从十大基本欲望中抽取出来，称之为社会和谐底线欲望。

社会和谐底线欲望中的食欲，是生命和生存的基本保障欲，是“民以食为天”在生理欲望系统中的庄严体现，食物目标要求丰富多彩，足够享用；社会和谐底线欲望中的舒适欲，事关生理和心理的舒适，包括健康、温暖、安全、自由而不受危害，能够较好地实现自我保护，能够不必耗费太大体力和脑力即能获得日常生活必需品的基本保障；包括感官的舒适，眼耳鼻舌身接触的万事万物能够给自己带来快乐；包括精神的舒适，心理环境、意志环境、精神环境、理念环境、信仰环境给自己带来的自在状态。

所以，舒适欲和食欲要求解决的是衣食住行乐具有基本保障或足够保障的问题，让这些欲望目标变成现实，并力求达到更全更优，便是人类生存之所系、人生幸福之所求，这是社会统治者和管理者最不可小觑的社会性欲望，也是最难于全方位达到全社会人人满意的欲望。

我在前文已经论及，人类的一切活动及其现实成果无一不是欲望的产物。社会发展的方向就是欲望发生发展方向，社会发展的各项人文成果就是欲望机器不断生产的产品。社会管理者或企业管理者所管理的内容表面上是人、事、物、财，其实质则是人类的欲望，不管是道德、法律、制度、规则，其用来制约、制衡、激励、激发的东西，本质上都是欲望的内容。欲望管理的初级层次就是对基本欲望的管理，只要满足了人们面临的十大基本欲望，特别是八种物质资源型欲望，社会就能够在平稳的状态下和谐发展。

人类基本欲望在匮欠不断加大或其目标对象发生资源紧缺的条件下都可能会变成强烈欲望和核心欲望。甚至不限于基本欲望，也包括其他衍生欲望，在一定环境和条件下都具有彼此倾轧的特性或功能。一个欲望匮欠不断加大或在目标对象发生资源紧缺时可能突然会变得很强势，很强烈，很迫切，很惶急，从而把其他欲望倾轧下去或暂时冷落一旁，只有当这个欲望得到基本满足之后，其他欲望之火才会重新点燃；或者在我们的欲望体系中，总有一些欲望占有核心地位、优势地位、主体地位，其他一些欲望则处于次要地位、辅助地位。

这些核心欲望、优势欲望、主体欲望，具有事关生存、垂涎已久、影响深远、神经敏感等特点。这些特点从欲望系统上寻找根据，主要集中在欲望目标直接影响生存的生理系统之中。如消化系统功能产生的食欲、便欲，感觉系统功能产生的温暖欲，神经系统或信息系统功能产生的自我保护欲、生存欲、安全欲，运动系统功能产生的自由欲，这些欲望对人的生理、生命、心理等具有核心地位、优势地位、主体地位，所以，一旦出现危机性匮欠，便会成为压倒其他欲望的强势欲望。

一个人的核心欲望在不同的情境和不同的时间里也是不尽相同的，哪一种欲望强烈而跃升为主导地位，哪一种欲望就变成了核心欲望。就一般情况下，直接关系到人的生命和生存的欲望总是占有优先地位而成为核心欲望。只有在这个欲望被满足之后，其他欲望的地位才有可能次第上升而成为不同时间段和不同情境下的核心欲望。

欲望相冲相克的倾轧现象不是人类所特有的，动物界也存在欲望倾轧现象。比如一只母鸡的食欲会受到育子欲的压制，叼着食物给小鸡吃，而自己甘于挨饿，大多数鸟类也都是如此。育子欲含有生命延续欲和传承欲的内容，生命大于一切是欲望选择的第一原则。一个人如果把自己也想获得的甲欲望目标转而给了其他人，那一定有乙欲望目标倾轧或克制了他的甲欲望目标，比如在生死存亡的关键时刻，他选择了自己死而让子女生，这是他的生命承传欲和爱子欲战胜和克制了他的生存欲；如果是他的父母生而自己选择死，那是他的孝顺欲、亲情欲、感恩欲等战胜和克服了他的生存欲；如果是他的战友生而自己选择死，那是他的友爱欲或荣誉欲战胜和克服了他的生存欲。

当年苏格拉底在与格劳孔的对话中说："凭经验我们知道，一个人的欲望在一个方面强时，在其他方面就会弱，这完全像水被引导流向了一个地方一样[1]。"比如一对当年发誓生则同衾死则同穴的爱情伴侣，婚后几年，新鲜感渐失，竟也可能会发生红杏出墙、琵琶别抱的花边故事，爱欲发生偏移，人生发生变故，幸福发生倾斜。如此等等，皆为欲望消长效应或欲望倾轧效应所致。

1 柏拉图《理想国》第六卷，p143，商务印书馆。

第二章　人类欲望塔
——人类欲望层次递升原理

说一千道一万，人类一切欲望都以人体生理系统为根本出发点，并最终以人体生理系统为根本归依。可以说，人类欲望系统的建立是以人体生理系统为基础，不但发端于人体生理系统，而且最终也回馈于人体生理系统。

而人类的心理活动、意识活动、情感活动、理性活动、精神活动、心灵活动也正是在自我欲望层次和自我十能结构的交互作用下产生出来的，并随着欲望层次的不断递升而走向明晰和显在，从而成为人类驾驭自我、驾驭自然和驾驭社会的新的能量源和发光点。

本书前两章原是我在《欲望与认知心理学》中关于欲望层次理论的重点讨论内容之一，鉴于其内容太多，分出来放在《欲望与精神心理学》一书的开篇卷首，以示两书之间所存在的前后承接延续关系。

一、生理系统与欲望层次

我在下面用图表形式对人体八大欲望系统及其八个欲望层次的关系进行阐释，从中可以看到每一种欲望的生理性基础和发源地，以及不同欲望系统和不同欲望层次中各种欲望之间的关系，甚至还包括人的意识活动及心理活动的基本位置和基本内容，其中还可以看到世界上不同事物与不同欲望系统和不同欲望层次的对应关系，以及在欲望层次的推动下，人类社会关系是如何形成的。

人类欲望层次是伴随着认识层次的不断上升而上升的，同时，人类欲望层次的上升也驱动了认识层次的不断上升和拓展。按照我在《欲望与认知心理学》一书中所提出的欲望层次理论来看，正是内部感觉激发了本性欲望的产生，也正是本性欲望启动了人类生命的运动程序和人类精神的启蒙程序。在本性欲望的驱动下，主体自我的感觉第一次从内部向外部“他者”投去了目标性注意的一瞥。与此同时，正是外部感觉激发了感性欲望的产生，也正是感性欲望驱动主体自我与客体对象之间建立了有方向性的联系。

当自我从感觉层面上升到知觉层面之后，对于事物整体属性的认知，必然促使主体自我产生知性欲望，也正是知性欲望驱动主体自我对事物与事物之间、以及事物与自我之间的关系产生了更全面、更深刻的认识，不但认识到了事物的表面现象，也认识到了事物的整体性欲望意义。而任何欲望及其满足方式和满足过程都存在顺逆成败的可能性，使人产生平衡或失衡的情觉性感受，正是在情觉的激发下，主体自我开始产生情性欲望，也正是情性欲望导致了人类社会关系日趋复杂和混乱，从而激发主体自我产生了理觉反应和理性欲望，人类理性从此开始不断上升和日益成熟，各种社会规则和社会制度逐渐被制定出来，藉以实现社会关系的差序和谐和稳健递升，也正是在理性欲望的铺垫下和慧性欲望的推动下，人类精神世界才开始在神性欲望的遥感和幻化中逐渐形成并展开。

下面我试图用图 2−1 将人类欲望的生理性特征和层次性特征统合在一起，从而构成一个纵横交织的完整的欲望系统，这就是人体八大欲望系统及欲望层次关系列表。

图 2−1 提供了人体八大欲望系统及欲望层次关系列表。分为八纵和七列，八纵指的是八大生理欲望系统，包括感觉系统、神经系统、信息系统、呼吸系统、消化系统、泌尿系统、生殖系统、运动系统，每一个系统都会产生与本系统生理特点相对应、相适宜的欲望形式和欲望属类；七列指的是每一纵在欲望驱动下逐层上升的七个层次，即以生理层为根基，由本能层开始出发，逐渐上升而发展为外应层、认知层、社会层、规则层、智慧层、精神层，这七个层次分别构成了本性欲望、感性欲望、知性欲望、情性欲望、理性欲望、智性欲望、神性欲望七个欲望层次。其中每一个横向层次中的欲望属于并列关系，如本能层中的欲望，计有舒适欲、控制欲、认知欲、自由欲、呼吸欲、食欲、便欲、亲子欲、自由欲；再如社会层中的欲望，分别为针对不同欲望关系对象的表达欲，等等。这就是说，在生理欲望系统中，从纵向上看属于递升关系，从横向上看

心理部分	意识	精神层	神性欲望	针对自我舒适性而产生摆脱生理困扰而寻求获得心灵舒适的欲望	针对自我处处受控制的困扰而寻求获得心灵解脱的欲望	针对自我已获取的各路信息产生不断重组信息和幻化信息的欲望	针对自我的呼吸性存在而产生与天地交融并达到心气平和的境界	针对食与便的需求而产生维系自我生命以保障信仰长存的欲望	针对饮与便的需求而产生维系自我生命以保障信仰长存的欲望	针对自我性爱和生理需求而产生尊奉天意、顺其自然的欲望	针对自我受制于肉体、时空与人事而产生寻求心灵自由的欲望
		智慧层	慧性欲望	针对影响自我舒适性的矛盾关系而做出有效处置的欲望	针对影响自我控制性的矛盾关系而做出有效处置的欲望	针对影响自我信息性的矛盾关系而做出有效处置的欲望	针对影响自我健康呼吸的矛盾关系做出有效处置的欲望	针对影响自我食欲或便欲的各种矛盾关系而做出有效处置的欲望	针对影响自我饮欲或便欲的各种矛盾关系而做出有效处置的欲望	针对影响自我性爱的各种矛盾关系做出有效处置的欲望	针对影响自我自由和行动的各种矛盾关系而做出有效处置的欲望
		规则层	理性欲望	针对保障自我舒适性而对欲权人及欲望人等关系设定规则的欲望	针对保证自我控制性而对欲权人及欲望人等关系设定规则的欲望	针对保障自我信息性而对欲权人及欲望人等关系设定规则的欲望	针对保障自我健康呼吸而对欲权人欲望人等关系设定规则的欲望	针对保障自我食物供给而对欲权人欲望人等关系设定规则的欲望	针对保障自我饮品供给而对欲权人欲望人等关系设定规则的欲望	针对保障自我性爱如愿而对欲权人欲望人等关系设定规则的欲望	针对保障自我自由行动而对欲权人欲望人等关系设定规则的欲望
		社会层	情性欲望	对事关舒适性事物的欲权人欲望人产生的带有关联性的表达欲望	对事关控制性事物的欲权人欲望人产生的带有关联性的表达欲望	对事关信息性事物的欲权人欲望人产生的带有关联性的表达欲望	对事关气息性事物的欲权人欲望人产生的带有关联性的表达欲望	对事关食物性事物的欲权人欲望人产生的带有关联性的表达欲望	对事关饮品性事物的欲权人欲望人产生的带有关联性的表达欲望	对事关性对象的欲权人欲望人产生的具有关联意义的表达性欲望	对事关自由与行动的欲权人欲望人产生的具有关联性的表达欲望
		认知层	知性欲望	根据自身体验和经验对能带来舒适感的各种事物产生的诸多欲望	根据自身对控制与被控制的体验对事关控制力的事物产生的欲望	对事关自我的所有欲望对象及获取方式等各方面信息的求知欲等	对各种有益气息的认同、寻求或对各种有害气息的认知、排斥等	根据自身体验经验对食物质与量及获取与储存方式等 产生的欲望	根据自身体验经验对饮 品质与量及获取和存储方式等产生的欲望	根据自身体验和经验对性对象的适宜性及取悦方式等产生的欲望	根据自身体验和经验对自由度及获取和保障方式产生的各种欲望
		外应层	感性欲望	来自于外部感觉的舒适欲、温暖欲、安全欲、审美欲等	更敏感的更强烈的控制欲、支配欲、协调欲、安全欲等	感兴趣的求知欲、见闻欲、交流欲等	嗅闻清新的、芬芳的、香醇的等各种美好气息的欲望	餍足欲、美食欲、美味欲以及舒适的大便欲	畅饮欲、酣饮欲、豪饮欲、佳饮欲、以及舒适的小便欲	渐次增强的性欲、魅人欲、求偶欲、亲吻欲、交欢欲等	渐次增强的自由欲和行动欲
		本能层	本性欲望	来自于内部感觉的舒适欲	控制欲、支配欲、协调欲、思考欲等	感知欲、自我体验欲等	呼吸欲	食欲、大便欲	饮欲、小便欲	性欲、亲吻欲、拥抱欲、交欢欲、繁殖欲、亲子欲、养育欲等	自由欲、行动欲
生理部分	无意识	生理层	欲望系统	感觉系统	神经系统	信息系统	呼吸系统	消化系统	泌尿系统	生殖系统	运动系统
人体											

图 2-1　人体八大欲望系统及欲望层次关系列表

属于并列关系。

由于欲望与自身智能性或意能性认识水平具有相互联结和相互推动的特殊关系，一方面，智能产生对事物的觉知，觉知产生对事物的欲望，另一方面，欲望又驱动或拉动自身的智能性或意能性认识水平沿着欲望方向不断提升，不断扩展，不断进步，并顺带推动了智能和意能的同步上升，就像作用力与反作用力共轭前行的关系一样。

这一点我们从人体八大欲望系统及欲望层次关系列表中可以看得出来，每一个生理性欲望系统中的欲望形式，都伴随着自身认识层次的上升而同步上升，呈现出拾级而上、连锁联动的层次递进关系，从而构成了纵列式的七个欲望层次（另有动性欲望未列入此表，因为动性欲望是每一层次欲望的下线欲望，在整体上看其层次关系并不明显），包括本性欲望层次、感性欲望层次、知性欲望层次、情性欲望层次、理性欲望层次、慧性欲望层次和神性欲望层次。同时，我根据各层次所具有的人性本质内涵，又将这些层次相应地归结为本能层、感觉层、认知层、社会层、规则层、智慧层、精神层、行动层。

本能层的欲望活动主要体现在内部感觉所产生的本性欲望上。本性欲望包括对饥饿、干渴、疼痛、麻木、酸胀、眩晕、平衡感等反应所做出的应答反应。在这个层面上，人是本能地存在着，世界对他来说是混沌的，模糊的，自我认识范围有限，智能层次不高，所有的行动都是在本能驱动下产生的。所以，在这个层面上的自我基本表现为自然人的自我，其人性与兽性在这个阶段并没有明显的区别。

外应层的欲望活动主要体现在外部感觉所产生的感性欲望上。感性欲望特指包括眼耳鼻舌身等外部感官对外部客观事物的色彩、形状、声音、气息、味道、软硬、涩滑等反应所做出的应答反应。之所以称之为外应层，是因为外面的客观物质世界所呈现的各种事物性目标通过外部感觉进行辐射和选择，从而实现对内部感觉和内在匮欠性欲望的回应或呼应，具有内呼外应的意义。外应层针对的是外在事物性目标，如阳光、空气、水、土地、房屋、衣物、食物、工具等物性的东西，都可以产生与内在欲望有关的好恶反应，人与物的关系自此被提上了意识层面。

认知层亦即智能层的欲望活动主要体现自我对内部感觉或外部感觉所感觉到的对象而产生的知性欲望上。在知性欲望的驱动下，自我对于来自于内部感觉的内容和来自于外部感觉的内容开始给予特别的关注，力求做出对欲望有意义的认知或解释。特别是对外部感觉所辐射的目标性对象，更是在知性欲望驱动下而进行尽可能全面的观察、审视和了解，并按照对自我欲望有利或不利的标准而做出势利性或舒适性的选择和评价。人类认识世界的目的性在这一层面上开始变得明确起来。

其实，人类内部感觉的时空维度是十分有限的，仅限于其内部生理运动的可感知尺度范围，其感知时空的大小和长短及其获取信息的数量是有定数的（比如饥、渴、饱、胀、痛、晕、痒等等），每个人在这方面所获取的信息可以说是大致相同或不相上下的。但外部感觉的时空维度却可以扩大到大尺度运动的广阔时空中去，所映射的影像信息数量几乎是无限的，没有定数的，这也是人们喜欢旅游并到处留影留念的原因之一。

所以人类绝大部分信息或知识都来自于外部感觉。知识被确认的过程必然基于内外感觉的呼应关系上。如果内部感觉为知的话，则外部感觉即为识；如果外部感觉为知的话，则必由内部感觉做出呼应性体验或证验之后方才被认可。一只不知饥饿的鸽子是不会识别食物的，一个毫无性欲的男人，也不会对女人感兴趣，更不会认识女人存在的全部意义。

所以知识实为内部感觉和外部感觉针对特定事物目标所构成的对应呼应、联通联动、互补互成的关系，或者说是内部感觉借助外部感觉在大尺度时空广域上的辐射、延伸和拓展。在内部感觉一定的情况下，更多的知识来自于外部感觉的影像性映射，映射的越多则知识也越多。这就意味着一个人经历、阅历越多越广，则其知识也必然越丰越博。

社会层的欲望活动主要体现在自我对那些与自身欲望有关联的外在的人、事、物的联系或关系所做出的互动性、交集性、交往性、交融性、交流性和倾向性的情性欲望上。这时的自我已经真正成为了社会人的自我。

在大多数情况下，作为社会人的自我所觊觎或所关注的欲望目标，通常既存在着欲权人，也存在着其他欲望人。欲权人对目标物具有控制权和支配权，你要的目标物他可以给也可以不给，同时其他欲望人可能也在垂涎着这一目标物。你要他也想要，这就围绕着目标物出现了人与人相互对立与统一的社会关系，社会性的竞争与合作、社会性的人情世故自此开始产生。

社会关系虽然错综复杂，但每一种关系因为都与特定的欲望密切相关，所以，每一种关系都可以在最初的本能层面或生理系统中找到根据。在这个以欲望联系起来的社会层面上，人与人之间发生的合作、竞争、抢掠、强奸、拐卖、杀人、放火等社会现象在所难免。自我在与他人合作与竞争、顺从与反抗的交融互动和矛盾统一过程中，产生了复杂多变的情绪、情感、心情、心态、态度，包括快乐、喜欢、愤怒、厌恶、恐惧、悲伤、忧愤、嫉妒、蔑视、羞耻、尴尬、惊讶、痛苦、郁闷、烦躁、压抑等情绪反应和情感倾向。

这说明，人类的感情总是出现在理性之前，重感情、讲义气是人类最原始的本性。

我们中的每一个人都首先生活在感情世界里，面对纷繁复杂的社会关系，我们必须高度重视人与人之间的感情，在权衡、处理和争取各种社会利益关系时，首先要尊崇情感至上原则，动之以情，诱之以情，还之以情，抚之以情，慰之以情，把感情、心情、情绪、态度放在待人处世的首位，要善于以感情联络人、拉近人、团结人、召唤人、鼓舞人、慰勉人、驱策人和激励人。这样，你与别人才会好相处、好办事，别人也才会心甘情愿地追随你、景从你和效忠你，才会心甘情愿地与你风雨同舟、互利共赢、敬爱有加。

切记，当你遇到事时，千万不能一上来就跟人讲理，跟人评理，跟人争理。按照欲望动力心理学理论推导，理这种东西是滞后于情而产生的，比情距离人性的本质要稍远一些。只有当人们用情解决不了问题时，理才会被端出来派上用场，只有当感情这杆秤发生明显倾斜时，人与人之间才会进入讲理程序。

到了这种时候，可能证明你们彼此之间所存在的感情已经掺了沙子，打了折扣，有了误解，或者已经遭到了一定程度的损伤和破坏。即如夫妻之间、家庭成员之间、朋友之间、战友之间，一旦进入讲理程序，就意味着彼此之间的感情已经出了问题，出了障碍，倘若再继续借助感情的纽带已经不能维系彼此之间的默契了，于是乎，讲理、评理、争理就成了解决问题的重要平衡手段，一旦把这种手段用到桌面上，就很可能会使双方陷入互伤和气、怒目相向的不利境地，甚至在心灵深处长久地埋下幽怨嫉恨的种子。

规则层的欲望活动主要体现在自我在陷入盘根错节的社会关系之后而产生的理性欲望上。人与物的关系只存在着好与坏、多与少、取与舍的实用性标准，而社会层面所展现出来的人与人的关系却非常复杂而且多变。

在面对某个特定欲望目标时，有人可能与你合作，有人可能与你竞争，有人可能对你顺从，有人可能对你抵抗，甚至不止于此，在诸多欲权人与欲权人之间，在诸多欲望人与欲望人之间，都存在着程度不同的对立与统一的矛盾关系。

这就使得这个社会呈现出一种熙熙攘攘、乱乱哄哄的无序状态，这种状态非但对自我各种欲望的满足构成威胁，而且对他人各种欲望的实现也会造成破坏。

所以，自我通过在知性欲望层面所获得的知性铺垫，逐渐认识到“己所不欲勿施于人”的普世真理，为了实现自我保护而寻找各方利益的平衡点，逐渐开始思考契约、规则、标准、范围、秩序的意义和作用，这就使人类最初的理性开始诞生。

于是，面对你争我抢、纷乱如麻的社会，为保证自我欲望获取满足的正当性、可靠性、便捷性和有效性，一种“为天地立心，为生民立命，为往圣继绝学，为万世开太平”[1]的宏愿便在理性欲望的驱动下被酝酿出来。社会规则意识由是而起，政治思想自兹而生，各种承诺、协议、合同、契约、制度、法律被订立出来，各种公理、法理、伦理、情理、道理、道德等规则被逐渐推动出来了，并以各种条文的形式成为治理社会的重要手段。正是在这个层面上，国家产生了，政权产生了，具有广泛性的劳动关系和分配关系产生了。

智慧层的欲望主要体现在自我在应对各种矛盾关系而做出灵活应对和有效处置的慧性欲望上。尽管在规则层依靠理性给社会设定了各种各样的规则，力图让社会上的所有人、事、物都能呈现出有序的流动或互动，但以社会矛盾的错综复杂性和事物的不断发展变化性特征，旧问题解决了，新问题还会出现，被固定化的规则不可能是万灵的药方，不可能凭借它解决所有的问题。

更何况，一切规则还需要在使用上掌握一定的灵活性，要坚持原则性与灵活性的有机统一。这就意味着，自我所面对的问题，不能仅仅凭借规则来解决，还必须借助超越理性规则的更高级的智能手段来处置，来应对，这就要依靠智慧。把知识上升为智慧，把理性上升为智慧，还需要一次悟性的跨越和升华。

知识是获得智慧的铺陈，理性是获取智慧的捷径，但知识和理性并不是智慧本身。智慧是欲望遇挫时乍然释放的机勇与敏锐，是面对问题时幡然醒悟的灵活与变通，是处置矛盾时断然采取的方法与对策。人类智能发展到这一阶段，才算真正进入了智慧层面。可以说，人类的知性主要用于发现问题和认识问题，人类的理性主要用于分析问题和解释问题，人类的慧性主要用于谋划问题和解决问题。而人类面对的所有问题其实都是欲望问题。

精神层的欲望主要体现在自我为摆脱现实的各种束缚和困扰并获得心灵自我救赎而产生的神性欲望上。人类在面对自然、面对社会甚至包括面对自我时，永远也摆脱不掉自身肉体与这一切的对立与统一关系。自我所感受到的一切苦难、忧伤、痛楚，都发端于这种说不清理还乱的关系中。

人生的最大悲哀便是自我意志无法达到自由自在、“随心所欲”的境界，自我肉体以其特殊的生理特性已经无法获得真正的和完全的意志自由，无奈之

1　见于宋代儒学家张载《横渠语录》。

下，只有寻求心灵的解放和精神的解脱才是自我救赎的唯一出路。

于是，沿着一种信仰的高度攀援而上，自我意识便踏上了一条不归之路，这就是神性欲望所驱动的方向。在精神层面上，自我意志、理念、观念、思想、信仰、价值观、世界观、人生观和特定的方法论开始成熟起来，并进入相对稳定状态，不轻易被他人所左右。很多至真至纯的学说著作也大都是在这个层面上被创作出来。当然，人类不同个体进入这个层面所具有的不同程度的表现，虽然与经历、阅历有关，但与自身智能造化也具有一定的关系，所以，一个人在多大年龄上能够抵达这个精神层次，并不是绝对的。

我的欲望层次理论总共给欲望设置了八个层次，但图 2–1 仅仅列入了七个层次，还应该有一个行为层中的动性欲望在这里暂且略去了，原因是行为层中的动性欲望可以被理解为与每一个欲望层次都直接相连的下线欲望，即任何一个欲望产生之后，都会驱动自我意识产生与满足该欲望相应的行为。

这就很容易理解，行为层的欲望主要体现在主体自我为满足特定欲望而产生的动性欲望上。这个动性，不限于肢体动作、表情变化、语言表达，广而言之还可以延伸到心理活动、思维活动、精神活动，以及情感、情绪、心情、心态等方面的活动与变化中去。这些活动与变化，无一不与自我欲望指向息息相关，无一不是自我个体在特定环境中受到特定欲望驱动的结果。一个人在特定的环境条件下，有什么样的欲望便会产生什么样的意识、心理、情绪、态度、表情和言行，反过来，我们根据一个人的情绪、态度、表情和言行也可以推断其欲望形式、属类，甚至具体的欲望目标。

通过图 2–1 还可以看出人的主观世界、精神世界、心理意识、思想观念等全部精神内容均来自于物质世界的生理系统以及与生理系统保持进出平衡的外部客观世界中的各种事物及其影像。当然，人类这一切主观的、精神的、心理的、意识的或思想的东西的形成同时还与教育的干预作用密切相关，而所有的干预也都来自于外部，来自于外部客观世界中的各种事物及其影像，而只有遵循欲望形成原理和欲望驱动原理的教育干预措施、方式和方法，才能收到符合教育者意志的积极效果。否则，一切教育不但可能是徒劳无益的，也可能适得其反，与教育目的背道而驰。

同时在图 2–1 中还可以看出有关于生理、心理、无意识、意识等概念内涵的具体位置和边界。如果有人还将意识再进一步分化出前意识，那么，这个前意识则应该是感觉层中的事情。当然，对意识的若干划分方法，其科学性到底有多大，心理学界其实至今尚未给出有力的证明。

以上八个生理性欲望系统和八个层次性欲望系统，可以笼统地称之为人类欲望系统。

人类欲望系统分别从不同的生理系统出发，在纵向关系上看是一种层次关系，在横向关系上看则呈现出一种并列关系，如本能层中的本性欲望，其表现在感觉系统中为舒适欲、在神经系统中为控制欲、在信息系统中为求知欲、在呼吸系统中为呼吸欲、在消化系统中为食欲或大便欲、在泌尿系统中为小便欲、在生殖系统中为性欲、在运动系统中为自由欲。

再如社会层中的情性欲望，在感觉系统中为善意、恶意、冷漠、热情等，在神经系统中为支配欲、驾驭欲、权力欲、平等欲、合作欲、竞争欲、嫉妒欲、顺从欲等，在信息系统中为表达欲、沟通欲、交流欲、兜售欲、见闻欲等，在呼吸系统中为空气环境保护欲、空气资源共享欲、获得清新气息欲等，在消化系统中为食物占有欲、争夺欲、支配欲、大便便利欲等，在泌尿系统中为小便环境条件便利欲等，在生殖系统中为恋爱欲、交配欲、繁殖欲、亲吻欲、拥抱欲、肌肤相亲欲、养育欲等，在运动系统中为自由行动欲，等等。

其中，图 2–1 中各系统各层次所列欲望仅仅举其荦荦大者作为范例，比如在感觉系统的知性欲望层中，自我是根据感性欲望阶段的体验和经验，而对影响舒适度的各种因素做出整体性反应，针对这些因素这些事物，当然是认知越全面越好，越多越好，这样才能分清利弊高下，知悉获取目标的难易程度等等。一旦认识到了，便会产生知好知歹、知取知舍、知轻知重的选择性欲望。

再比如在消化系统或泌尿系统的理性欲望层中，只提到了自我与事关食物或饮品的欲权人或欲望人的关系，并没有提及消化系统和泌尿系统在该层次中的便欲问题，事实上，便欲也是需要欲权人或欲望人能够为自我提供便利和舒适条件，因此也当然需要具备一定的和有效的规则意识，从而为自我顺利实现便欲创造良好条件和提供应有的保障。这些内容，因表格所限，并没有逐条逐项地列入其间，但读者根据欲望动力心理学理论可以全面铺展开来，将人类所有的欲望尽皆囊括其中。

二、人类生理—欲望—精神逐层递升原理

人的欲望是个体自我从智能世界向精神世界过渡的中间层次，而且是以驱动力的形式呈现的。人的生理机能的不断运转，造成了能量的转化与消耗，而能量的转化与消耗必然导致欲望的产生，欲望驱动人的神经智能（包括各大感

官功能）不断搜寻和采集外在目标及其影像资料，大脑借助这些影像资料按照欲望意义进行重新排列组合、拼接黏连、加工抽象，从而形成精神世界，这就是人类生理—欲望—精神逐层递升原理，简称人类精神形成原理。

借助人类精神形成原理，我们可以解释为什么不同的人的精神世界有所不同，而又有所相同，这与人的生理条件、欲望倾向和环境特点所存在的异同密切相关。信息系统产生求知欲（认知欲），不同的求知欲（认知欲）也影响精神世界形成的曲度、裂度和高度。

同时，我们还会看到，不能够产生欲望的那些封闭式内循环生理系统，也不能产生精神，或者说是与精神世界的形成无关，如循环系统、免疫系统等。

对于产生较少欲望的生理系统，也对精神系统的形成具有较小的影响。如呼吸欲、小便欲等。而产生较多欲望的生理系统如神经系统、消化系统、生殖系统、运动系统和信息系统都能产生较多的欲望。可以说，人的大多数精神元素都与这些生理系统密切相关和息息相通，因此它们也是构建人类精神世界的主要平台、主要支撑和主要物质基础。

当然，由人的感觉系统和神经系统为主体框架而构成的信息系统除了具有求知欲或认知欲功能之外，还具有对其他各个生理系统的信息进行综合、筛选、比较和分析的功能。

所以很多综合性的欲望，特别是理性欲望（即关系到不止一个生理系统实现平衡的欲望，如占有欲、控制欲、安全欲、价值欲、荣誉欲等）都是由这些生理系统的信息汇总而后经由神经系统的分析与综合而产生的。信息系统对于各种欲望的产生与形成具有采集信息、汇总信息、加工信息以供神经系统全面协调、综合统筹和理性推断的特殊功能。

不止于人类，其他动物都有以感觉系统和神经系统为基础的信息系统，比如蚂蚁的信息系统就是由神经通路、眼睛和触角等感觉器官以及由触角所分泌的一种化学物质称为信息素等组成的。人类的信息系统当然要比蚂蚁等动物复杂得多和高级得多。信息系统中的感觉与神经的关系遵循着反仆效应，这一点，我将在另外的章节中有所论述。

人类精神形成原理不仅揭示了人类精神产生和形成的路线图，也揭示了精神世界所具有的和必然具有的内容、特点和发展规律。从人体八大欲望系统及欲望层次关系列表中可以看出来，从生理到精神是一步一步上升的，而且每一步上升都离不开欲望的驱动。其中我们发现神经系统作为智能系统的轴心在整个欲望系统中占有特殊的主导地位，其不但与感觉系统、信息系统和运动系统的关系更为紧密，而且也对其他生理系统及其功能具有协调和保护功能，这种协调和保护是以趋利避害为基本原则的。

我们同时发现，每一个生理系统都有神经系统功能的参与和制衡，因此神经系统产生的欲望不止于对本系统具有保护和协调功能，也对其他系统具有关照与呵护、协调与平衡功能。这就是神经系统功能所产生的某些综合性欲望与其他生理系统功能所产生的欲望具有某些重叠的共性特征，如控制欲、占有欲、健康欲等同时也是其他生理系统功能产生的欲望，如占有欲可以占有食物，也可以占有异性，或占有阳光空气等与消化系统、生殖系统或感觉系统有关的欲望。再如安全欲，有时可以是感觉系统功能产生的居住安全欲望，有时也可以是消化系统功能产生的食品安全欲望，有时也是信息系统功能产生的健康安全欲望。

这就是说，神经系统是其他各种生理欲望的参与者、平衡者和协调者。

欲望源于人的生理机能或功能，准确点说，是源于人的开放式生理系统机能或功能，这就意味着每一种开放式生理系统的功能都会产生与之相对应的欲望种类，比如性欲只能由生殖系统功能产生，而不会源自于其他生理系统，食欲只能由消化系统功能产生，而不会源自于其他生理系统。人的智能系统特别是神经系统功能只能以传导信息的方式激发其他生理欲望（如性欲或食欲）的匮欠反应和目标寻求，但绝不是其他生理欲望（如性欲或食欲）的发源地。

这就是说，人的神经系统对其他生理欲望具有综合协调和拉动平衡的独特功能，任何一种生理欲望的产生或实现都离不开神经系统功能的参与、传导、激发和制动。

神经系统也是一个特殊的开放式循环系统，是内部感觉性信息或大脑意识性信息与外部感觉性信息或对象交流性信息之间构成的循环关系，简而言之就是内部信息与外部信息之间的循环关系。

当植物人的神经反应功能大部分丧失，就意味着内部信息终止流转，并与外部信息之间的循环关系中断，其本身已无法再与外在的客观对象实现信息对接、联通和循环，所以，植物人一般不再具有神经系统产生的欲望。即便植物人内部感觉系统存在着微弱的感觉信息，但由于大脑意识性信息不复存在，无法实现从感觉到意识之间的内部信息循环，以致造成整个神经系统函数曲线的坍缩，所以不可能产生明确的欲望性反应。

另外，人的植物神经系统的信息流转具有系统封闭性，其流转和传导线路仅限于本系统的内部，不能与神经智能性信息以及大脑意能性信息实现知性对接、联通和循环。所以，人的主观意志（大脑意识）对植物神经系统产生的信息不具有直接进行汇总、加工和调控的功能，这就使得植物神经系统也不会产生任何欲望，只有在机体产生明显匮欠的情况下，才会被内部感觉感知到，才会传递给大脑并产生针对外在特定目标性信息的欲望性意志。

再举一个极端一点的例子来说明这个问题，假若一个人生来五官全部失聪，其内部神经系统足够发达，但因其处于封闭状态，不会与外在的客观对象形成信息循环，所以也一定不会产生任何与外部环境对象有关的欲望，除非有另外的人提供帮助，让他对外部环境中的食物等目标产生特殊形式的认知，他才会根据这种认知经验而产生与之相应的欲望形式。

这同时也可以推论到那些患有孤僻症、孤独症或抑郁症等精神疾病患者的发病原因及其机理，当其神经系统的信息流转循环发生障碍，可能会导致多种疾病状态。

当自我内部信息流转不畅，发生循环障碍，就会导致麻木、眩晕、肌肉萎缩、无力、癫痫等多种疾病；当内部信息与外部信息不能实现内外正常有效的流转，发生循环障碍，也会导致多种精神不良反应或精神疾病状态。

当内部信息积压过多而不能与外部信息实现有效流转和良性循环，便会导致孤僻、抑郁、猜疑、嫉妒、癔病、幻想症、狂妄症、躁动症等疾病的发生。

当外部信息涌入过多，而不能完好地与内部信息实现有效对接与良性循环，便会造成痴呆捏傻等症状的发生。

内部信息循环以及与外部信息之间的循环关系是完全建立在神经系统健全的感觉、传导、协调、存储、注意、表象、联想、想象、思维等功能之上的，是完全建立在神经系统健全完好的能结构之上的，这就意味着，人体中很多与神经有关的疾病特别是精神疾病或精神障碍，必然在神经系统中找到相应质结构的原因或病灶。

神经系统功能是完全为保障其他生理系统的正常运转服务的，其他生理系统功能所产生的欲望都要通过神经系统功能传导、记忆、思考、分析或做出应答，这就使得其他生理系统功能产生的各路欲望，汇聚到神经系统中，通过汇总和比较的方式，进行综合和选择，找出共同点和不同点，并把共性欲望突显出来，形成综合性和共性欲望，如舒适欲、控制欲、求生欲，安全欲等，这些欲望的特点是为多个生理系统功能所共有，包括感觉系统、消化系统和生殖系统，都不同程度地拥有这类欲望。

针对各生理系统而言，每个生理系统的欲望都如同一条射线，有的射线不与其他欲望射线相交，有的射线则与其他生理系统的欲望射线相交。相交的欲望射线在神经系统形成汇总后，会表现得更加敏感、突出和显著，意味着神经系统晓得此类欲望事关多个生理系统机能，所以更加重视，其地位也更高。

如控制欲在各种欲望中具有综合性和共性的特点，对多个生理系统都有辐射和垂照作用，因此其地位和层次更高。当然同样是控制欲或占有欲，对不同的生理系统而言，其控制和主宰的欲望目标却是不同的，消化系统功能产生的控制欲或占有欲是对食物或创造食物的劳动力和劳动工具的控制和占有，而生殖系统功能产生的控制欲或占有欲是对异性及其性器官的控制和占有。

人们用控制欲或占有欲等概念界定欲望属类，实际上是一种很笼统很综合的概念，这些概念并不能区分与各生理系统欲望目标的对应关系，但概念的笼统并不代表生理系统功能欲望的笼统，生理系统与各种欲望属类对应关系的线条还是很明晰的。

从图 2−1 的人体八大欲望系统及欲望层次关系列表中还可以看出意识的产生环节或层面，意识发轫于欲望层，并在目标层中逐渐明晰，在社会层中会变成真正的显意识，显意识到了规则层就被理性化了，显意识在精神层就被思想化了。思想化的意识最后成为主观精神的一部分。主观精神世界中的自我才是人的品质的终极内涵，也是人由自然人上升到欲望人，由欲望人再上升到社会人，由社会人再上升到理性人，由理性人再上升到精神人的境界提升过程。我们说，人要为精神而活着，要活出一种精神来，其实就是一种对人生境界的最高层面的追求。人生修炼其实质就是对这五个层次的拾级而上过程。

图 2−1 也列示了人是如何从自然人演变成社会人的，是如何从客观世界走向主观世界的，以及人的客观世界与主观世界之间存在着怎样的一种关系和联系。人类意识层次的这一切变化和递升都是攀着欲望的无形之梯而“腾云驾雾”和登上精神世界的金字塔的。如果不认真研究欲望动力心理学，就无法获知人类主观世界形成的原因、途径、方式、依据和特点。

从人体八大欲望系统及欲望层次关系列表中还可以看到，人的生理系统既与人的心理系统相并列，也与人的欲望系统相并列。

在这里，我们把人的心理范围扩大到整个意识层面，亦即人的心理系统与意识系统在范围上是基本一致的。事实上，从生理系统功能产生欲望之后，意识和心理活动便开始了。

但我认为，人的意识和人的心理一样，也有一个逐渐成熟和逐渐上升的演变过程。自欲望产生之时，意识和心理便开始启动了。刚启动时处于蒙昧或朦胧的幼稚状态，但随着欲望目标由暗而明和欲望驱力由弱而强的变化，人的意识和心理也逐渐生动活跃起来和清晰明朗起来，并一直上升到精神层面，成为一种成熟的、明确的、坚强的意志或信念。所以，我认为，从人的生理系统出发，经过本能层、外应层、社会层、规则层直到精神层，一直有心理活动、情感活动和意识活动贯穿始终。

三、人类欲望塔：精神层次的递升与自我意识的成长

对于人类欲望形成原理和层次递升规律，我们还可以把图 2–1 中的列表做成图 2–2 中这样更为直观的塔形结构图，称之为“人类生理—欲望—精神层次递升演进图”，简称人类欲望塔。

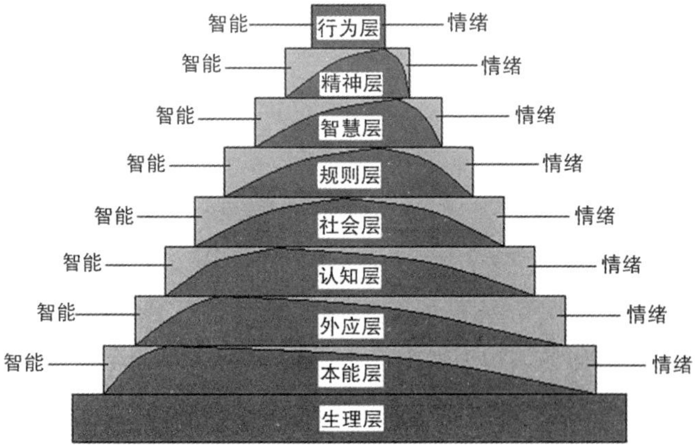

图 2–2 人类生理 – 欲望 – 行为递升演进图（简称人类欲望塔或人类精神塔）

图 2–2 是人类生理—欲望—行为递升演进图（简称人类欲望塔或人类精神塔），人类欲望塔表明了人类欲望的层次化特征，以物质性生理为基础，从本能层中的本性欲望开始，拾级而上，经历了外应层中的感性欲望、认知层中的知性欲望、社会层中的情性欲望、规则层中的理性欲望、智慧层中的慧性欲望，一直抵达精神层中的神性欲望，最后精神的主观总要转化为行为的客观，从而产生行为层的动性欲望。

图 2–2 为简便起见，只用生理层、本能层、外应层、认知层、社会层、规则层、智慧层、精神层和行为层来注明其间的逻辑递升关系。生理的客观世界经过欲望、意识、精神等主观过程，最终推动出客观行为，表明客观经过主观过程而最终实现了向客观的回归，同时也表明整个主观世界仅仅是夹在两个客观实体中间

的过程性内容。

这里值得一提的是，人格结构中还有两个特别重要的组件，也在图 2–2 中体现了出来，这就是智能和情绪。

我们知道，人自出生开始便是一个特殊的欲望体，整个一生都在为追逐欲望而不倦地奔波和劳动，而智能作为先天的能量形式则至始至终伴随其左右，为其牵马扶凳，呵前护后，甘心情愿地为欲望服务；而情绪这个怪物也一直伴随其间，不离左右，并随欲望而俯仰，欲望满足了便喜上眉梢，不得满足便牢怨满腹，深刻地影响着智能的发挥和各层次欲望的达成。

所以，情绪在本质上也是一种能量形式，甚至可以直接称之为情能。可以说，智能和情能都具有先天性特征，人一出生时就能观风景、听声音、尝味道，而且一出生时就会哭会笑，就可以表达简单的情绪，尽管情绪总是后置于智能而出现的一种特殊表达性能量，但从出生的瞬间第一次感到不舒适的负欲望开始，情绪便被激发出来了，并伴随人的一生之始终。智能是主体达成欲望目标对象的推进器，情绪或情能是主体满足欲望顺逆成败的晴雨表。

图 2–2 可以充分反映人类智能与情绪在精神塔形成过程中的作用及其变化。即欲望激发了情绪，也推动智能的不断上升和发展，但情绪有优良情绪和不良情绪之别，优良情绪有利于智能的发动，有利于精神境界的提升，而不良情绪则起到负面作用，掣肘、妨碍、阻挠、挤兑和影响智能的发展和精神境界的提升。

在初级阶段，情绪往往大于智能，随着见识的增长，负面情绪因素会在一定程度上得到智能的控制，会变得越来越弱，越来越少，智能因素却在不断发扬光大，会变得越来越强，越来越多。直到具备足够的理智之后，理智会自动站出来对情绪进行有效的制衡和调节，所以，到了理性阶段，情绪因素便显得越发少了，这同时也表明了自我逐渐从幼稚走向成熟必然经历的成长过程。

图 2–2 同时也表明了人类精神世界的形成过程和形成原理，也包括心理世界、情感世界、理性世界的形成过程和形成原理。

从图 2–2 中我们还可以看到：

（1）人的生理层是这个精神塔的塔座或塔基，没有这个塔座或塔基，人类的一切智能现象、欲望现象、社会现象和精神现象便无从谈起。其中有四大最为显著的本能特征与生命个体同时降临在这个现实世界上：一是感觉，二是欲望，三是为满足欲望而发挥的微弱的智能性协调，四是为满足欲望而产生的情绪性表达。

此期其个体情绪因素明显大于智能因素，这与我们所看到的儿童的情绪表现明显大于智能表现的结果是完全一致的。而随着生命体的不断成长，周围生存情境因素通过神经功能而进入大脑加工过程，从而使人的智能逐步得到提高，这样，智能因素会逐渐压过情绪因素而成为越来越强的行为控制力量。生理层隐含着人类的肉体物质性特征、运动机能性特征、神经智能性特征、内在情绪性特征。

（2）本能层的特点集中了人类天赋的全部本能性特征，具有鸿蒙初辟的原始生命意义。其中有三大最为显著的本能内容与生命个体同时降临在这个现实世界上：一是智能性感知本能，神经智能可以感知事物，并在与各种事物接触过程中得到不断发展和提高；二是机能性欲望本能，人类生理机能的正常运转必然造成肉体物质性能量进出失衡，从而产生匮欠并产生欲望；三是效应性情绪本能，这里所谓的效应性情绪主要指智能所产生的感知效果和生理机能运转的匮欠效果以及欲望满足的程度效果所带来的情绪反应，这种情绪反应也是一种本能。

（3）每一个层次都严格遵循着阶梯性的逻辑关系，不可倒置，不可错动，不可或缺。本能层是人类欲望的开端，精神层是人类欲望推动起来的最高层次。

（4）八大层次存在着从客观经中观到主观逐层演绎的递升、驱动和推进关系，生理层的肉体具有客观性，生理层的神经具有客观性，但神经所做出的反应具有中观性；本能层的生理机能运转具有客观性，但本能层的内部感觉具有中观性，本能层的欲望和情绪反应具有中观性；外应层所面对的外部事物目标具有客观性，外应层的外部感觉具有中观性；认知层所认知的事物目标具有客观性，但所做出的认知反应具有主观性；社会层所面对的人际关系具有客观性，但所产生的情绪反应或情感反应具有主观性；规则层所面对的被规范的事物具有客观性，但其设定规则的过程以及所设定的规则具有主观性；智慧层所面对的施智对象或事物具有客观性，所抽象出来的应对方法和策略具有主观性；精神层所根植的基础具有客观性，精神层本身具有主观性。

从整个精神塔上看，自下而上，各层次的实体性逐渐向虚体性演进，客观性经中观性而逐渐向主观性演进，物质性经神经反应性而逐渐向精神性演进。在整个演进过程中，客观经由中观而与主观互动互推，相扶相助，在作用与反作用中错动着上升，形成了“客观—中观—主观”或“主观—中观—客观”的隔层叠加的梯式演进逻辑和递升规律。

这个规律可以称之为人类主客观世界形成原理，或称为人类意识叠升原理，或人类心理形成原理。

（5）每一个客观层在向相邻的主观层演进和递升过程中，都有智能和情绪伴随左右。人类智能不等同于人类认识，智能产生认识，认识产生欲望。

人类认识范围的扩大和认识层次的提升源自于欲望的特定驱力，正是欲望驱动人类调动全部智能不断感知、考察、分析、搜寻和选择各种事物性目标，并从目标物的影像映射中积累了大量的经验，从而使人类智能获得了长足的发展。

智能、认识、欲望三者的关系互通互动，相扶相助，你推着我，我拉着你，沿着人类欲望塔自下而上不断攀升，直到抵达精神层面，抵达自我意识的超脱之国和自我意志的自由之境。

人类情绪是对自我存在的舒适状态的效应性反应，当自我生理进出平衡，生命状态和心理状态未见有异常时，情绪之水便会风平浪静，当发生匮欠时，情绪之水便会波涛起伏，躁动不安，这种起伏和不安会随着匮欠的加大而加大；当匮欠得到填充时，情绪之水便会荡起美丽的涟漪，涌起欢快的浪花，美丽与欢快会随着满足度的加大而加大，待到全部得到满足之后，情绪之水便会自动平复下来。

情绪是欲望的副产品，人的欲望具有天生的趋利避害的本性，趋利时便产生喜好的情绪，避害时便会产生厌恶的情绪。任何一种欲望的产生都必受到喜好或厌恶的情绪推动、干扰和影响，这个推动、干扰和影响具有明确的指向意义和向更高层次的过渡意义。

换句话说，如果欲望是一种作用力的话，那么，情绪便是针对欲望的反作用力，或称为应激反应力，其与欲望的强烈程度一致，方向一致，一方面，欲望越大，表明匮欠越大，其应激性的情绪也随之加大；另一方面，实现欲望的阻碍越大，满足程度越低，情绪的负值越高，越痛苦、越忧虑，越消极，越悲观，相反，实现欲望的阻力越小，满足程度越大，情绪正值越高，越愉快，越幸福，越积极，越乐观。

情绪与感情具有不同的规定性，情绪是针对于某一欲望性事物目标而产生的心理应激性反应，是主体相对于某一欲望目标而做出的单向反弹性反应；情感则是一种双向互动的结果，是客体对主体信息进行反馈之后而产生的心理交融性反应。

一个人对另一个人即便没有任何沟通，只要看到他在某个方面妨碍了自己，便会产生情绪反应，但不会产生情感，只有当两个人进行了沟通交流，实现了一定程度的互动，才能产生情感或感情。

同时，人的情绪或感情既可以对人产生，也可以对物产生。对人产生情绪或感情应该很好理解，但对物产生情绪或感情则需要做一番稍微麻烦一点的论述。

人与物的情绪或情感发生在外应层，是外部感觉对外在事物性目标发生作用时产生的欲望性副产品，只要是对欲望所系有利的目标物，主体便会对这个目标物产生好感，产生快活乐观的情绪；只要是对欲望所系不利的目标物，主题便会对这个目标物产生厌恶感，产生烦躁悲观的情绪。如果某个目标物与主体欲望毫无关系，那么，主体对这个目标物便不会产生任何情绪或情感。

人与人之间产生情绪或感情主要发生在社会层。一种情况是发生在自我与欲权人之间的情绪或感情，一种是发生在自我与其他欲望人之间的情绪或感情。

而欲权人或欲望人的出现，都是源自于欲望目标物，主体自我与这两方面人士之间的联系或关系，完全是通过欲望目标物作为媒介而产生的。

如果不是因为对自我欲望有意义的目标物的出现，如果不是因为有其他人对这个目标物具有某种特定的控制权、支配权、协调权或影响力，如果不是因为另有其他人也对这个目标物产生了垂涎之想，争夺之欲，那么作为一个独立的自我便不可能与其他人产生联系或关系。

你即便生活在一个几百万、几千万人口的大城市里，与你有联系有关系的人也不过寥若晨星，你的社会圈子并不是整个城市中的所有人口，而仅仅是这个寥若晨星的很有限的社会小圈子，除了这个小圈子之外的人，你与他们几乎毫无关系，因此你也对他们或他们对你也毫无感情或情绪可言。

你能理解这件事，就因为你和他们之间并没有任何欲望性目标物作为媒介，他们没有因为某一个欲望目标物而成为你的合作对象、竞争对象或具有某种特定影响力的对象，你凭什么对他们产生情绪或感情？

这就是说，作为普通人的社会性通常都是非常有限的，个人影响力仅限于自我欲望系统所辐射的社会小圈子之内，不可能超越自身欲望所涉及的目标物的媒介范围。

人的社会性显而易见深受着欲望物性的掣肘和拘囿。只有那些演艺明星、节目主持人、政治家、社会活动家才具有更为广泛的社会性，因为他们以其特殊的职业身份，其言其行会更多地涉及并辐射到普通大众的欲望目标，并对这些目标物产生了一定的影响力。于是，一般大众便会产生追慕他们或讨厌他们的情绪或感情。

社会性同时代表了一种存在性，名人效应的最大意义便是扩大了自身存在性的空间阈限，因此也扩大了情绪或感情产生的社会范围。

情绪或感情的倾向总是按照欲望所具有的趋利避害的本能属性发动出来。情绪或感情对欲望、意识或心理既具有推动作用和拉动作用，也具有拮抗作用和抑制作用。

在外应层，人会为目标的有无、虚实、多少以及获得目标的难易等变数而纠结，而思虑，而忧喜，从而在个体心目中产生一定的情绪反应，这时的情绪反应主要表现在尚未与目标建立实质性联系的基础之上。

比如食欲产生后，对某种食物的多少、好坏和获得的难易等可能会产生快乐、欢喜、兴奋、懊恼、郁闷、不快等情绪反应。

当自我与特定目标物建立了实质性联系之后，便会产生感情。

比如一个人对经常把玩的某一有益的物件，或对家乡的土地，或对眼前看到的某一片风景，都可能会产生喜好的感情。

在社会层，展示的是人与人之间的关系和联系。如果细分的话，我们也可以对关系或联系做一下区分。

关系产生情绪，联系产生感情。关系最初表现的不是一种互动，联系则是一种互动，但这种互动不一定是直接的，也可以是间接的。

普通百姓与总统既有关系，也有联系，总统通过他的施政理念以及主导制定的各项政策关系到每一公民，对每一个公民的欲望目标物都会产生影响，从而与普通公民实现了间接的互动。因此，普通公民即便没有见过总统，也会对这个总统产生某种情绪或感情，从而决定总统的选票。

在理性层，自我按照特定的欲望意义对某种道理、某种规则或某种制度做出认同或不认同、肯定或否定的反应，并藉此产生某种欣喜或讨厌的情绪反应。因为某种道理、某种规则或某种制度对自我欲望产生有利的或不利的规范或制衡，从而自我作为受体而与这种道理、规则或制度之间实现互动性联系。

因此我们每一个人也都会对特定的道理、规则或制度产生赞同、欣慰、依赖或反对、抵制、抗拒的倾向性情绪或感情。这就使我们对某种真理、某种社会制度产生热爱之情或对某种谬论、某种社会制度产生对抗之情成为可能。

图 2-3 是人类生理—欲望—行为递升演进图（简称人类精神塔），是图 2-2 的倒置图。之所以倒置过来，目的是想说明人类物质性生理能量的整个转化过程是由小到大、由简单到复杂、由狭隘到广阔的方向呈现出来的。

同时也由此可以表明，人类的智能与情能（情绪）在整个欲望层次的不断递升过程中渐趋增进的逻辑直观性，越往上发展，人类的智能水平和意能水平越来越高，且其辐射范围也越来越广。

之所以如此，则主要在于欲望层次的提升和认知视野的扩大，将人的意识能力大幅度提升上来了，意识能力反过来驱动智能水平得到了迅猛发展，进而使人的理性水平得到了显著提升。到了行为层，智能与情能相连相通，并沆瀣一气而左右行为的运动方向和发力程度。

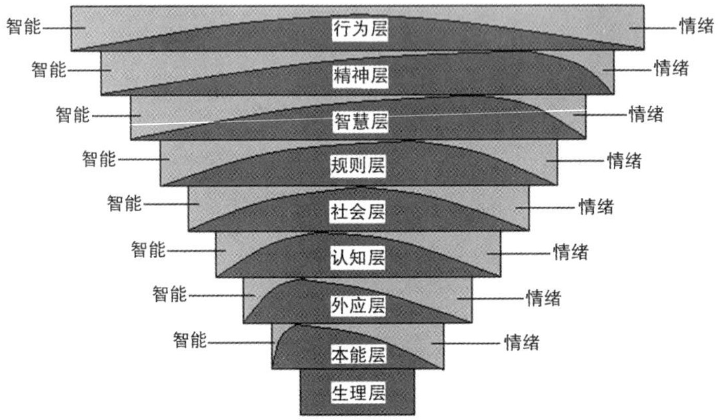

图 2-3 人类生理 - 欲望 - 行为递升演进图（简称人类欲望塔或人类精神塔）

在我绘制了人类欲望塔之后，不由得想起《创世纪》中描述的巴别塔，又称巴比伦塔。

据传说巴别塔是一座通天塔，上帝发现之后很恼火，认为人类建造通天塔的力量来自于语言所具有的特殊的沟通与聚合力量，因此特地下凡来到人间变乱了天下人的语言，让人们从此语言不通，难以形成统一的合力，无法继续建造成足以通往上天的高大建筑了。上帝从巴别塔上不但见证了人类“自由意志”的肆无忌惮，也见证了人类“普遍意志”的超凡力量，人类欲望塔就是一座通往自由意志的巴别塔，一旦达到一定高度，便会被上帝叫停或废止，这就使人类自身永远不可能真正达到完全的“自由意志”。

巴别塔作为一个“语言事件”，与上帝通过语言创造世界的事件构成了微妙的关联性，揭示了人类的终极欲望是想“成为上帝”，成为拥有至高无上之权力的上帝，人类的创造性与上帝的创造性具有无限接近的可能性，巴别塔的建造足以展现人在存在论上的神性作为，语言对于科技和意识形态的统一作用为这种创造带来希望。但上帝永远是清醒的，他最初用语言创造了世界，他的一句“要有光”，于是便有了光，这充分体现了语言所具有的“无中生有”的特殊的功能，人类借助语言发号施令宛然具备了上帝那样的“说有就有”的能力。这种以语言命令的最简便的方式而呈现的创造世界的能力唯独被上帝所垄断。

巴别塔具有人意的正当性，但在上帝眼里却不具有正当性，人意冲撞和冒犯了神意，因而遭遇了神意的抵触和干预。上帝看到了语言可以统一天下人意志的可怕力量，但是前提是天下必须拥有“共同语言”，只有“共同语言”才能使每个人所具有的“自由意志”统一为卢梭式的“普遍意志”。

巴别塔建筑的成败取决于这种“普遍意志”的形成，就像霍布斯所言的“利维坦”或像阿尔都塞所说的“意识形态机器”，这种“普遍意志”和“意识形态机器”具有无限力量。上帝的创造力是由两个重要的元素构成的，一个是“无限力量”，一个是“自由意志”。巴别塔是人类向上帝展示“无限力量”的一种方式，而我有理由认为人类欲望塔是自我向上帝展示“自由意志”的一种逼近方式，一种涅槃方式。

整个人类历史就是一部欲望史，就是发觉欲望、追求欲望、实现欲望、满足欲望的历史，并沿着永无止境的方向实现超越自身的历史，例如包括自行车、汽车、火车、飞机、显微镜、放大镜、计算机等机器设备都是超越自身能力的追求，人类总是以不断满足这种超越自身能力的追求为乐。

第三章 人类精神世界形成原理
——精神世界形成与发展线路图

人的精神世界是怎样发生和发展的？这也是欲望动力心理学研究的重要课题之一。

精神与意识本来是两个非常相近的概念，我最初的研究也是将这二者全部合并在《欲望与精神心理学》一书中总体论述的，后来考虑到字数太多的缘故，遂分为《欲望与精神心理学》和《欲望与意识心理学》两本书来出版。这样分解，也在于意识与精神两个概念确乎存在着一些细微的差别，精神层面的东西要比意识层面的东西包罗的内容更广泛、更丰富、更高级，意识包含着一切心理活动和思维活动，但精神则除了心理活动和思维活动的内容之外，还应该包含着情绪、情感、心情、激情、热情、气质、志向、理性、观念、信仰等更高深、更综合的内容。

这说明人类的精神大厦是以意识活动为基础而建立起来的，意识活动不过是大脑加工各种材料并经历诸多工序而完成精神建设的建筑过程而已。不过我想，读者尽可以忽略这种差异，而将“欲望与精神心理学”、“欲望与意识心理学”两个专题完全当作一个大课题来对待，应该更符合作者的本意。

我们说，人类的一切活动都来自于欲望的内在驱动及外在感应，人类精神世界就来自于这种内驱力与外感力的碰撞与交合。

精神世界的虚在性、飘渺性和模糊性，就像梦境中的天空浮动着的淡淡的云丝，若隐若现，似有似无，让我们似乎永远找不到根，摸不着底，捕捉不到踪迹，让我们的心灵经常发生各种各样的迷惑和猜想。

这与我们所面对的物质世界具有明显的不同。物质世界的物理性意义不但可以让我们可视可触，可嗅可闻，而且还可以测量，可以计算，并可以借助严谨的逻辑关系由已知推演未知。其实，随着量子物理学的快速发展，特别是量子纠缠理论、弦理论、中微子振荡理论等物理学的关键性理论突破，使得我们揭示人类精神现象得以产生的神秘性已经为期不远了。人类的思想、意识、观念、精神或思维惊人地符合这些关键理论的基本描述。

但是现在似乎还没有达到理论描述的至境，举凡世界最经典的数学和物理学教科书中所布列的成千上万的原理、公理、公式，都是用来计算物理世界的，却未见或极少见到有关于推演精神世界运行规律的标准范式和理论模型。

这使人类在很长的一段历史时期里对于真理的探讨产生了趋易避难的一边倒的倾向，一边是物理学生机勃勃、粲然可观的繁荣热闹景象，一边是精神学步履维艰、门可罗雀的凋敝冷落景象。而我所研究的欲望动力心理学即便想在凋敝的世界中埋进一颗绿色的种子，也不可能一下子改变人类精神世界的整体面貌。不过我想，这样的努力仍然还是有益而且有用的，或许也是有效的，人类的整体世界观或许会由此发生某种程度的转变。

一、主观世界与客观世界相互交汇的奇点

人类主观世界是从哪里来的？借由这个问号，我们可以联想到当年毛泽东提出的一个非常著名的提问：“人的正确思想是从哪里来的？是从天上掉下来的吗？不是。是自己头脑里固有的吗？不是。”接着，他说：“人的正确思想，只能从社会实践中来，只能从生产斗争、阶级斗争和科学实验这三项实践中来。”[1]

人的主观世界既包括思想、意识、理念、理论、政策、计划、办法，也包括心情、感情、情绪或态度，既包括“正确思想”，也包括错误思想，都同样不是从天上掉下来的，也同样不是自己头脑中固有的。按照我的欲望动力心理学的理论模型来看，人的思想首先起自于欲望的驱力，并在欲望驱力的作用下通过感官产生衍射而与外部事物及其影像形成纠缠和振荡，进而借助大脑功能而形成以影像信息符号的意义性联接为主要内容的主观精神世界。

1　以上两段引文出自《毛泽东文集》第八卷，人民出版社，1999 年版，第 320 页。

至于所谓“三大实践”不过是欲望力驱动下的三方面行动，并由这三方面行动与外部世界建立联系，并激活外部世界的相关因素，而这些外部世界相关因素产生的反作用力必然对主体自我产生干预性影响，这样，来自于自我内部的欲望性作用力与来自于自我外部的欲望性干预力产生联接，相互纠缠，产生振荡，而且这种联接、纠缠和振荡具有明显的教育干预作用和实践检验作用，当这种干预和检验在大脑中定型或半定型之后便形成了更加成熟的思想或观念。

那么，主观世界究竟是怎么来的呢？我们从近年来认知神经科学的最新研究成果上看，人类只要与客观世界有所接触，就必然通过神经智能感应和大脑映射功能，产生并形成与自身接触的客观世界相对应和相对称的主观世界，所以，我们可以更准确一点说，人的主观世界是从与客观世界的接触中产生的，是从大脑与客观世界的映射中产生的。

图 3-1 为主观世界是客观世界在大脑镜子中的映射示意图。大脑就像一面具有特殊反射功能的镜子，我称之为大脑镜子。

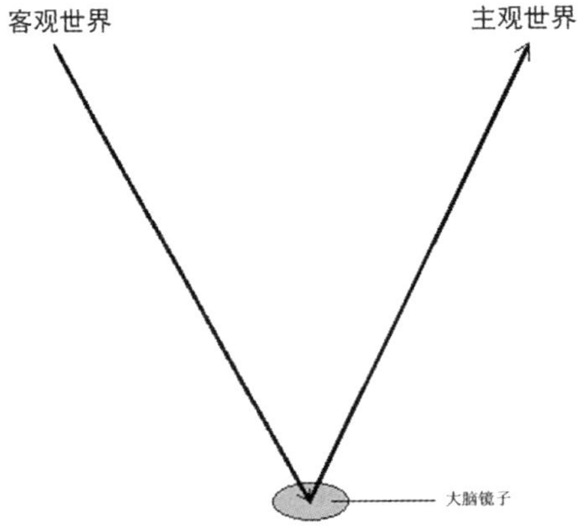

图 3-1 主观世界是客观世界在人脑镜子中的映射

图朝右下方射入大脑镜子中的射线，代表的是客观世界及其影像性投射，其箭头表示进入大脑的方向；从大脑镜子中朝右上方反射出去的射线，代表的是主观世界及其意识活动，其箭头表示从大脑镜子中射出的方向，就像一束光线射入镜子时产生反射的效果一样（这种反射与生活中真正的镜子反射所不同的是，图示中反射出去的射线只具有象征意义，它实际上仍然是聚缩于大脑之中的，这里所表达的仅仅是一种特殊的对称效果而已），一方面，客观事物投射到镜子中必然形成影像，另一方面也必然会产生反射，而反射的方向则与客观事物的投射角度密切相关，有的会反射到迎面投射的客观事物本身，有的则反射到其他方向上，但不管是反射到哪一个方向上，最终都是欲望方向，并以在大脑内部衍射的形式体现出来和反应出来。

客观事物通过人体神经功能，特别是视听嗅闻触等外在感觉功能，总是以影像的形式投射到大脑中，大脑在对这些影像进行存储后又总是以其自身所特有的表象、联想、思维等功能对于这些零碎的、片面的影像材料进行比较、加工、合成和整理，从而在欲望的驱动下产生纠缠与振荡反应，并形成与欲望方向相一致的观念或想法，这个过程就是意识活动过程。由这种连续的意识活动所驱动和展现的世界，就是我们常说的主观世界、精神世界、意识世界或心理世界。

从图 3−1 中可见，客观世界中的绝大部分内容都是由外而内的投射（小注：只有一少部分内容是在人体内部发生的客观事件，并经由内部感觉而投射到大脑中），主观世界不但对投射进来的影像进行再度加工，还要将加工出来的结果（意识内容）由内而外沿着欲望方向进行超越时空的投射，这样，射入的能量与射出的能量在理论上是相等的和对称的。

不过，话还要说回来，大脑镜子不同于普通的镜子，它既不是我们见过的平面镜，也不是我们见过的凹凸镜，而是一种既有多维映射功能又有电磁传导功能或化学传导功能的特殊的镜子，只有对这个镜子给出更好的解读，才能使我们更充分地和更全面地理解主观世界形成的过程见图 3−2。

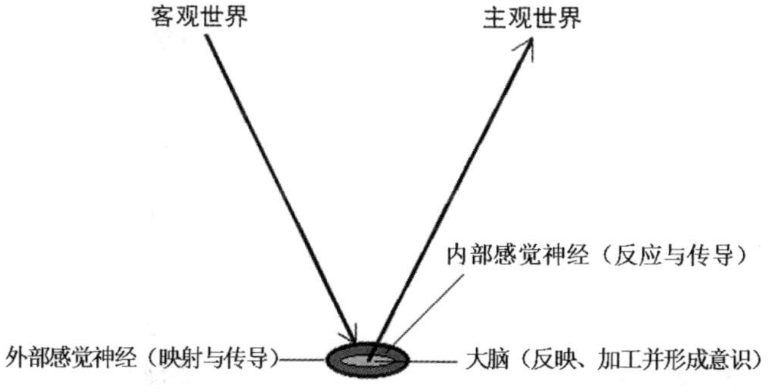

图 3−2　主观世界形成过程

图 3−2 是主观世界形成过程示意图。这个图相当于对大脑镜子的精细化分析与解读。图中有两个圆环，外环的外缘代表的是外部感觉神经，内外环之间的部分代表的是内部感觉神经，内环包围部分代表的是大脑。

客观事物的影像信息并不是直接投射到大脑中的，而是首先投射到外部感觉神经，外部感觉神经通过映射与传导，发送给大脑；而内部感觉神经对于人体内部环境中的能量变化或事物变化做出反应，并把这种反应传导给大脑。这样，大脑就汇聚了来自于外部感觉和内部感觉两个渠道传来的信息，并对这些信息进行存储、表象、比较、联想、想象、思维、或综合、归纳、加工，形成针对特定欲望关系的衍射、纠缠和振荡，渐趋稳定后便演绎为意念、理念、观念和思想，这个过程所展开的世界便是主观世界了。

而且，鉴于每个人神经系统和大脑结构所存在的细微差异，其主观世界对于客观事物信息的映射能力和加工能力也存在着一些显而易见的个体差异，这就使不同个体的主观世界也必然呈现与这种差异相对应和相对称的关系。

二、主客观两个世界的对称关系

人作为一种活动着的生命体和智能体，生于客观世界，长于客观世界，其神经及其大脑作为一面特殊的镜子，可以对客观世界做出各种各样的包括视听嗅闻触等智能反应和意能反应，而且，接触的越多，神经感应的越多，大脑反映的也越多，越广。可以说，大脑的镜子功能成就了人类主观世界的全部内容。而且主观世界中的全部内容又总是与自我所经历过的客观世界的内容构成一种彼此对称的关系。

图 3–3 是主观世界与客观世界以大脑镜子为临界点的对称关系示意图。图中半月弧代表的是大脑镜子，以这个大脑镜子为临界点，自左而右分出客观与主观两个虚实对应、象义对称的世界，客观世界为实，主观世界为虚，客观世界为象，主观世界为义，两个世界均在欲望方向上随着个体阅历的不断增加而不断扩大。

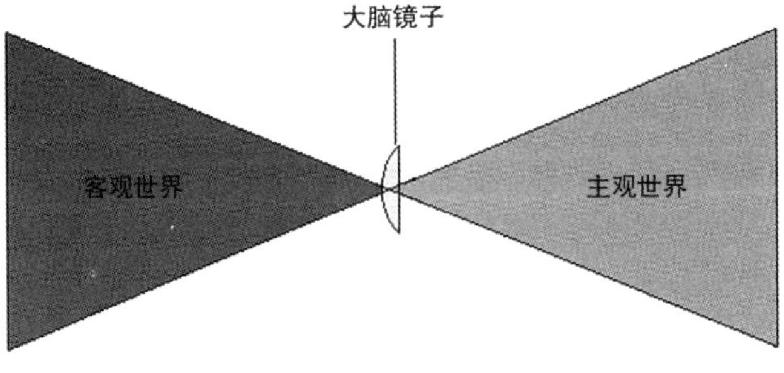

图 3–3　主观世界与客观世界以人脑镜子为临界点的对称关系

大脑镜子相当于一台虚实转换器，主观世界是客观世界在大脑镜子中发生的一种特殊转换形式，二者以大脑为交点呈现为一种共轭性质，即如埃尔米特的共轭矩阵，并在拓扑性动态循环过程中不断发生矩阵转置现象。

人常说，没吃过梨子的人就不会知道梨子的滋味，而不知道梨子滋味的人就不会知道梨子滋味中所蕴含的欲望意义，同样，不知道梨子欲望意义的人便不会按照这一欲望方向思考问题，也更不会按照这一欲望意义施加求索行为。这一连串的感知活动、意识活动和求索活动，都是由代表客观事物的梨子所投射的信息（滋味）引起的，且映射于大脑中的外在影像信息与内在感知信息、或与借由这些信息所进行的意识活动、求索活动都是内外对应的和对称的。

按照主观世界映射论观点来看，有什么样的客观世界，便会有什么样的主观世界，处身于什么样的环境之中，便会产生什么样的主观意识。一个人接受怎样的教育，便会形成怎样的人才，施加怎样的教育，便会塑造怎样的人才。

这说明，主观世界与客观世界在大脑镜子的毗连点或临界点上是完全对应和对称的，这种对称关系也同样符合物理学中的宇称守恒定律。

我们当然不能局限于静态的观念上看问题，也更要看到主客观两个世界之间的动态性对称关系和动态性守恒关系，而宇宙之所以出现动态，其原因就在于除了宇称守恒定律之外，还有一个宇称不守恒定律在微观世界发挥着特殊的破坏作用，使对称发生了倾斜，使守恒变成了失衡，从而使整个宇宙呈现为绝对的运动状态。

但运动不是单方面的，主观世界的运动和客观世界的运动是齐头并进、相得益彰、相互促进的。客观世界每每发生一点变化，都必然会给主观世界带来相应的影像性改变或信息性改变，这种改变虽然很小，但每时每刻都在发生，这种微观的改变使整个主观世界不可能保持严格和原封不动的守恒，而必然会因此发生具有一定倾斜性和微调性的运动，从而使主观世界的面貌不断发生改观。

同时，主观世界的发展和进步，也必然付诸于改造自我、改造自然和改造社会的具体行动，并通过这种实践活动而使自我面貌和客观世界的面貌发生相应的改变，于是主客观两个世界相互促进，共轭而行，构成了彼此对称且相映生辉的奇异风景。

我将主客观两个世界所存在的这种对称守恒、共轭并进的发展关系，称为主客观对称共轭原理。按照这一原理，主观世界每向前发展一步，都必须有赖于客观世界所存在的特定事物的信息性映射、纠缠和振荡，主观世界达到的高度和广度与人类在客观世界中所经历和所领略的高度和广度是成正比例发展的，人类对于客观世界进行改造、创新的高度和广度也必来自于主观世界与之相对应的高度和广度。

但主观世界与客观世界之间的对称并不是简单的物理性对称，二者之间的对称关系不能直接换算为对等、对叠、等值、等效的关系。

事实上，主观世界并不是对客观世界的简单再现、复制、拷贝和描摹，而是对客观世界映射的各种影像或信息在欲望力的冲击下和驱动下所进行的重新振荡与纠缠，重新排列与组合，重新链接与叠拼，重新过滤与选择，重新嫁接与联通。而且，更奇妙的是，主观世界不会以静态形式呈现，而是一种以动态信息形式存在的拓扑结构空间，其运行速度与光速或中微子速度相一致。

按照我在本书系《欲望与场域心理学》一书中提出的欲望场理论，个体欲望场中外在客观事物目标（也包括一少部分内部客观事件）经欲望主体进行信息采集后，原有的客观事物的分布状态和结构秩序映射在大脑中之后必然发生变形，甚至被打乱重整，其映射于大脑中的相应影像信息的分布状态和结构秩序不可能原样照搬，直接复制。而是在欲望力的驱动下，沿着欲感线的方向和路线重新进行排列组合，并对每一个影像或信息赋予适合于本欲望场之内的特定的欲望意义。而且，这种排列组合还会受到其他个体欲望场和社会欲望场的冲击、干扰、牵连、掣肘、制衡和影响。

甚至非止于此，即便是同一自我个体，其本身也会缘于存在着多种欲望形式而产生多个欲望场，这种情况称为欲望多端，多端不仅指变化多，而且也指头绪多，目标多。这样一来，任何个体自我在欲望多端的情况下，便置身于自设的多个欲望场的交叠运动之中，在这种此消彼长的交错与交叠中，早前和现时映射于大脑中的各种影像信息（也包括依靠联想或想象所形成的表象性信息）都会遭受不同场域和不同场力的冲击、干扰、牵连、掣肘、制衡和影响，这就使得人类个体大脑中所形成的主观世界不可能与最初映射的客观世界状态或秩序保持一模一样的原始本色。

即是说，个体自我事后映现的表象在各种欲望力的冲击下，与原来所映射的客观世界的影像相比，必然发生不同意志性或不同智能性的后续性变化。

按照我提出的宇宙功能体理论来看，客观世界及其影像信息的运行状态和结构状态是作为功能体的上帝以其先天固有的推动力造作出来的。量子物理学理论证实，一切物质的基本粒子都做自旋运动，而任何运动都必然会表现出力的方向性作用和质能转化的特征性反应。

只要是力的或与力有关的，就一定是有方向的，有能量的，有特征的，有反应的，因此也一定是有意志的，这个意志就是客观意志或自然意志。

这种客观意志在自然界中无处不在，并表现在所有物质的运动上、变化上或反应上。由于有客观意志的驱动作用，橡树必然长成橡树，柳树必然长成柳树，牛必然长成牛的模样，羊必然长成羊的模样。

所以，我们有足够的理由确信，客观世界的一切都是按照客观意志做出的秩序安排和效力安排，所谓主观世界不过是从我们人类这个物种中衍射出来的特殊产物，但我们人类本身又何尝不是客观意志的一种特殊表现形式呢？我们肉体的形成、器官的组合、机体的运转，哪一个不是客观意志造作的结果？即便是为我们人类派生出主观世界的神经系统及其意志反应也同样是客观意志驱动和演绎出来的高级产物，更何况神经系统也存在着代表客观意志的自主神经与代表主观意志的随意神经两个层次的纠缠与振荡、叠加与共轭。

这样，在人体整个神经系统中，除了有意志性的随意神经或大脑神经之外，其余部分均可理解为自主神经系统的内容。

事实也确乎如此，我有理由认为我们人类大部分神经都属于自主神经范畴。

比如我们的出生是不由自主的，我们的成长是不由自主的，我们消化、分泌、排泄等新陈代谢活动是不由自主的，我们的免疫过程是不由自主的，我们的内脏运动是不由自主的，我们的寿命是不由自主的。

那么，这么多“不由自主”到底都由谁来“主”？它们运动和发展为什么是这样的而不是那样的，并且不是无规则、无秩序的，而是有方向、有规律、有定式的。

这一切在非主观世界中并非真的无主，而是由自主神经主管着它们的运动方式和发展方向，这个自主神经就是我们自己的神，自主神经的意志就是我们自己的神的意志，就是与主观意志不在一个层次也不在一个维度中的客观意志，也是作为功能体的上帝意志或绝对精神。

所以，客观意志是生物性意志的创造者和驱动者，也是人类主观意志的奠基者和助推者。

带有方向的力，在客观世界中则表现为客观意志力或客观欲望力，而在主观世界中则表现为主观意志力或主观欲望力。我们的主观世界及其表象的运行状态和结构状态就是由我们的主观欲望力造作而成的，是按照我们的主观意志做出的秩序安排和效力安排。

所以，在人这个特殊物种上，主观意志与客观意志如同一枚硬币的两面，而居于这两面之间的部分即为神经智能这个媒介。

而且，我们借助神经智能而对于客观世界的映射，不能简单地理解为主观对于客观的一对一的再现、复制、拷贝和描摹，而应理解为虚与实的对称、信息与欲望的对称、匮欠与目标的对称、能量与质量的对称、空间与时间的对称、数量与程度的对称，还包括层次性与过程性对称、被动性与主动性对称、受动性与能动性对称以及现实性与理想性对称。

人是一个完整的生物组织或系统，这个组织或系统的完好运行是由大脑支配的。所以，大脑可以代表整个人。

心理学认为，大脑的反应即代表了人的整体反应。既然我们说主客观两个完全对称的世界是从大脑镜子中分离出来的，那么，我们就可以把整个人作为主客观两个世界形成的奇点（见图 3−4）。

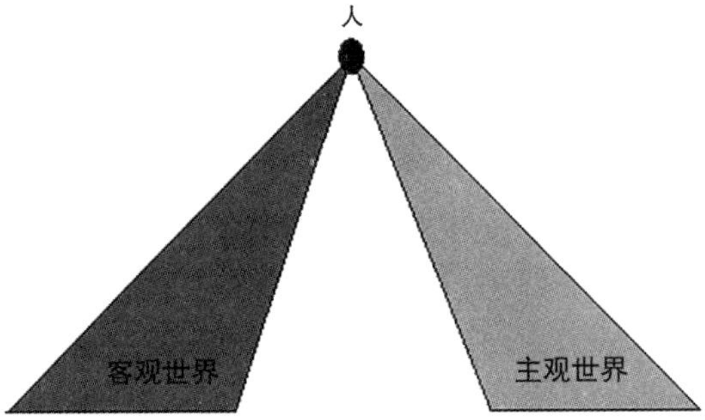

图 3−4 主观世界与客观世界以人为奇点的对称关系

图 3−4 是主观世界与客观世界以人为奇点的对称关系示意图。图中左侧的三角形代表的是客观世界，右侧的三角形代表的是主观世界，中间顶端的圆点代表的是作为整个人的个体自我。与图 3−3 中“主观世界与客观世界以大脑镜子为临界点的对称关系示意图”异曲同工，以此说明主客观两个世界的对称性可以借助多种形式的图形做出不同视角的审视与解读。

大脑镜子借助客观世界的影像性投射或信息性投射而分离出了一个主观世界。大脑代表的是整个人，所以，整个人在主客观两个世界的毗连处不过是一个小小的质点。以这个质点为交点，主客观两个世界在以人为中心的欲望方向上徐徐展开，并互为共轭。

人的一切主观意志都是大脑的反应。现代医学以大脑活动作为人的生命存在的终极标准，认为脑死亡才意味着整个人的真正死亡，这就使大脑不但在心理学上，而且在医学上和生理学上都具有代表整个人的特殊地位。在主客观两个对称性无限延展的世界之间，整个人也无过乎是一个具有无限曲率的奇点。没有人，客观世界也就没有存在的意义，没有人，主观世界便无以产生与形成，所以，在主客观两个世界分离的一瞬间，我们可以看到奇点理论所释放出来的奇妙的光辉。

三、客观世界与主观世界之间的能量传导与转化

按照人类自我质能结构组合原理，[1] 在整个自我人格结构中，各种能量始终在发生此消彼长的变化和转化，能量的动态性决定了主观世界的动态性，由此也理所当然地决定了自我人格的动态性。主观世界与客观世界之间的联结关系，并非是连接在一起便万事大吉，而是通过大脑这个特殊的奇点进行能量传导和转化。这个奇点就像一个细细的管道，客观世界的能量通过这个管道流向主观世界的意识脑区，并转化为一种特殊的精神能量，而人类个体自我的精神能量再通过这个管道流向客观世界，并以客观行为的方式而转化为一种物质能量。

图 3-5 是主观世界与客观世界的能量传导与转化示意图。人类主观世界不是凭空冒出来的，而是客观世界通过大脑的映射产生的。这两个世界之间必然有一个毗连的交点。这个毗连的交点不是一种阻隔，而是一座桥梁，一个内外联通、上下贯通、先后融通的管道。客观世界的影像信息能量就是通过这个管道流入主观世界的，同样的，主观世界的意识性信息能量也是通过这个管道流向客观世界的。

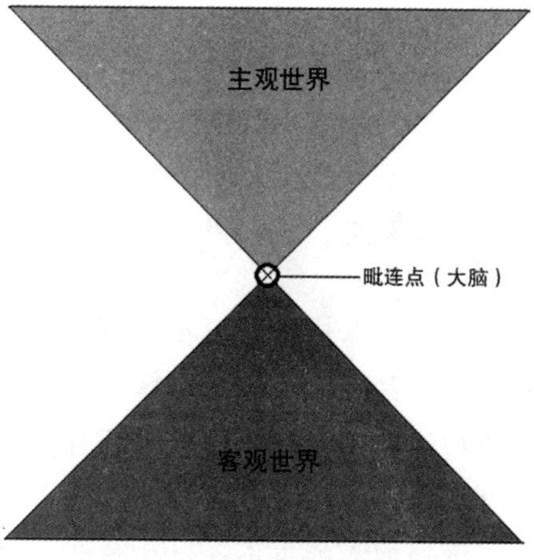

图 3-5　主观世界与客观世界的能量传导与转化

人类个体在降生之初，只代表客观世界进化并演绎出了一面特殊的大脑镜

1　见欲望动力心理学书系《欲望与人格心理学》。

子，初始时的大脑镜子还仅仅是一片空白，但随着第一声啼哭、第一次睁开眼睛、第一次吃到乳汁、第一次嗅到空气中飘来的味道，或者第一次听见客观世界的声音、第一次被接生医生触摸、第一次被母亲爱抚，其利用视听嗅闻触等感觉器官摄入了一些初始而切近的影像信息，其主观世界的帷幕便开始正式拉开了。

此期外界大部分影像信息进入大脑，都具有显而易见的被动性和受动性，但在本能性生理欲望的驱动下，被动开始转为主动，受动开始转为能动，这就使人类主观世界从一开始便具有被动性、受动性反应与主动性、能动性反应交互促动的特征。

此后，随着年龄的增长、见识的提升、视野的扩大，人类个体涉足客观世界的范围越来越大，层次越来越高，这样，与此相对应，投射于大脑镜子这一毗连点中的客观事物的影像信息也越来越多，范围越来越大，层次也越来越高，于是，主观世界由小及大，由近及远，不断延展，不断扩充，以致使人的大脑即便时时刻刻都在不停运转似乎也无法穷尽其极限。

一般地，人的年龄的增长在一定程度上也代表了主观世界的增长、延展和递升。从图 3–5 中可见，主客观两个世界的毗连处，两个世界都处于鸿蒙初辟、混沌初开之时，由于涉足客观事物范围非常有限，眼界不宽，见识不广，由此所形成的主观世界自然也很蒙昧而狭仄，但年龄和阅历却可以改变这一切。

所以，主客观两个世界与年龄、阅历、见识、学识成正比例发展关系，两个世界中的任何一个世界的扩大，都意味着另一个世界也必然随之扩大。客观世界是无限的，主观世界也是无限的，但客观世界的无限性可以超越有限的人生过程，而主观世界的无限性最终却只能被有限的人生过程所屏蔽。

四、客观世界有多博大，主观世界便有多宽广

正是经由大脑这个特殊的奇点和管道，才使得主客观两个世界实现了互应互动和互联互通，一者进，一者出，进的是影像信息性能量，出的是意识信息性能量，两者不但对应和对称，而且还会随着时间和空间的不断扩展而放大和提升。同时，不管是进，也不管是出，都是在人类个体欲望场之内的有限运动，其运动的方向、线路、轨迹和形态就是个体欲望场中欲感线的方向、线路、轨迹和形态。

换句话说，人类精神运行的路线图就是欲望场内的欲感线的闭合性路线图，[1]

1 关于欲望场理论可参见欲望动力心理学书系《欲望与场域心理学》一书。

这就意味着，人类精神也是一个闭合系统，而不是开放系统。我们要转变一个人的观念之所以倍感艰难，其原因或许正在于此。

我们大多数人都认为人类自我精神是开放的，其实这是一种错觉，实则人类个体自我精神走向是在个体欲望场内与欲感线行走的路线完全一样，因此也与欲感线一样具有明显的自我闭合性。

但在通常情况下，我们之所以感到自我精神或自我意识是不封闭的，原因就在于欲感线在欲望体外部所经历的路线图中含有自我以外与认知阈限相吻合的外在客观目标或客观事件，而最终的皈依，却回到了自我的内部，回到了欲望的出发点上（这个出发点就是欲望的匮欠）。

我们知道，作为人类个体自我意识总是无法突破有限认知的瓶颈，此个体与彼个体的世界观、人生层次和精神境界很难获得同步提升与跨越，每个人都很难超越自身的认知阈限而快速达到人类精神的制高点、理性的制高点和智慧的最高点。其原因就在于个体自我在欲望场内部的欲感线所具有的独特性和闭合性特征使然。因这种独特性和闭合性，导致人类自我永远无法僭越欲望场域的界限，无法僭越自我意识阈限而实现主观精神世界的理想性突破或转变。

但是欲感线的闭合性并不能完全阻挡人类学习、创造和寻求精神开化的脚步，因为运行于人体外部的欲感线总要采集、搜寻和捕猎分布于外部世界中的有益的客观事物性目标，这些目标是开放的，而不是封闭的，所以，每个人都可以借助欲望力的驱动而与更多的外在客观事物目标打交道，并经由在客观事物目标的影像性干预而实现观念的转化、思想的开化和精神的教化，从而使客观世界与主观世界构成以人为奇点的拓扑性对称关系（见图 3–6）。

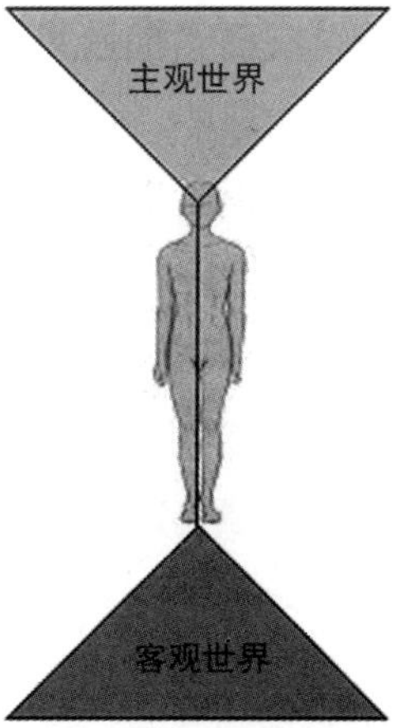

图 3–6　主观世界与客观世界是以人为奇点的拓扑性对称关系

图 3–6 是主观世界与客观世界是以人为奇点的对称关系示意图。此图的意义表达与图 3–4 中“主观世界与客观世界以人为奇点的对称关系”示意图是一脉相承的关系，都是为了表明人类大脑代表整个人的自我，大脑的奇点意义，其实也是作为人的整体性的奇点意义，主客观两个世界的对称是一种具有连通性、闭合性和变化性的拓扑结构上的对称。

上面已经提到，主观世界的闭合性源自于个体欲感线所具有的球体闭合性循环特征，用简单的话来描述这一特征则是：有欲望的地方才会有人类探索的脚步，有欲望的地方才会促使人类趋之若鹜；没有欲望的地方，人类便不会光顾其中。我们可将这一循环特征称之为欲望场域效应。

由此得出如下推论：有欲望的地方才有人类去认知，没有欲望的地方，人类便不会自动去认知，因此也不会获得对于未知领域的认知，更不会产生由未知领域直接映射而形成的主观世界。我们可以将这一推论称之为欲望场域认知原理。

如果有人认为他拥有对上帝的认知和上帝的世界观，那也仅仅是将个人的奇妙猜想与已然认知过的客观世界的影像纠缠、振荡和拼接在一起所做出的一厢情愿的整合，所以，即便是信奉基督的人所描述的上帝，也总免不了与他们所见过的人类自身的形象和特征相仿佛。

五、不同个体主观世界的交合与重叠现象

鉴于人类不同个体之间在生理机能和神经智能方面所存在的相同或相似性，以及所面对的客观物质世界的相同或相似性，使得社会上每一个人的已知领域也必然存在着很大一部分是相同或相似的，这就使社会每一个人都具有大致相同或相似的世界观的重叠与契合，而正是这一部分重叠与契合的内容才使得我们人类不同个体之间可以实现最基本的也是最有效的联通、沟通、交流和互动，达成最基本的和最有效的共识和共鸣。

图 3–7 是人类不同个体主观世界相互交合与重叠现象示意图。此图表示的意义是人类不同个体都各自具有相对独立闭合的主观世界，而且每一个人主观世界的阈限是不同的。但鉴于人类天然存在着生理性、智能性和客观生存环境的相同或相似的特点，使得不同个体映射而成的主观世界必然存在着与之相对应和相对称的重合或雷同内容（即图 3–6 中上面两个代表各自主观世界的三角

形发生重叠的阴影部分）。

不同个体的主观世界之所以存在着相同或相似的交叉部分，或之所以同时还存在着不同或相异的不交叉部分，完全是由彼此所处的生存环境、生理活动特点以及个人生活经历和阅历范围等对客观世界的经验性内容决定的。

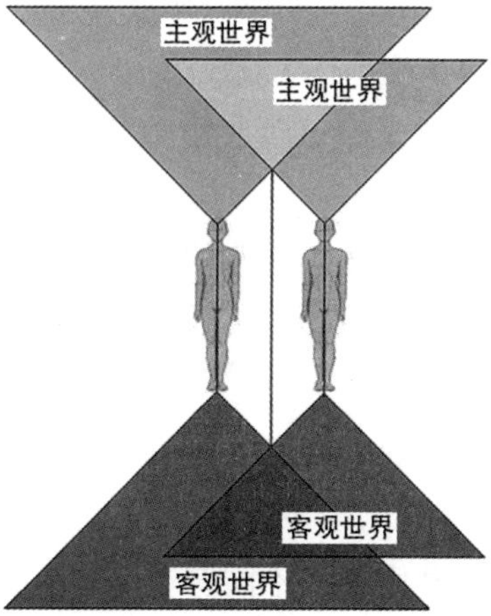

图 3-7 人类不同个体主观世界相互交合与重叠现象

不管是生活在哪里的人类，其所见过的日月星辰、春夏秋冬、风霜雷电、山川草木、森林原野、江河湖海、鸟兽鱼虫等自然界中的万千气象都是相差无几的，其所见过的房屋、楼宇、围墙、道路、桥梁、田园、堤坝、机械、工具等人文建设和人文景观也都是大同小异的，其所经历的家庭伦理关系和社会等级关系也是基本相同的，其所经历的吃喝拉撒睡住行、柴米油盐酱醋茶、锅碗瓢盆衣裤袜等生活方式也是区别甚微的。

所以，不同民族、不同地域的人由如此这般的客观世界所映射的影像信息也必然是相同或相似的，这就使不同个体的主观世界无法避免地出现一些交合、重叠和雷同的内容，也正是这些交合、重叠和雷同的内容，才使得不同个体之间具有了相互沟通的介质和桥梁，并由此实现不同个体主观世界之间的联通、沟通，由此产生共同语言，在这个交合、重叠的地方达成共识和共鸣。

图 3-7 中上面两个三角形构成的交叉部分的小三角形，即代表不同个体主观世界的重叠内容，这个小三角形与下面两个代表客观世界三角形所构成的小三角形是上下对应关系，表明主观世界的交叉部分或重叠内容来自于客观世界的交叉部分和重叠内容。两个小三角形之间的连线代表此个体与彼个体之间的沟通线或交流桥，意味着只有经由这个桥，才能实现彼此之间的沟通与交流。

对于不同个体的主观世界相互交叉的部分，我称之为共识域。

这个共识域是社会不同个体实现彼此沟通和交流的基础，没有这个共识域作为基础，社会不同个体之间的交流和沟通是不可能实现的。因此，社会不同个体的意见通过沟通与交流而一拍即合，很容易达成一致的情况，应该被看作是共识域理论所产生的现实效应，我将这一效应称为共识域效应。

同时，我们也看到，两个不同的社会个体分别经历的客观世界以及与这一经历密切相关的对称性映射而成的主观世界，其大小和范围、高度和广度都存在着很大的差别。

这种差别，我在图 3-7 中给出了明确的表示，即两个社会个体脚下分别踩着代表其经历过的客观世界的三角形和头上映射的代表其主观世界的三角形，它们的大小明显不同。

这意味着，不同个体在客观世界上的成长过程、生活方式、教育结构、经历路线、阅历范围、见识广域必然存在着可想而知的不同，由此所产生的经验、体验和认识也随之不同，这种由诸多不同客观事物映射而成的主观世界也必然存在着巨大的差异。

我将这种差异的内容称之为异见域。

异见域体现在图 3-7 的图示中，就是两个社会个体主观世界未予重叠的那部分内容。

由于社会不同个体都无一例外地存在着彼此不同的异见域，这就不可避免地使彼此之间出现了联通障碍、沟通隔阂和交流困境，相互之间在异见域中很难达成共识和默契。所以，当不同社会个体之间存在境界不相合、层次不相同、意见不相符、观点不一致、思想不统一，以致发生各持己见、各执一端的情景，应该被看作是异见域理论产生的实际效应，我将这一效应称为异见域效应。

异见域理论同时也界定了不同个体的主观世界也都存在着相对于其他个体的未知领域。某甲的主观世界中存在着相对于某乙的一部分未知领域，同样，某乙的主观世界中也存在着相对于某甲的未知领域（见图 3-7 中两者主观世界不相交叉的部分）。

即便是见多识广、境界高卓的人，其主观世界的范围也不可能将见识狭窄、层次低下的人的主观世界全部覆盖进去和包含进去，其中总一部分是他所不知的内容。

当然，见多识广、境界高远的人不但比见识狭窄、层次低下的人拥有更宽阔、更高卓的主观世界，而且还能对见识狭窄、层次低下的人的主观世界产生更多的辐射、交叉和重叠，从而与见识狭窄、层次低下的人形成更多的共识域。

但在整体比例上看，同样的共识域，在那些才疏学浅、孤陋寡闻、层次低下的人的主观世界中所占比例已经足够大，而在知识渊博、阅历丰富、境界高远的人那里则显得足够小，这也是二者难以实现对等交流的原因，低水平的人很难提出高水平的思想或说出高水平的话语，反过来，高水平的人却常常能够把话说到低水平的人的心坎上。

但这一点当然也并不是绝对的，因为二者各自的主观世界总存在着异见域内容，既可能以话不投机的形式反应出来，也可能以奇思异见的形式表现出来。所以，世界上最高明的心理学家，也不敢保证能够彻底改变一个思想层次低下者的犯罪心理、偏见认识、低俗观念和激烈行为。

同时，随着个体欲望层次的不断提升，更高欲望层次的欲感线可以辐射到更多更广的客观事物，并将这些事物的影像信息沿着欲感线的运行方向被收敛进入人的主观精神系统，进而转化为改变自我世界观、提升自我人生层次和精神境界的推动力量。而且，只有达到了更高的欲望层次和认知层次，人类个体自我作为欲望体所产生的欲感线才能扩大时空范围、提升认知高度及辐射高度，并藉此实现与其他高级欲望体或认知体在精神广域上的有效对接、交合、联通与共鸣（见图 3–8）。

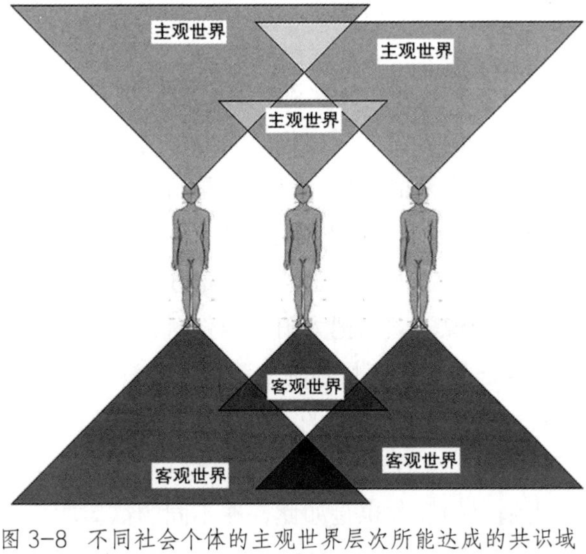

图 3–8　不同社会个体的主观世界层次所能达成的共识域

图 3–8 是不同社会个体的主观世界层次所能达成的共识域示意图。图中设定三个人，代表不同的社会个体。虽然他们都站在同一个地球上和同一个水平

面上，但由于每个人经历、见识、学识、阅历的不同，所领略和映射的客观世界的范域也不同，因此按照我提出的主客观两个世界的对称理论，其所形成的主观世界的范围、层次也必然存在着相应的不同之处。

我们知道，主观世界来自于大脑对于客观世界的映射，但映射本身并不直接等同于主观世界，初始映射的影像仅仅是神经智能性反应，是一种简单的生物现象，即便把这些影像存储起来，被记录在大脑中的特定区域中，也属于智能性反应，大多数生物都有这种简单的反应能力。

在一些经典心理学著作中，常常把存储说成是记忆，其实，记忆这个词，既含有记的意思，也含有忆的意思，记是存储过程，忆是表象过程，而只有到了表象过程，才超越了简单的智能反应层次而进入了意能反应层次，亦即意识反应层次。只有到了这个层次才算是进入了主观世界之中。我在本系列书中所提到的记忆一词，基本上都是指存储功能或存储过程，而不是回忆功能或回忆过程，亦即表象功能和表象过程。我在这里特别对此做一下订正，正是按照存储功能和存储过程的意思表示，我才把记忆环节降低到智能反应层次当中。

主观世界的形成异常复杂多变，说它来自于对客观世界的映射但又不直接等同于这种映射，就在于映射到头脑中的影像在转身变成表象之后，在属性不同、层次不同的欲望力的驱动下，在自我欲望场之内，被不断生发的各种欲望的欲感线重新串联到了一起，重新排列组合，并分别被赋予了与某种特定欲望属性直接相关的意义。

而且在此欲望中是此意义，在彼欲望中则可能转变为彼意义。

譬如在某个炽热如火的夏日午后，你外出办事时没有忘记带上你那把花色美丽的太阳伞，用来遮蔽强烈的太阳光，目的是防止紫外线的过度照射给你的皮肤带来伤害，这多半不是出于你的时尚心理，而是你的自我保护欲在起作用。但是当你在半路上不幸遇到了歹徒，上前要抢走你的手提包，这时你的安全欲占了上风，你几乎不由分说，立刻把太阳伞当作对付歹徒的武器，不再吝惜你的太阳伞如何花色美丽、也不再吝惜你的皮肤如何白皙鲜嫩了。

这说明，同样是一种东西，在不同的欲望属性作用下，在不同的欲望层次中，或者在不同的欲望场之内，会具有不同的欲望意义。

而隐藏在我们头脑中的表象也是如此，在不同的欲望驱力作用下，在不同的欲望层次中，或者在不同的欲望场之内，会被赋予不同的欲望意义。

所以，同样是来自于某个特定时空序列中的客观世界的影像，同样是对应于和对称于某个特定时空序列中的表象，在不同属性、不同层次、不同系统的欲望场中，会被特定欲望赋予不同的意义，被特定欲望的欲感线重新串连，重新排列，从而与其他分别在不同时空序列中形成的表象产生新的拼接、黏连、交织、叠加和整合，进而演绎为具有特定方向的意志、心理、情感、理性、思想、信念、观念、信仰、精神等高级内容，这就是主观世界形成的基本过程和原理。

经多见广的人，映射的影像多，头脑中的表象也多，这些表象似乎不但具有重新组接与拼合功能，不断扩大主观世界的广域，而且也具有特殊的分层叠加功能，不断提升主观世界的层次，这就使那些博见多闻、勤奋好学的人比一般人具有更高的思想境界、精神境界和人生境界，也许这便是所谓的自我超越。

正因为主观世界的形成与客观世界具有拓扑结构的对称性，所以，不同的社会个体基于不同的成长背景、生活环境和人生经历，也就理所当然地产生广域不同、层次不同的主观世界。我们发现，主观世界的范域越广，层级越高，其辐射客观世界的范围越大，其与社会其他个体之间所产生的共识域越大。图3–8表示主客观世界大小都不一样的三个人，虽然其身材一样高，并在同一时空中相遇，但他们由于所经历的客观世界的不同，导致其所形成的主观世界也不同，虽然他们总有一些基本的和简单的共识域，但左右两个人的主观世界范域、层级都明显比另一个人更高远，即便时空距离较远，但因为他们的主观世界范域广，层次高，所以也很容易发生交合现象，而处于图示中间的人，由于见识短浅，其主观世界范域窄，层次低，即便与另外两人的时空距离非常近，但能够实现交合的部分也十分有限。

现代人站在人类文明发展史的最前沿和最进步的时空序列上，也依然能够与老子、孔子、苏格拉底、柏拉图、汉莫拉比、康德、黑格尔、雨果、弗洛伊德，以及牛顿、薛定谔、爱因斯坦等实现主观世界的隔空对话，他们的优秀思想仍然可以与我们的主观世界交合并放射出神秘的光辉，原因就在于这些巨人虽然在时空序列中已经与我们永隔，但其当年在世时所形成的主观世界范域非常广大，层次非常高远，只要我们达到足够高的学识水平，达到足够高的主观层次，就能够与他们的主观世界交叠在一起，与他们的思想在交叠过程中可能会碰撞出炫目的火花，产生出许许多多的共识或共鸣。

而那些才疏学浅的人，即便生活在科技水平非常发达的现代时空序列中，除去与巨人们存在着生理或生存的普世性共识域之外，其主观世界几乎终生无法与这些已逝的巨人们当年所形成的主观世界中的高层次内容产生任何交叉和重叠。这说明，代表人类文明的主观世界的珠穆拉玛峰是社会上一般人难以企及的。

六、人类是始终行走在主客观两个世界毗连点上的动物

人是主客观两个世界的交点、奇点、毗连点、临界点，所以，作为个体自我的人既生活在客观世界中，也生活在主观世界中，并始终在两个世界中经由中观世界之门进进出出、寻寻觅觅。

有时看到或听到客观世界发生对自己的不利事件时便产生惊惧、犹疑、痛苦的主观反应，有时看到客观世界发生对自己有利的事件时便产生喜悦、快乐、幸福的主观反应。

同样的，当主观上思想失偏、情绪失控、心理失衡、理性失范，便会导致发生与之相应的客观行为，并很可能会给客观世界造成不利的后果。

这样，一忽客观，一忽主观，一忽务实，一忽务虚，相当于一个人脚踩两只船，哪一条船发生波动或变化，都会对自己、对另一只船产生牵连和影响。主客观两个世界相互错动、相互转化，客观影响着主观情绪和意志倾向，主观也影响着客观存在状态和行为取向。

这就是说，人是处在虚与实两个层次、两个世界中间的特殊动物，脚始终要踩在客观世界上生存，头始终潜在主观世界中思考，永远无法从这两个世界的交点中或奇点上游离出去，超脱出去。

图 3−9 是人类经由神经和大脑从客观世界进入主观世界示意图。图中的人象征着在客观世界中生存的情景，表明人是离不开和跑不出客观世界的，但同时大脑作为主客观两个世界的交点、奇点、毗连点、临界点，也同样永远无法改变其交点位置。

任何一个人，脚下都无一例外地踩踏着客观世界的土地，脑中都无一例外地浮动着主观世界的映像或想法，其意志倾向直接受着客观环境的影响，其行为取向直接受着主观欲望的驱动。对于形成于大脑镜子奇点之上的主观世界，我们虽然看不见、摸不着，但它却真实地存在着，并与客观世界严谨地对称着和无限地扩展着。

一旦这种对称关系失去平衡，便会破坏个体自我的完好存在，例如导致心理失衡、情绪失落、认识失偏、意识含糊、精神萎靡等现象的发生，甚至由心理问题、情绪问题、精神问题而导致身体出现各种各样的不适反应，严重影响到个体的正常生活和身心健康。

事实上，主观世界与客观世界的对称是理论的对称，在现实生活中很难完全得以实现，这也是我们中的绝大多数人或多或少都存在着程度不同的心理问题、情绪问题、认识问题、意识问题和精神问题的根本原因。

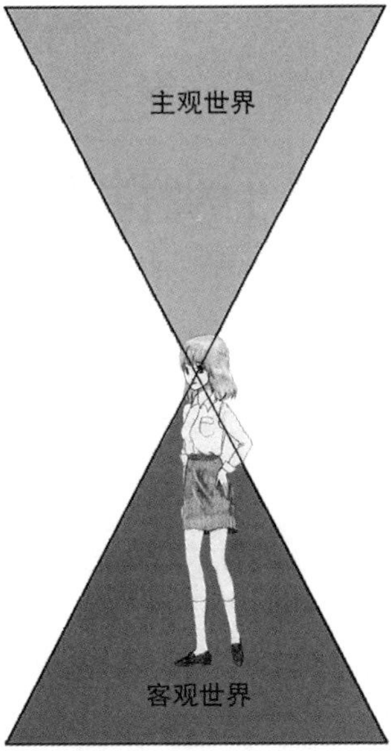

图 3-9　人类经由神经和大脑从客观世界进入主观世界

人类对于客观世界的认识不可能是力透纸背的，不可能是绝对清晰精准的，因此在大脑中所形成的主观世界也不是绝对四平八稳的，也不是绝对完美无缺的。加之客观世界中存在着无数荒谬怪诞的影像信息，导致人类自我常常在主观世界中堆积着无数的思想垃圾、意识垃圾和精神垃圾，这也是我们人类难以规避的认识风险。

所以，我们必须不断学习、加强修养，在努力汲取客观世界有益知识的同时，也要主动地、自觉地清理和扫除堆积在自我主观世界中的各种思想垃圾和精神垃圾，只有这样，我们才能让自己更好地行走在这个世界上。当然，这个世界既包括环绕着我们身体的客观世界，也包括潜伏于自我头脑中的主观世界。

第四章 世界观本自于观世界
——人类的世界观是怎样产生的

人类的一切活动、一切人文成果、一切社会现象，都是从人类自身的本性出发而衍生出来的。

这个本性不在别处，就在自身的生理系统之中。

这就意味着，包括人类心理、意识、情绪、情感、理性、思想、智慧、灵性等在内的主观精神世界也必然是人体生理系统及其功能延伸后的产物。

那么，这个主观性质的产物是怎样产生、衍生或演绎出来的呢？这显然是一个特殊的物质变精神的过程，是一个特殊的客观变主观的过程。

这个过程必然遵循某种规律，必然符合某种逻辑和原理，必然存在一个从无到有的发生、发展的机制。

这个机制，只有——而且也只能在欲望动力心理学的理论指导下才能找到根基，找到发生的突破口、发展的逻辑链和运行的路线图。

我们在此再一次看一看人类认识或精神世界形成的简单过程：

在欲望方向上，一事物特征性之表象在大脑中的残留形成印象，同类事物特征性之表象在大脑中的堆积、叠加、交织、加工和理顺形成认识，各类事物特征性之表象在大脑中的沉淀、整合、延伸和展开形成观念。

由此还可以继续推论下去，即对一事物特征性印象的描述形成概念，对同类事物特征性认识的归纳和推理形成理论，对各类事物特征性观念的提炼与抽象形成哲学，形成思想，形成信仰。而这一切都离不开欲望的内在驱动。

一、人类世界观的终极奥秘

鉴于人类对于世界终极问题解释的无能为力，我们中的一些人便在茫茫宇宙的上面又推想出一个上帝来，似乎有了上帝这张王牌，便可以解释宇宙中的一切问题。但上帝长啥样并没有人见到过。

我们借助现代量子物理学的实证逻辑和演绎推理，认为这个创生宇宙的所谓上帝并不是一般人所迷信的至高无上的神灵，而是在宇宙中足以统贯一切和演绎一切的功能，与物理学中的功能是完全一致的概念。

为此，我们将物理意义的光、电、磁、力、场、热等所有的宇宙功能合称为功能体，正是这个隐于物质表面现象背后的功能体对整个宇宙中的万事万物产生各式各样的驱动作用、生灭作用和消长作用。将它比作上帝，不过是赋予了这个功能体以人格化的身份。

鉴于人类自身智能的局限，每个人都永远无法站在作为功能体的上帝的层面和视角看穿宇宙的一切。

我们所能界定的关于人类世界观的概念中，几乎全部是我们的感官所能感知到的世界，一个包含空间和时间的多维体的宇宙的概念（时空事物被词语化的概念的本质就是我们最原始的观念的基本符号）。

《文子·自然》有云："往古来今谓之宙，四方上下谓之宇。"传统理论认为，宇宙是由空间、时间、物质、能量所构成的多维统一体，是一切空间和时间的总和。一般理解的宇宙指我们所存在的一个时空连续系统，包括其间的所有物质、能量和事件。

对于这一体系的整体解释构成了传统的宇宙论，由这样一种宇宙论思想统贯起来的对于世界、对于万物、对于一切变化着的事件所形成的基本观念，就是我们一般意义上的世界观。

如果有人问世界观是怎样产生的，那么我可以用这样简单的一句话概括为："世界观本自于观世界"。

人们在观察世界的过程中所形成的经验经过日积月累的沉淀，会叠加成一系列影像性材料或一系列表象性材料以及一系列事件性交合，并由这些材料或事件相互纠缠，产生联系，进入振荡模式，进而沿着欲望力方向拼缀成一种思维链条、一种认知成见、一种心理定势、一种意志倾向、一种观念模型，从而在冥冥中框定我们对世界的解释方向、解释标准、解释方式和解释边界，并由此形成对世界的总的看法，这就是世界观。

世界观决定方法论，决定对问题的判断、推理和决策，进而决定行为方向、行为方式，并直接演绎行为结果。

宇宙的概念几乎成为我们人类世界观中的最大概念。其实，我们假设上帝也有世界观的话，那么他的世界观必然要远远超越这个概念所界定的简单层次和范畴。人类世界观的终极或许就在上帝所划定的边界上。在人类世界观中，还有没有比宇宙更大的概念呢？我们可以试着寻找一下。比如阴阳，表达的是一种对立而又相联的自然现象，这个概念比宇宙的概念似乎更大，再往上寻求，我们可以找到混沌，不错，混沌可以代表阴阳未分、宇宙形成之前的原始状态，但这个状态我认为也未必是人类世界观中的最大概念。

接着我们还可以找到比混沌更大的概念，比如太极，因为“易有太极，是生两仪”（两仪即阴阳）。太，即大；极，指尽头，极点。物极则变，变则化，所以变化之源是太极。看来，太极已经很接近人类世界观中的最大概念了。

后来又有人创造了无极的概念，认为先有无极而至太极，从无到有以至万物化生。无极即道，是比太极更加原始更加终极的状态。但鉴于“易有太极”的说法，我们还可以想见，无极与易应该是两个意思很相近的概念，二者都是比太极靠前的更大的概念。但什么是易，却没有人能够给出清晰的边界设定，目前对易的一般解释是简易、变易、容易的意思。但这个概念在理解上的歧义显然不足以充当人类世界观中的最大概念。

中国的孔子或许是解释易的第一人，他在易经系辞中有“是故君子所居而安者，《易》之序也”“《易》与天地准，故能弥纶天地之道”“范围天地之化而不过，曲成万物而不遗，通乎昼夜之道而知，故神无方而易无体”。

孔子解释易的同时，顺便又推出了道的概念。他在易经系辞中说：“一阴一阳之谓道。”道，即促成宇宙运行和自然变化的最高法则，并说：“形而上者谓之道，形而下者谓之器。”

看来，这个道可能比太极和易的概念更大一些。因为创造宇宙、创造世界、化生万物者不是变化本身，而是促成变化的背后那个“驱动力”，这个“驱动力”是不是“道”呢？最早提出“道”的概念的老子说：“道生一，一生二，二生三，三生万物。”老子把“道”排在万物化生过程之前，这个居于前位的东西应该就是人类世界观中最大的概念了。

而宇宙自打出现了“一”，才开始产生了维度。这说明“道”是没有维度的，而只有没有维度的东西才是无所不在和无处不有的。

这个没有维度的东西会是什么呢？老子又说："道可道，非常道。名可名，非常名。无名天地之始，有名万物之母。"

用今天的眼光看来，这个道之所以是无名的，就在于它是无维的，是看不见摸不着的，所以也是无以名状的。但它却是天地之始，却是有用和有效的，说明它是一种功能。

其实，关于上帝是"道"的观念并不是我们一般人的简单推想或臆度，《圣经·新约·约翰福音》开篇即有"太初有道，道与上帝同在，道就是上帝"的说法。

这说明，我们用道的概念来理解上帝的内涵或许更符合上帝概念的本义。哲学的制高点也许就在这里，正如柏拉图所言："哲学家的灵魂一直在寻求一切人事和神事的整全，没有什么品质比思想狭隘与哲学家更加对立了"[1]。

按照欲望动力心理学书系《欲望与人格心理学》一书中提出的质能合一原理来分析，道是一种能结构，是不可名状的东西，是"天地之始"；而可以名状的东西则是一种质结构，是"万物之母"。

正因为道具有无维而有用的特性，人们对于道的认识难免出现了诸多盲区，一些带有明显臆度性质的矫揉造作的解释使它一度披上了一层神秘的甚至是伪科学的外衣，这显然是一种不幸；又因为以研究有形物质为基础的经典物理学的概念词典里，未能将道列入其中，这就使我们对于道的认识迄今仍然纠结于不同的多义性或歧义性解释之中。

幸而经典物理学理论中有两个与道的特点和含义非常接近的概念，这就是能和功的概念。凡是能的东西，凡是功的东西，都是看不见摸不着的东西，并且合乎道的无维而有用的特性。这就使发端于两千年前的道的概念以物理性的理解方式而登堂入室，稍一转身便可进入现代科学的殿堂之中谈笑风生了。

这就是说，中国老子所提出来的道的概念与科里奥利和彭赛列所提出来的功的概念或托马斯·杨和古斯塔夫·科里奥利等人所提出来的能的概念，在理念上和逻辑上说具有一脉相承的关系。只是功和能隐藏于形而下的物质背后，体现并见诸于有形之"器"上，因此可以做出精确的数学解释，而道则是"形而上"的东西，是导致功和能在物质上呈现出来的自然法则和因果逻辑。

这就是道的本质属性，一种居于经典物理学功或能概念之上的东西，也是一种没有维度的东西。而一切没有维度的东西，既可以先天地存在着，也可以后天地展现出来，这就意味着"道"可以在无维与有维之间任意穿越，而不受

1 柏拉图《国家篇·卷6》486A 。

时空坐标的限制。

如果借助量子物理学的“波粒二象性”[1]来解释的话，或许可以认为道的东西总是以波的形式发挥作用的，总是以波的形式传递和转化的，波是道从无维空间进入有维空间的临界状态，是道赋予物质空间以运动属性的开始，也是创生宇宙的“天地之始”；而“道生一”的“一”可以理解为构成物质的最小的粒子，呈现为具有可感性维度的物质属性，是创生宇宙的“万物之母”。

如果波者为雄，为父，为阳，则粒者为雌，为母，为阴。“知其雄，守其雌，为天下豀”[2]。雌雄交合而万物勃兴。我们看到的物质世界因此处处呈现为二象、两仪、阴阳、时空、虚实、雌雄、正负的对立统一关系。

如果按照现代量子物理学理论来解释，这或许完全是由来自于宇宙最底层的波粒二象性决定的。

宇宙的底层规律也可以被理解为作为功能体的上帝对于宇宙的顶层设计，其间的奥秘正在被粒子物理学家们逐层揭开。粒子物理学家的任务是探索物质的基本组元与支配这些组元性质的力。粒子物理学研究的基本粒子属于微观范畴，具有一些在宏观物质世界中未能加以证验的内容。

粒子物理学家根据自旋倍数的不同，把基本粒子分为玻色子和费米子两大类。费米子是具有自旋量子数为半整数的基本粒子，是像电子一样的粒子，有半整数自旋（如1/2，3/2，5/2等），并遵从泡利不相容原理，即一个量子态只能被一个粒子所占据，但费米子满足费米狄拉克分布；而玻色子是具有自旋量子数为整数的基本粒子，是像光子一样的粒子，有整数自旋（如0，1，2等），不遵循泡利不相容原理，即一个量子态可以被任意多个粒子所占据，但玻色子满足玻色爱因斯坦分布。

自旋差异使费米子和玻色子具有完全不同的特性。没有任何两个费米子能具有同样的量子态：它们没有相同的特性，也不能在同一时间处于同一地点；而玻色子却能够具有相同的特性。基本粒子中所有的物质粒子都是费米子，是构成物质的原材料（如轻子中的电子、组成质子和中子的夸克、中微子）；而传递作用力的粒子（光子、介子、胶子、W和Z玻色子）都是玻色子。换句话说，费米子是构成物质的粒子，玻色子是传递力与场的粒子。

1　波粒二象性是微观粒子的基本属性之一。1905年，爱因斯坦提出了光电效应的光量子解释，人们开始意识到光波同时具有波和粒子的双重性质。1924年，德布罗意提出“物质波”假说，认为和光一样，一切物质都具有波粒二象性。根据这一假说，电子也会具有干涉和衍射等波动现象，这被后来的电子衍射试验所证实。

2　老子《道德经》。

德国数学家、物理学家赫尔曼·外尔早在1929年曾提出了一种无质量的粒子，被称之为外尔费米子。据说这个粒子在2015年被中国一个研究小组找到了，一位相关研究人员描述说：“你可以将它想象成一个极小的、只有一个磁极的磁棒。”大家都知道，在自然界中，无论将磁铁切割成多小，它始终都带有南北两个磁极，磁场在磁极之间流动。而外尔费米子则是一种仅有一个磁极且没有质量的粒子，这个粒子被中国人称之为“幽灵粒子”，因为并不存在于我们的三维世界里，只能在另一个与我们这个世界“相反”的世界里寻到它的芳踪。或许这个“幽灵粒子”真的有可能与我们人类的灵魂存在着某种关系。

玻色子和费米子是物质世界的两种耦合性存在，不但与物质世界质能合一的存在形式完全耦合，即能结构是玻色子，质结构是费米子，而且也正好和中国古代的阴阳太极思想相一致，即阴物质是玻色子，是物质存在的运动形式，阳物质是费米子，是物质存在的几何形式。

我们所置身的现实世界就是一种质能结构或阴阳结构的耦合形式。甚至不限于微观量子世界，而且也包括宏观物质世界。

比如每一种雌雄关系都相当于玻色子与费米子的关系，都相当于波与粒的关系，甚至接近于或比拟为亚当与夏娃的关系。

宇宙中所有的质结构存在形式和存在状态无不依赖于能结构而被支撑起来，质结构的运动方式、运动方向、运动秩序和运动规律也都是由能结构决定的和驱动的。

宇宙中的强力、弱力、电磁力等所有的力，其实都是能结构的基本表现形式和基本存在形式，或许力本身即是一种只有能量而没有质量的特殊粒子形态也未可知，在波粒二象性中应该属于波的存在形式。

在宇宙质能结构体系中，质结构是一种被动性存在，而能结构则是一种主动性存在。

经典物理学研究的对象基本上局限于有形有质的正物质上，直到相对论以后才发现了反物质的存在。正物质与反物质彼此相反而且对称。[1]

爱因斯坦曾经根据相对论预言过反物质的存在：“对于一个质量为m，所带电荷为e的物质，一定存在一个质量为m，所带电荷为−e的物质（即反物质）。”自1932年开始，关于反物质的研究成果陆续公诸于世，特别是卡尔·安德森对

1　这种对称关系仅体现在某一完整、稳定、闭合的物理系统内部，符合宇称守恒定律，但在某一个残缺、变化、开放的物理系统中，特别是基本粒子弱相互作用的领域内，则会使这种守恒受到破坏，从而促成两个物理系统之间的相对运动。

于正电子、负质子和反中子的发现更具有史无前例的开创性意义。从爱因斯坦提出的质能公式中可以看到，物质的总能量有正、负两种值。

科学界据此认为，也许我们认识的仅仅是宇宙的一半——正物质世界；而公式中的负值适合于宇宙的另一半，则是反物质世界。 当两数绝对值相同符号相反时，它们的和为零，叫正负抵消。正、反物质是以吸收和释放能量的方式消失的。

这与我们面对“欲望的世界”而阐述的“世界的欲望”关系不谋而合，在欲望的世界中，作为匮欠性质的负欲望，必有一个作为目标性质的正欲望与之遥相呼应并对立地存在着，一半属于负欲望世界，另一半属于正欲望世界，两者相遇相加，则正负相抵为零，欲望消失。

这或许意味着宇宙中一切结构关系都遵循着一种共同的“道”，都遵循着一个共同的原理。英国《自然》杂志网站曾发布报告，宣称欧洲研究人员在科学史上首次成功“抓住”微量反物质，这显然又是一次惊人的发现，而这样的发现也许是不可穷尽的。

这是因为，不管是牛顿力学、爱因斯坦相对论，还是由普朗克、玻尔、德布罗意、薛定谔、海森伯等科学巨匠共同建树的量子论，也不管是正物质、反物质理论，还是显物质、暗物质理论，所研究的一切，其实都是宇宙中关于道的后置性内容，他们的发现和建树也仅仅是道进行宇宙演绎的一小部分内容，其大部分内容受人类自身认知能力所限，远远不能穷尽其全部。

换句话说，人们不可能把宇宙中所有道的演绎过程都逐一罗列出来或挖掘出来，也不可能个个都能设定出公式供人们进行严谨的数学演算。

而比道更大一点的概念还会有什么呢？古希腊时期还曾出现过“以太”的概念，认为整个宇宙充斥着一种看不见摸不着的力或粒子，这个力或粒子应该是构成宇宙一切物质世界的源头，但后来这个概念逐渐被否定了。不过，自从中微子被发现以来，以太的概念似乎获得了复活的空间，因为宇宙中到处都充斥着的中微子与古希腊人所描述的以太存在着惊人的相似。除此，在古印度还曾有一个梵的概念，与中国的道的概念非常接近，我们在这里就不再赘述了。

“易有太极，是生两仪”与“道生一，一生二”中的“两仪”或“二”在中国后学的解释中可以注疏为阴阳二象，而量子物理学同样存在着波粒二象，欲望动力心理学则提出了质能二象的概念。其实，人本身也具有与量子相类似的二象性，一象是物质（质结构），一象是能量（能结构）；一象是客观，一象是主观；一象是肉体，一象是灵魂。

那么，我们要找的属于人类世界观中的最大概念到此应该差不多已经达到极致了吧？我认为，这个最大概念就是“道”的概念。

因为道这个概念既统贯着宇宙、阴阳、混沌、太极、无极、易、梵等各种终极概念的含义，也交融着客观与主观、有与无、正与负、虚与实、雌与雄、情与理等对立性、矛盾性、运动性、变化性、规律性、效应性等含义，似是一个全能的概念。

而传说中的上帝的“全能”与物理学的“能”的概念具有极高的契合性，与道一样，都具有无维而有用的特性。因此，我们尽可以将物理学中“能”、“力”或“功”的概念上升为“道”的高度来看待，从而使抽象的、模糊的道的含义在物理学层面上获得明确的数学解释。

我们研究人的世界观，要想实现超越并接近真理，似乎只有设法站在超越自身的全能的视角上，才能更好地解释人类世界观的终极问题。因为在人类世界观的终极之处必有一种合二为一的“主客伊始”的奇点性概念，从客观到主观必经过一个媒介才能实现。这个媒介便是神经，便是人类的神经。似乎只有人类的神经才可以完成从客观到主观的全部过渡使命。

通过比较性与综合性研究，我们发现人类仍有很多值得庆幸的地方，人类这个特殊的属种不但被赋予了比其他万物更多的反应能力，而且还被赋予了强大的记忆存储能力，以及表象、联想、想象、思维、悟觉等诸多高级意识能力，我们可以简称为心力，心力一词还可以表明意识是以力的形式驱动的，或者说是以波的形式、振荡的形式发生作用的，并以粒的形式、纠缠的形式存储和记忆的。人类借助这些独特的力的驱动而实现了对自我意识的整合与升华，这就是人类的主观精神。也许这是上帝赋予人类的最接近于他自身的一份独到而神奇的礼物。

这个神奇的礼物虽然珍贵无比，却也有不可心和不尽意之处。

比如，人们传说中的上帝或许具有竭尽宇宙至聪的无数个感官，其洞察宇宙宏观或微观之万象，无须借助任何仪器，便可明察秋毫，一目了然，其移动宇宙星体或改变人类意志，无须借助任何设备，便可翻雨覆雨，举重若轻。

“按照西蒙尼德的说法，唯有神才有这样的特权，人没有资格去求取就自身而言的科学”“神是宇宙万物各种原因的始点，唯有神才最大限度地具有这种知识。”[1]

其实，我们人类从来没有停止过对于宇宙始点的探究，以及对于自我与宇

1　亚里士多德《形而上学》第一卷第6页，中国人民大学出版社 2003 年 12 月第 1 版。

宙之间关系的求索。我们之所以对这一切倍感迷惘，就因为自我人格结构与宇宙物质结构存在着奇点性的交合，使得自我与宇宙在相互感应的功能演绎中不可避免地处于一种难解难分的混沌状态。

图 4-1 是三观世界与自我人格结构演绎图。图中显示我们所面对的宇宙呈现出三个基本层次，每个层次都具有各行其道的演绎过程。一是物质层的演绎

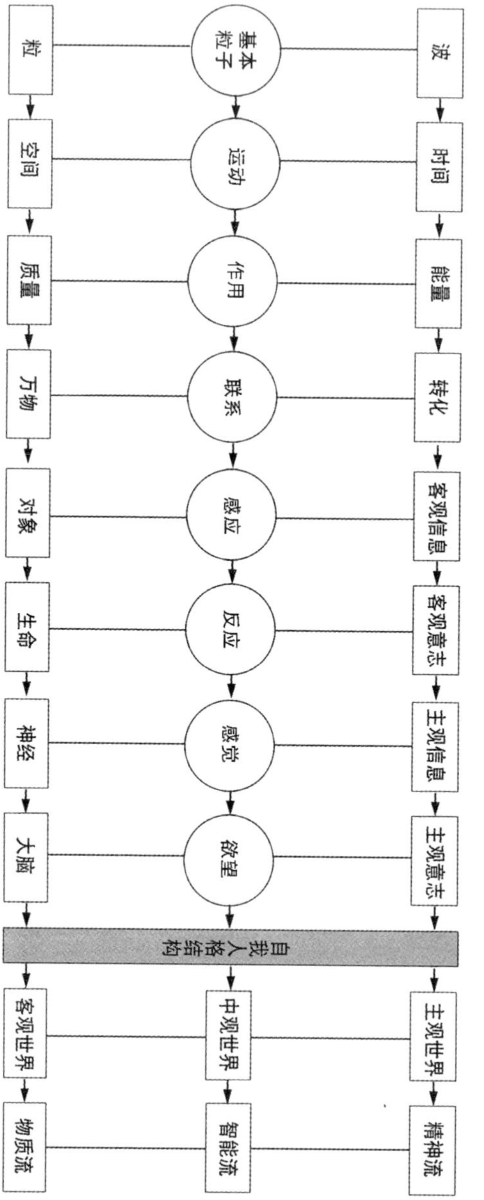

图 4-1 三观世界与自我人格结构演绎图

过程，二是智能层的演绎过程，三是精神层的演绎过程。这三个层次在三个不同的宇宙维度的演绎中最终交汇成同一个奇点性的自我，并由此构成了人类个体独特的自我人格结构形式。就像三条涌动着不同液态的河流最终汇入同一个海洋一样。

其中物质层属于客观世界中的实体层，智能层属于功能世界中的介体层，具有虚实兼具的特征，在物质层与精神层之间建立起了感应与联系、作用与反作用的桥梁和纽带，精神层属于主观世界的虚体层，也是从智能层过渡出来的人类自我人格结构中的最高层次。

宇宙中的基本粒子（特别是被称之为“上帝粒子”的希格斯波色子），以其特有的“波粒二象性”特征，一方面在空间维度上呈现出“粒”的质量属性，一方面又在时间维度上呈现出“波”的能量属性，二者结合在一起则呈现出第三个属性——即运动属性。

一切运动都必然产生特定的作用，没有运动的作用是不存在的。正是因为物质的运动属性才使得宇宙产生了与时空有关的维度属性，而且，也正是因为运动产生的作用，才使得不同粒子之间或不同物质之间产生了联系，并因为联系而产生彼此相互感应，一者感之，一者应之，感应者与被感应者相互传递的信息即为客观信息，而被感应者作为一种对象性存在，必然因诸多感应者传递的各种客观信息而发生不断转化的事件或现象。

宇宙万物就是在这种永不停歇的转化中被创造出来，被演绎出来。在无数种连续不断的变化事件中，在必然中总有一种偶然事件促成了生命体的形成，直至促成了人类这一高级生命形式的诞生。

其间客观信息的传递方向及其促成对象性他者发生转化的方向即体现出一种客观意志的倾向性特征；正是缘于生命和人类的出现，物质的感应性进而上升为生命的反应性，并在生命的反应中使得客观意志得到了进一步的增强，在达到一定刺激阈限之后，必然会被生命体中的神经感觉到，而感觉一旦产生，客观信息及其所体现出来的客观意志便会瞬即转化为主观信息。

接着，主观信息经由大脑应答反应而产生欲望，而任何一种欲望都必然会转化为自我主观意志，于是人类个体自我意识便在欲望力驱动下形成了。

在宇宙演化过程中，物质层的演化由低级而高级，由简单而复杂，最后进化并演绎出一个独特的物质性自我形式；智能层缘于物质的运动属性而逐渐从作用性导致与对象性他者的联系性、感应性、反应性、感觉性、欲望性，这同样体现了一种由低级而高级、由简单而复杂的演绎过程，并最终演绎出一个独特的智能性自我形式。

同理，粒子的波动属性产生能量波，并在时间的维度上不断发生转化现象，不断产生各种各样的客观信息、客观意志、主观信息和主观意志，最后也演绎出一个独特的精神性自我形式。

而且，最为奇妙的是，物质性自我、智能性自我、精神性自我分别从三个性质不同的层次上最终在同一个人类个体中交合成一个难解难分、浑然一体的奇点。

这个奇点性的自我其实是由物质、智能和精神三个层次共同演绎的结果，人类自我人格结构的特殊性、神奇性和复杂性也正缘之于此。人类“认识自我”之所以如此之难，也许就难在这种虚实相演、主客相承、内外相通、交叠合一的奇点性特征上。

物理学家对于时间与空间的讨论一直聚讼纷纭，但随着量子物理学研究的不断深入，人们开始试图在微观世界中寻找时空维度的标准模型，尽管迄今尚未形成定于一尊的结论。但这种独具视角的探索却使人类传统的世界观受到了一次亘古未有的冲击与挑战。

我们认为，时间从本质上说仅仅是空间的持存性、运动性和连续性维度，空间维度不过是物理事件现状的存在性和保证性条件。时间一维给空间一切物质的变数提供了机缘性保证。所以，在空间与时间、质量与能量交合的奇点处，“上帝粒子”（玻色子）便被一些物理学家设想为现行宇宙的开端。

这枚特殊的粒子被抛出后，其带有一定方向的力即转化成了费米子，于是使得“上帝粒子”立刻呈现出波粒二象性特征。或许可以认定，波为能量之源，粒为质量之本。因为任何能量都来自运动，运动产生的作用促成了能量转化，能量转化产生了客观信息，并使物质性粒子与外在环境建立了实质性联系，进而衍生出宇宙万物来。运动产生的能量始终发挥着根本性的驱动力量，并使施加作用和接受作用的双方相互感应和产生变化，所有变化都会引起物质产生感应并使客观信息发生递转性传导。

而所有的感应及其信息传导都具有一定的方向性。这种带有方向性的内容，主要体现在两个方面，一方面是对于不利于自身完好存在和持续发展的外在作用产生排斥力，另一方面是对于有利于自身继续保持完好存在和完美发展的外在作用产生吸收力。

这两种完全相反的力，都是为保护自我持存性和发展性而产生的，就仿佛这些物质或粒子有“灵性”似的，跟人类所具有的“灵性”相类似。我将客观物质所具有的这种“灵性”反应称之为客观意志。这对于所谓“万物皆有灵”的观念不啻为一种全新的注疏。

更准确一点说，所谓客观意志，就是客观存在的可以成就物质自身持存性、延续性、完美性和发展性的内在驱力和外在表征，是宇宙中一切物质保有自身特征、成全自身状态和推动自身发展变化的基本属性。

这一点与人类个体为了保全自身所表现出来的自我性、趋利性的意志力相近似。看来人类的主观意志力的产生也绝非无踪可寻，而是源自于物质世界本来就存在着的客观意志的转身和变脸。即便所有无生命物质，也都具有这种客观意志。

比如一块石头也会尽量保持自身的持存性而不被风化掉，一场大火也尽量不让自己熄灭而保持自身的存在性和延续性，并对能够燃烧的物质一定不会放过，以使自身无限放大并力求得到保全而不轻易消失。这些都是客观意志的表现。

客观意志属于非人类个体自我性的他者意志，只要不是个体自我性的意志，便都属于客观意志。只有个体自我性意志，才属于主观意志。

你身边的人、事、物，也包括你自己躯体内部的细胞、组织、器官等等都不是归你自己说了算的，他们或它们朝什么方向运动，怎么发展，你可以判断，你可以推理，你可以分析，但都不是由你的个体自我主观意志决定的，它们只能属于客观意志。甚至于人类社会的发展方向也同样归属于客观意志，个体自我性主观意志最终必然要以客观意志为根本皈依，并符合客观意志的驱动方向。

比如人类个体性自我都毫无例外地按照客观存在的社会价值标准思考问题、做出行动、成就自我，并作出评价。

人类个体自我的欲望实际上也是主客观两种意志相毗连的奇点，由匮欠而导致的负欲望，在二元论观念中可以被归结为客观意志的范畴，比如食欲或性欲等生理性欲望的发生是不随主观意志为转移的，可以称之为客观性欲望，由它驱动出来的正欲望，则可以称之为主观性欲望，因为它已经开始具备了对于目标、满足方式和满足程度的自我选择性，可以随主观意志发生某些转移。

任何欲望都具有个体自我性特征，但这并不是说，凡是发生于个体自我的，便一定都属于主观意志驱动的内容，一切代表负欲望的匮欠都是客观事物发展到一定阶段或一定程度的产物，其本身也都是客观意志驱动的结果，这样的结果是不能随着主观意志而可以任意改变或左右的，但其反弹出来的正欲望才是个体自我主观意志的起点和方向。

所以，人类个体自我在自己不能左右的地方就必然会被动地接受了客观意志的驱动。

当欲望性意志驱动出意识、思想、观念、精神之后，必然要导致行为的发生，并使其欲望获得某种程度的满足，从而实现了匮欠与目标的交汇与合一。

匮欠和目标之间相连的部分属于主观意志的范畴，在二者之外的内容则属于客观意志的范畴。

在正欲望的驱动下，人的主观意志最终总要合并到客观意志之中，主客合一既是最初的，也是最后的。当匮欠与目标实现了填补性恰合之后，便表明了主观意志实现了与客观意志的回归，世界在整体上又恢复到了客观意志主宰的逻辑秩序当中。

从这一意义上说，主观只是一个过程性存在，而不是结果性存在，由此可以证明，人生仅仅是一个过程的结论完全符合主观意志与客观意志相互转换原理。

客观意志在一定程度上决定物质世界发展的方向和持存状态。到了有生物阶段，这种客观意志更得到了长足发展。

对于这种客观意志，亚里士多德似乎也有所觉察，他说："没有什么东西能阻止身体各部分发生自然界中的偶然巧合现象。例如，因为需要便长出了牙齿，门齿锐利，适于切割，臼齿钝平，适于咀嚼；但它们并不是为了这些功能而形成的，这只不过是偶然的结果罢了。身体的其他部分也是这样，它们的存在似乎要适应某种目的似的，于是，身体上所有构造，都好像是为着某种目的而形成，在经过内在自发力量而适当地组合之后，便被保存下来了。如果不这样组合而成，便会灭亡或已经灭亡[1]。"

但亚里士多德并没有认识到客观意志对于事物的发展所起到的绝对控制作用和驱动作用，包括发展方向和发展方式的决定性作用，仍然认为这一切变化"只不过是偶然的结果罢了"。但按照客观意志决定论观点来看，所谓的偶然不过是一种能量与另一种能量组合的偶然，而其发展方向和发展方式却是客观意志的必然。

达尔文在他的《物种起源》一书中也认为自然选择既具有随机性，也具有方向性，一切生物都是沿着从低级向高级的方向进化的。环境的改变，条件的改变是随机的，一当某种环境条件成为现实，生物们即会朝着适应于自我成全和自我完善的方向而进行自我演绎和发展的。对这种方向性的东西，达尔文研究了四十多年仅仅得出了"自然选择，适者生存"这样一种模糊而又过于宽泛

1　亚里士多德《听诊术》第二册第八章第2页。

的进化论观点，实在是缘于当时理论认知的迷惘和缺陷。

我在研究宇宙发展过程中，发现一切客观存在的事物均具有非人类主观意志所能左右的客观意志，正是这种客观意志决定了一切事物总是从不适应到适应、从不完美到完美、从低级到高级、从客观到主观的方向上存在和发展的。这个驱动方向不是随机的和偶然的，而是明显体现为一种客观意志的必然性特征。

所以，我们可以由此得出这样的结论，一切事物的发生、发展、运动和变化，都是能量随机转化的结果，但转化过程以及所引起的反应是具有一定方向性的，这个方向体现为一种从不适应到适应、从简单到复杂、从低级到高级、从劣等到优等、从不完美到完美的客观意志性特征。正是这种客观意志，才使得一切无机物、有机物、生物在特定的环境条件下，总是尽可能地以适合于自身存在性、适应性、延续性、保全性和趋利性需要而存在和发展。我将这一观点提炼为“客观意志决定论”。

比如现代药理学发现的病毒抗药性，就是病毒通过对药物的感应或反应而产生了越来越强的自我保全的客观意志，并在这种意志的驱动下而不断完善自己，进而通过能量流转而产生了抗药功能。再比如转动一个罗盘时，指南针不需要人力主观性介入便会自动移向南北两极方向，这是物质具有特殊灵性的表现，表明冷漠的客观物质世界也具有一种先在的意志性特征。客观意志也是一种能的表现形式，代表特定物质能量、能力、功能或效能所具有的活动方向、转化方向或演化方向。

这种客观意志不但体现在物质对于特定空间维度的实际占有性上，也体现在对于未来时间维度的持存性和发展性上。一块石头总要占据一个特定的空间维度，如果没有外在能量因素的介入，就会永远保持这个维度不发生改变，但阳光照射、风雨侵蚀等其他能量的干预是不可避免的，这就意味着物质世界的变化是必然的，而且这种变化又总是朝着从低级向高级、从无生命向有生命、从客观向主观的总体方向发展和演进的。首先是无生命的物质发展成有生命的低级生物，再逐渐发展成植物，然后再发展成较低级的动物，最后发展到具有高级智能的动物，这充分体现了物质世界在时间维度上不断发展变化的方向性特征，这种方向性特征就是客观意志的表现形式之一。

我们可以通过观察冬虫夏草的形状而认识植物存在着向动物进化的客观意志性倾向。冬虫夏草的外形极其像动物，但它却是地地道道的植物；生活在海洋中的草海龙或叶海龙更是植物向动物过渡的活标本，草海龙或海叶龙的外形极其像植物，但它们却是地地道道的动物。达尔文当然要把这种现象当作进化论观点的活证据，而我们则把它看作是客观物质世界在特定时空维度中所表现出来的客观意志倾向。

在万物产生以后，随着能量流转的机会越来越多，在漫长的时间序列中，各种可能都会经由偶然而成为必然。生命就在这个过程中产生了。生命对于各种能量信息的反应比无生命物质对于能量信息的感应不过表现得更鲜明和更灵敏。

生物体通过对客观能量信息的反应而产生了中观信息和主观信息。但生命的演化也需要一个不断发展的过程，待到高级神经出现以后，各种客观信息便经由神经媒介而上升为明确的感觉，感觉又经由神经传导后而在大脑中转化为欲望形式，其中所产生的正欲望便是主观意志。在有了主观意志之后，一切外在事物都会以可观察的影像信息的形式被摄入大脑，并形成记忆，大脑对记忆中的影像信息进行表象、联想、思维、加工，便形成了主观意识活动，这样，一种更为高级的主观世界便形成了。从图 4−1 中可见，人类的主观意志也正是以客观意志的存在性为基础发展而来的。

生物体通过对客观能量信息的反应而产生了中观信息和主观信息。但生命的演化也需要一个不断发展的过程，待到高级神经出现以后，各种客观信息便经由神经媒介而上升为明确的感觉，感觉又经由神经传导后而在大脑中转化为欲望形式，其中所产生的正欲望便构成了主观意志。

在有了主观意志之后，大脑对记忆存储器中的影像信息进行表象、联想、思维、加工，便形成了主观意识活动，这样，一种更为高级的主观世界便形成了。

从三观世界与自我人格结构演绎图中可见，人类的主观意志也正是以客观意志的存在性为基础发展而来的。

其中作为包括运动、作用、联系、感应、反应、感觉、传导、记忆等效能形式的内容，介于客观物质世界向主观意识世界发展和过渡的中间层，我名之为中观世界。

这样，从图中可以看到，我们想象中的上帝的世界观是一个具有三个层次的世界，即客观物质世界、中观媒介世界和主观精神世界。

其中客观物质世界的可感性比较显著，中观媒介世界的运动性比较显著，主观精神世界的意志性比较显著。但三者并不是完全可以分离的关系，而是你中有我、我中有你、相互依存、相互纠缠、对立统一的关系。一方面统一于上帝作为功能体所布设的奇点之中，一方面统一于上帝作为功能体所建构的整个宇宙之中。

我们置身于宇宙之中，总是把自己想象得很重要，很伟大。其实我们所在的地球不过是太阳系中的一粒微尘，但它在茫茫宇宙中却是我们人类永久的家园。所有你爱的人，爱你的人，你认识的人，认识你的人，你听说过的人，每一段历史上曾经存在过的人，都在这粒微尘上终其一生，盖棺定论一生。

这里积聚了我们所有的幸福与苦难，所有的快乐与忧愁，无数被确信的宗教、意识形态、科学原理和经济学说都在这粒微尘上被认真地推演着、争论着和崇拜着。所有的狩猎者、播种者和采食者、文明的创造者和毁灭者、英雄和懦夫、国王和伧子、热恋中的情侣和成长中的孩童，以及所有思想家、批评家、精神导师、演艺明星、堕落的政客、至高无上的领袖总统，人类历史上的每一位圣人、功臣和罪犯，都曾生活在其上——生活在这粒悬浮在阳光下的尘埃之上。

而自我不过是这粒尘埃中的毫末，并以特定的奇点形式存在着，我们自以为是的伟大在上帝的世界观中实在渺小得太可怜了，太微不足道了。

在这里，为了更深入地探讨人类世界观的终极问题，我们假借上帝的世界观概念来试图寻找人类世界观的边界。不管是人类的世界观或是上帝的世界观似乎都同样是沿着从简单向复杂、从低级向高级、从客观向主观的方向发展的。在经由上帝功能体所创造的一切物质也顺便将其所具有的一部分功能蕴藉其中，并让这些功能在这些物质之间可以随机流动并自动转化。

一方面，时间一维，为万物之间的联系创造了机缘性条件；另一方面，空间一维，为物质运行创造方向性条件。于是，在这些被创造的物质形式和能量形式中间，有植物诞生了，有动物诞生了，有神经出现了。自此在近似于神经的末梢出现了另一个特殊的奇点，并在这个奇点处分离出了一个主观世界和一个客观世界。

要想创造这个世界，似乎至少要用两种东西，一个是玻色子，也就是物质的能量运动属性；一个是费米子，也就是物质的质量形态属性。图的下层是形而下的客观物质世界，图的上层是形而上的主观精神世界，中间一层属于中观智能（媒介）反应世界。

这或许可以解读为上帝的“道”，统合起来说就是一种演绎万物的质能动态结构体系，其中我们能够看得见的部分，称之为质，看不见的部分称之为能。而能具有让我们人类看不见的属性，所以，我们津津乐道的上帝或许可以被直接认定为物理意义的能，是万能的统一体，是万能的聚合态。

在人类可考察的范围内，我们可以发现这个能所外现出来的一些蛛丝马迹，作为被称为能的上帝借助力的作用赋予了每一种物质都具有各成系统的自组织能力和相互感应能力。

所谓自组织能力即是每一种物质都可自行完成粒子与粒子之间的随机性组合，并形成符合其内在特点和属性的物质结构方式，这个过程不需要任何人为因素的参与即可实现。

所谓感应能力即是能与能或功与功之间存在的彼此联系和彼此作用的能力，通过这种能力，物质与物质之间、能量与能量之间、能量与物质之间实现互感互应、互通互动和相互转化，从而引起各种事物呈现不断运动和不断变化的状态，并由此使这些事物始终处于宇宙特定的运行模式之中。

如果我们撇开迷信的视角看自古以来流传至今的“万物有灵”的说法，而从万物皆有感应的研究成果上来认知，那么，“万物有灵”的“灵”在本质上来说就是本书系所提出的“客观意志”。

一切事物所具有的矛盾性和联系性都全部来自于其初始性的意志性，事物的意志性来自于其运动的方向性。

如果说，一切事物都具有意志性的话，那么也就必然前提性地意味着一切事物都具有其运动的方向性，即不限于主观世界，也包括客观世界中的一切事物也都毫无例外地具有运动的方向性。

意志分为客观意志与主观意志，客观意志来自于物质所具有的天赋的运动性、反应性和能量转化的必然性，运动的方向性决定了反应的方向性和能量转化的方向性，这种来自于客观物质世界的有方向的运动性、感应性和反应性即构成客观意志。

而人类自我匮欠当然不会凭空产生，它是人体内部生理性物理世界在客观意志驱动下造成的必然结果，当匮欠被主体自我神经感知到之后即产生负欲望，负欲望激活大脑神经元产生与之相对应的正负电位转换，并通过正负电位转换而造成随意神经和自主神经的共轭共频的波动性反应，这便是负向情绪反应，也称为阴性情绪反应。

而负欲望和正负电位转换也都是客观意志驱动的结果，因为有了这样一种负欲望方向上的客观性结果，反应在主体大脑中便必然地产生对于特定填充物目标的主观性求索，这便是正欲望，正欲望激活大脑神经元产生与之相对应的负正电位转换，并通过负正电位转换而造成随意神经和自主神经的共轭共频的波动性反应，这便是正向情绪反应，也称为阳性情绪反应。

对于主体自我而言，在场的匮欠与不在场的目标之间构成了一对矛盾对立关系，一方面使得主体自我排斥匮欠和反感匮欠，一方面使得主体自我趋向目标和喜欢目标，当目标与匮欠合而为一，正负相抵，欲望归零，矛盾消失，联系消失，情绪消失，整个自我进入临时性静息状态，主观意志藉此不复存在。

但客观意志仍然继续存在并使客观事物继续按着客观意志方向不断发展，不限于外在环境中的客观事物，也包括内在环境中的客观事物。于是便又重新在自我主体之中驱动出新的欲望，产生新的主观意志，如此往复，使得人生始终伴随着矛盾与对立并在矛盾与对立性的联系中运动、应激、反应、思考、行动，直至通过欲望的满足而使矛盾双方统一在一起，在欲望被平复过程中使矛盾对立关系彻底化解和彻底消弭。

所以，客观世界中的事物所存在的矛盾对立关系是先天固有的，主观世界中的自我所发生的矛盾是后天形成的。

矛盾使事物与事物之间产生了联系，产生了感应或反应，并进而产生了本体性意志。矛盾使自我与事物之间、与对象性他者之间产生了联系，产生了感应或反应，并进而产生了主体性意志。人类自我就存在于这种循环往复的矛盾性、联系性、感应性或反应性以及本体意志性和主体意志性当中。

如是所言，正是客观世界中矛盾性与联系性的先天性存在，使得一切客观事物都具有特定的感应性与反应性。

一种客观事物所特有的运动形式被另一种客观事物所特有的运动形式干预时必然产生某种感应或反应，所以，感应或反应是客观事物的基本属性。

我在这里把万物皆有感应这一现象和规律称之为万有感应定律。

这个定律与万有引力定律的不同之处在于，前者泛指物质间的一切作用形式，包括物质的数量性变化、质量性变化、能量性变化、功能性变化、意志性变化、效应性变化以及物理性作用、化学性作用、生化性作用、生物性作用、抑制性作用、感应性作用、映射性作用、反应性作用、弥散性作用、挥发性作用等一切变化和作用形式，后者仅仅指物理性力的作用。

所以，万有感应定律是宇宙中最大的定律，是宇宙发生一切变化的基本动力和基本规律，是宇宙一切现象发生、发展和消亡无法逃避的法则，同时也是客观意志在事物发展过程中的具体表现。

万有感应即是宇宙功能体的恩赐，也是作为宇宙功能体的上帝赋予宇宙的第一推动力。万有感应必将以其特有的魅力引起世人的广泛关注和深入研究的兴趣。

可以说，现代科学研究所取得的一切文明成果，包括数学的、物理的、化学的、生物的、智能的、信息的等一切公式、原理、定理、定律、规律、效应，都是对万有感应定律的分解性注疏。

如果单就万有感应定律推演一个独有的公式的话，那么，这个公式就是一个非常简单的数学模型，即 A+B+……+N=X。其中，A 代表一种物质或功能，B 代表另一种物质或功能，N 代表其他物质或功能，以此类推，A+B 或 A+B+C 或者更多的物质及功能相加，所发生的感应便会产生另一种东西 X。X 可以是与 A 或 B 或 C 不相同或不对等的物质，也可以是一种不相同或不对等的现象，也可以是一种不相同或不对等的事件，也可以是一种不相同或不对等的功能，也可以是一种不相同或不对等的过程，也可以是一种不相同或不对等的效应，也可以是一种不相同或不对等的反应，也可以是一种不相同或不对等的感觉、知觉、心理、情绪、意识、精神、观念、方法等等。

总之，A+B+……+N 的组合，不管是偶然性组合，还是必然性组合，绝不会是白白地、毫无效果和毫无效应的组合，而一定会发生一种新的事件，或新的物质，或新的能量，或新的功能，或新的联系，或新的感觉，或新的反应，或新的想法，或新的观念。不管是哪一种情况都是万有感应的结果。

人类所进行的一切研究，都离不开 A+B+……+N=X 的理论模型，A、B、C 等作为多种物质属性的变化、多种条件的变化、多种层次的变化或多种角度的变化必引起不同的感应结果。

正是缘于这种感应形式和万有感应定律，人类才利用各种各样不同物质及其功能的重新搭配与组合而创造和发明了新的东西。而这一切活动都无一例外地要借助万有感应定律实现的。

或许，这个万有感应定律正是古代中国人苦苦寻找的太极之道。“道生一，一生二，二生三，三生万物”这个解释太极之道的特殊数学公式模型，与万有感应定律的公式模型所揭示的宇宙发生发展和运行的规律是一脉相承的。

万有感应定律的直接推论便是万有意志定律。即一切物质通过万有感应都会产生特定的始于自我持存性、保全性、适应性和发展性的基本属性，并按照这个属性实现宇宙的演化和生物的进化。

彼得·希格斯提出的自旋为零的玻色子，被现代量子物理学称之为“上帝粒子”或“希格斯玻色子”，莱德曼更形象地将其称为“指挥着宇宙交响曲的粒子”。这个粒子符合量子物理学的量子场理论。在量子物理学中，微观粒子不管显示为波也好，粒子也好，都是实实在在的东西，并在量子场内正负关系的作用力冲击下产生了运动，也因此产生了新的能量，经由能量转化而演绎的无数实在之物，构成了丰富多彩的物质性大千世界。但在这个时间段里，我们只能认为只有上帝的意志的存在，而绝对没有人类的意志的存在，因为人类是在物质世界产生之后而产生的。人类的主观世界毫无疑问也是在人类产生之后发生的事情。

物质表现出来的各种现象总是以信息的形式通过神经感应而进入大脑并藉此演绎为意识活动，人类的世界观自兹而生。

二、动物的世界观

我们知道，亚里士多德关于灵魂的理论来自一个有趣的定义："灵魂是一切有机活动的根本原则，是它的力量和变化的总和。植物的灵魂只是一种营养和繁殖能力，动物的灵魂还有一种感知和运动的能力，而人的灵魂则是理智和思维力量的总和。"[1] 其中，动物所具有的感知能力必然使其在观察世界过程中在其大脑中形成某种反应，并由此形成简单的意志倾向或低级而粗浅的认知观念。

假如所有生灵都具有属于自己的"世界观"的话，那么，鉴于动物感知能力和感知特点的不同，动物们的"世界观"也必以其观世界的能力和方式的不同而不同。每一种动物都具有不同的生理特征，特别是感觉器官的构造各有千秋，感觉功能大相径庭，神经结构千差万别，大脑功能迥然有异，比如一些飞行动物特别是蜻蜓、鹰的眼睛构造及其功能远超过一般动物，狗的鼻子构造及其功能也远非人类可比，几乎所有同种属的动物都存在着感觉器官、神经结构及其反应功能的相同或相似性，这就造成了每一个种属的动物都具有相同或相似的大脑成像原理，而不同种属的动物则具有不同的大脑成像原理，从而使得同一种属的动物所形成的"世界观"也必然存在着大量相同或相似性特点，而不同种属的动物所形成的"世界观"也必然是相去甚远的；甚至不止于此，即便是共同生活在同一环境中的同一属种的动物，接触的客观事物虽然相同、相近或相似，但由于其感觉器官、大脑结构及其功能所存在的个体差异，其所形成的"世界观"也会存在着相应的差异。由此可见，在相同的生存环境下，同种属的动物总是以大致相同或相似的能力和方式感知世界和观察世界，因而也理所当然地会产生大致相同或相似的"世界观"，而不同种属的动物因其感知世界和观察世界的能力和方式的不同，也必然会产生迥然不同的"世界观"。

1　见于（美）维尔·杜兰特著《哲学的故事》，中国妇女出版社，2004年第一版，57页。

下面我们设想和评估一下某些特殊动物的“世界观”特点，比如巨蚌的“世界观”就比人类的世界观低级、狭隘和局限得多。根据生物学家的现行研究成果认为，巨蚌是一种贝壳类动物，它的眼睛极为简单，只是一些感觉细胞，状如一排深色的小点点，长在身体边缘，看不清物体，仅能分辨光线的明暗。那么，这样一种动物所感知的世界，与我们人类所感知的姹紫嫣红的大千世界，显然是不可同日而语的。除非在巨蚌身体上还有我们人类尚未发现的另类感知器官，否则，巨蚌所能形成的“世界观”便是极其低级、简单、粗糙而且非常有限的。

图 4–2 是巨蚌的世界观示意图。科学家研究发现，巨蚌的感觉器官是非常有限的，而且也是非常微弱的，其视觉只有明暗之分，对色彩几乎没有任何辨识能力。

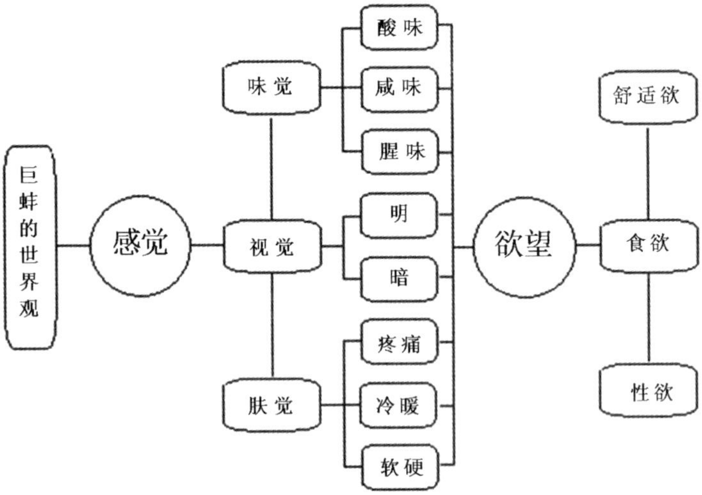

图 4–2 巨蚌的世界观

科学家目前尚未对巨蚌包括听觉、嗅觉等在内的其他感觉器官的觉知能力做出存有性的结论，但仅凭视觉功能的极度局限性，可知巨蚌对于世界的认识是十分简单的，其“世界观”也因此而被拘囿在极其有限的感知范围之内。它依靠感觉产生欲望，依靠感觉发现食物目标，也依靠感觉体验光线的明暗和水温的冷暖。在巨蚌的“世界观”里，只有食物、明暗、水温等几个非常有限的元素，其他色彩斑斓、气象万千的世界与巨蚌的感知世界几乎没有任何关系。

下面，我们再讨论一下猪的“世界观”及其形成过程和必然存在的基本特点。

图 4–3 是猪的“世界观”示意图，以此可以代表同一智能层级其他所有动物的“世界观”的形成过程和形成机理。

这里仅仅描绘了猪的外部感觉对于其“世界观”的形成过程所产生的作用和影响，而对其内部感觉及其过程未能借助图示反映出来。

我们知道，包括猪的食欲、性欲等在内的欲望形式最初总是先由内部感觉发生作用，而后才能通过外部感觉寻求目标并获取对内觉性欲望的满足和回馈。

所以，聪明的读者尽可以透过外部感觉图示的表面，而透视性地看到或想象到图示背后还必然隐藏着内部感觉的作用过程。

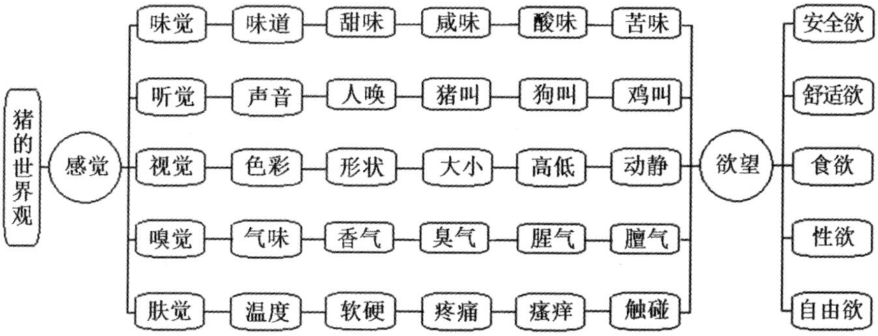

图 4-3　猪的世界观

从图中可见，猪借助外部感觉的五官形式所捕捉的各种信息都是为其欲望服务的。猪看到、听到、嗅到、闻到、触及到的事物影像、信息及其所形成的感觉，最终总要形成特定的信号系统，对它的智能活动产生提示意义和指导意义。而所有的信号意义，都是指向欲望的。欲望一旦发生，感觉便会成为满足欲望的感受器和导航器。

在图 4-3 中，欲望与感觉两个板块构成首尾相接的循环关系，就像我们看到的世界地图的平面展开图一样，左右两端是连续相接的关系。即包括安全欲、舒适欲、食欲、性欲、自由欲等在内的各种欲望与感觉中的味觉、听觉、视觉、嗅觉和肤觉是相通的，共轭的，联动的，互应的，欲望发生要有感觉参与进来并发生作用，而欲望继续向前发展，在寻求满足过程中也要有感觉帮忙，也要有感觉参与进来并发生作用。

通过以上的研究方法，我们据此还可以描画鹰的“世界观”、蛇的“世界观”等不同动物的“世界观”特点。从更广泛的意义上而言，凡是有神经的动物，都具有与其官能特点和神经特点相适应的“世界观”形成和演绎逻辑。即世界观与感知范围是对称对应、等值等效的关系，一种动物的感知范围有多大，其世界观便有多大；其感知能力有多强，其世界观清晰度便有多高。

我们通过对不同动物与人的世界观的对比，可以从更广泛的视角上认识人类的世界观和自己的世界观，并按照此一理论找到影响世界观形成和改变世界观的有效方法。

三、人类的世界观

皮亚杰认为，世界观是以想象为手段把感知编排在现有的意象中的结果。皮亚杰引述了一个例子：一个孩子说，她在晚上绕着村子走的时候，月亮跟着她。像这样的感知被整合进了世界观，以造成意义，这个世界观并非是纯粹物理意义的科学世界观，而是生物意义的人的世界观。对于从感知中搞出意义一事而言，想象是必要的。它把头脑中内在的自我意识看作主观，把外在的物质世界看作客观。

但作为外在物质世界的客观有一部分内容经过人类主观的改造而必然留下人类主观意志的痕迹或内容，比如金字塔、长城、房屋、街衢、楼宇等人文景观建筑以及各种机器、工具、书籍等等，尽管都留在了客观世界并业已成为客观世界的一部分，却渗透着人类主观意志的余温或遗痕。

我们把事物影像信息储存在头脑中的部分称之为内在主观，简称为内观。黑格尔将这种主观称之为主观精神；我们把通过人类意志支配自身行为而外现出来的主观意志或经人类改造而业已变成现实的主观，称之为外在主观，简称外观。外观的主观其实已经转化成了客观现实，是主观与客观的交集，也是主观世界向客观世界的回归。

比如人类业已实现的发明创造以及规划建设的一切都是外在的主观，也是一种经由人类主观转化的既成的客观，黑格尔将这种主观称之为客观精神。

人的世界观从这里可以继续往前发展，由于每个人所接触到和所感受到的客观世界的不同，大脑镜子映射的内容不同，也必然导致欲望方向的不同，思维材料的不同，意识活动的不同，这就使得每个人的自我意识也必然是大相径庭和各有千秋的。当人类自我意识下的世界观形成以后，转过身来向着上帝的方向寻求更大的更源头的真理，这样的世界观就是科学的世界观和宗教的世界观。黑格尔将这种真理称为绝对真理，也叫绝对精神。

所以，在这里，我们可以把人暂且理解为上帝创造客观世界之后，转而又创造主观世界的媒介性产物，是客观过渡到主观的桥梁和踏板。

对于人，除了生物意义的身体成长之外，我在此引入精神意义的“意识成长”的概念，亦即人类的意识随着身体发育的日趋成熟和个体见识的不断增长，也有一个与其同步成长和渐入佳境的过程。

在这个过程中，自我意识的成长特点尤其显著。

图 4-4 是人类意识形成机理与形成过程示意图。图中显示人的意识形成过程所经历的若干必不可少的环节，表明意识的形成必然经历外在客观事物在大脑中的投影过程和对这些投影的再次处理加工过程。

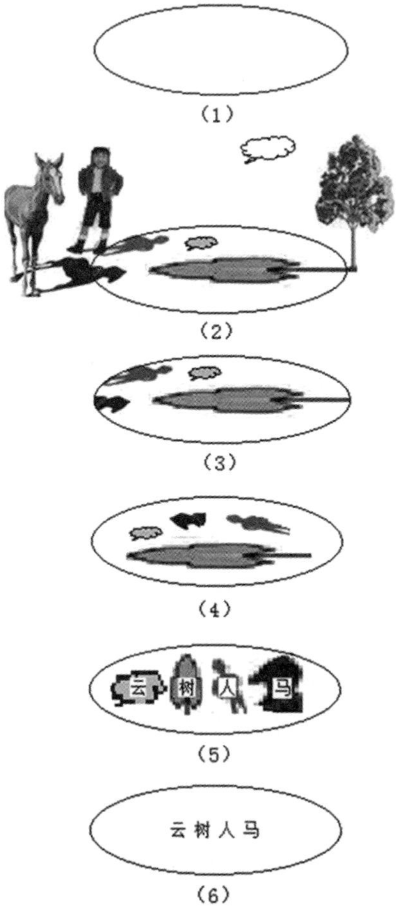

图 4-4　人类意识形成机理与形成过程示意图

这里暂且避开内部感觉及其内觉性欲望对于人类世界观形成的隐性作用过程，而仅以外部感觉为例。从图中可见，对于包括人、马、树、云等外界事物在大脑中的投影，有的可能是在同一时间里发生的，有的也可能是在不同时间里发生的，此图示所选取的投影过程是对不同瞬间定格的影像的叠拼。整个过程在不同时空序列中是处于不断运动和变化之中的。

图（1）代表人类出生之前的大脑，此时的大脑就像一台被闲置的照相机或录放机，虽然具备了先在性的映射功能，但在其出生之前由于没有任何影像信息投射其中，致使头脑一片空白，无法进入表象和加工程序。我描画的这个平面化的圆圈，象征着复杂的大脑结构及其功能，每个人都不要小瞧这个圆圈，因为这个圆圈足可以代表整个自我的主观世界，在其处在空白状态时，意味着其主观世界尚未形成。

图（2）代表的是人类出生以后的大脑，此时主体自我通过视听嗅闻触等五大感官窗口，将外界事物的影像映射其中，正式铺进脑区，这是大脑中出现意识活动最关键的环节，正是这些影像信息使大脑功能具备了可用来加工的基础性材料。

图中仅选取了视觉性影像，其他诸如声音、味道、气味、软硬、温度、涩滑等包括听觉、味觉、嗅觉、触觉等功能形成的信息由于难以描画在纸面上，所以一并以视觉影像的形式代替。从图中可见，那些投射到这个圆圈内的东西并非是真实的客观事物本身，而是客观事物的影子，而且只有铺进这个圆圈之内的影子，才属于自我的，才属于自我主观世界的，圈外的世界不论多么丰富多彩，也并不属于自我主观世界的内容，或者说与自我毫无关系。

图（3）代表的是主体大脑对客观事物映射其中的影像信息的存储或记忆，虽然客观事物已不在感官范围之内了，但其影像信息却留在了主体自我的脑区中。这是人类特定脑区所具有的存储功能和记忆功能。

图（4）代表的是大脑对影像信息的表象过程，表明大脑对于铺进来的影子具有重新连接、排列、组合和处理的表象功能。由于事过境迁，后期表象的影像与最初铺射进来的影像必然产生一些形态上或组合上的差异，既体现了人类大脑对于存储影像的再次处理能力，也体现了人类记忆功能的模糊性和残缺性特征。

图（5）代表的是影像向特定意义符号的转化过程，这个转化过程是在个体欲望的驱动下完成的，凡是与欲望有关的影像都会被赋予特定欲望指向的符号意义。每一个符号都代表了一种事物，每一个符号都代表了一种欲望指向，因此也都代表了一个特定的意义。

图（6）代表的是影像被完全抽象化之后的情景，此期影像的原有形象性渐趋模糊，并相应演变为抽象的意义符号。符号作为影像的代表，在形象思维的背景之下演绎着抽象思维。自此以后，以形象思维与抽象思维为两套马车的意识活动开始与人类生活越来越紧密地结合在一起，并按照欲望方向指导人类的行为活动。

外在客观事物在头脑中投射的影子是构成自我意识的基础材料。大脑通过对业已铺射进来的影子进行表象、黏连、拼接、叠加和重组，提炼并加工出具有特定欲望指向的理念或观念，并按照这种理念或观念构建出一个特定的自我来，构建出一个特定的自我意识、自我精神和自我境界。

可以说，自我就是大脑借助很多影子加工而成的特殊制品。但这样说，似乎只说对了一个方面，大脑作为整个自我的法人代表，其所获得的影像信息并不仅仅限囿于由外而至于大脑中的无线传导性映射，即并不局限于没有神经与外部事物直接相连接的隔空映射，还有一个方面在此图示中并未列示出来，这就是由内而至于大脑中的有线传导性映射，即由特定神经元构成的神经纤维像导线一样而与大脑直接相连接的实时映射，包括饥饿感、臌胀感、痛感、瘙痒感、眩晕感等信息都是在人体内部通过神经导线传递给大脑的。

这些信息虽然没有特定的形象性，但它们传导到大脑之后而直接对大脑中其他影像资料或表象资料产生影响，并赋予这些影像或表象所代表的客观事物以欲望意义，因而这些来自于人体内部环境中的信息也是构成自我意识的基础材料。

但外在影像信息对自我意识的形成具有决定性影响。影子的意义产生理念，诸多影子的纠缠、振荡、联接与整合产生自我，这与柏拉图的影子世界存在着本质的区别。

柏拉图认为，我们在世间的所见所感，只是存在于另一个崇高灵魂界中的完美形体的影子。柏拉图的影子是先置的理念投射于世间的影子，他认为世间的一切事物都是理念的影子。

而我则认为，在主观世界可辐射的范围之内，世间的一切都是真实存在着的，只有投射于我们头脑中的东西才是影子，理念就产生于大脑按照欲望方向对这些影子及其意义的重新排列组合之中，产生于大脑对这些影子及其意义的不断黏连、拼接、叠加和提炼所获得的具有特定欲望倾向性的观念之中。柏拉图阐述的理念是关于客观世界的理念，其形成于影子之前，我这里阐述的理念是关于主观世界的理念，其形成于影子之后。

事实上，我在欲望动力心理学理论中对于人类的觉性认知能力，还在传统五种官能的基础上增加了性觉、情觉、理觉、悟觉、灵觉、便觉等另外六种觉性能力。其中性觉能力和便觉能力是几乎所有动物都具有的能力，情觉在较高级动物身上才会有所体现，而其他包括理觉、悟觉和灵觉能力唯有人类所独有。这后六种觉性能力对于人类世界观的形成具有极为重要的影响，正是这些内在的觉性赋予了外来影子以特定的欲望意义。

不管是人类情感关系的形成、理性原则的确立、思维活动的延展、灵感悟性的迸发，都是大脑借助客观事物之间特有的相互关系而对相应的影子进行表象、连接、排列、调整、重组和抽象的结果，并力求与外在客观真理性达成一致。但这并不是非常容易做得到的，或顺或逆，或成或败，都会在由此而形成的意识活动过程中体现出来。这就不可避免地会影响到自身的欲望系统，并进而影响到整个神经系统和生理系统。于是情感活动便会在这种纠缠与振荡、胶着与碰撞中产生出来，并对意识活动产生反作用。

几乎与此同时，理性和灵性等更高级、更复杂的意识活动也便应激而生，并最终从更高的视角上找到突破口，进而实现与外在客观真理性的契合与统一。我在人的世界观图示中之所以没有将这些内容列入其中，主要在于我提出的这后六种觉性认知能力尚未在学界达成共识，所以未予贸然骈列。

从图 4–4 中可见，人类脑区如同一片特殊的土地，客观事物铺进脑区的影子，如同播进去的种子一样，可以在脑区的土地中长出意识。从这个意义上看，我们头脑中的所谓意识不过都是外在事物的影子所创造的世界，影子与外在客观世界的完美对应、契合、复原与回归则是意识的最高境界。不能对应、契合、复原与回归的便是谬误的，便是不切实际的空想。相反，能够对应与契合的，便可以被称为真理，能够复原与回归的，便可以称为执行与落实。

同时，图 4–4 更形象地告诉我们，人类意识是后天形成的。只有神经功能和大脑功能是先天形成的。神经功能和大脑功能构成了人的智能空间，并具有特殊的坐标维度，对于来自于眼耳鼻舌身等感官映射的各种信息总是自动分置于不同的坐标位置或区域之中。不同的人，由于脑区坐标各经纬度位置或区域的组合成分、结构特点以及基本墒情存在着一些这样或那样的个体差异，所以导致后来形成的意识能力也会有所不同。

我们在生活中看到某些人具有某种天赋和特长，而另有一些人却明显技不如人，其根本原因就在于这种天赋的智能性差异上。

比如，有些人对于来自于听觉的声音信息格外敏感，而另有些人则对于来自于视觉的形象、色彩的组合记忆超强，前者可能会在音乐方面显示出独有的特长，后者则在文学、绘画、设计等领域卓尔不群。这就是说，意识虽然不是天赋的，但它却深受天赋的智能的直接影响和驱策，后天的努力只能增加影子信息的数量和提高影子信息的质量或清晰度，为意识活动提供更多可供选择的基础材料和精准判断的可能性，也为天赋的智能提供更多的运转和锻炼的机会，但不能从根本上改变智能的运行机理和运行效率。

换句话说，智能具有不可改变的先天性，是自然力或客观意志在大脑中的特殊体现，意识具有不断变化的后天性，是思维力或主观意志在大脑中的特殊体现。先天的条件和后天的努力共同成就一个人的基本素质。

同时，我们还应该看到，记忆作为先天性智能是决定后天性意能水平的关键一环，因为通过记忆获取的影像信息数量和影像信息质量对后天性表象、联想、想象、思维和抽象等意识活动水平具有决定性和基础性作用。

我们之所以能够成为万物之灵长，就在于（作为功能体的）上帝先天地赋予了人类超强的记忆力，这一点，是其他动物无法与人类比美的。

人类的学习能力首先表现在记忆能力上，我们要想开发智力，就必须首先增强记忆能力，只有让大脑存储更多数量和更高质量的影像信息，才能使意识活动获得必要的基础性和资料性的条件保证。外界影像信息被存储于大脑之后，人类意识活动才正式获得了启程的条件。

其中，表象是意识活动的第一发展阶段，每一个表象都是一个特定的意义符号的再现，含有方位、大小、用途等欲望指向性意义。表象阶段以回忆为主，头脑中出现的表象约等于对初始映射并存储的影像的复制。但随着时间的推移，大脑健忘功能依据表象内容的欲望意义大小、清晰程度或深刻程度会使表象在数量和质量方面发生变化，欲望意义深刻的表象留存的时间更长久，更清晰，而欲望意义不大的表象，其留存的时间更短暂，更模糊，这样，在整体上看来，随着时间的推移，记忆的表象资料越来越少，其清晰度越来越差，越来越模糊不清。

联想和想象是意识活动的第二发展阶段，是借助于表象来完成的，是对于头脑中既有表象的重新排列与组合。此时头脑中呈现的表象按照特定欲望方向翩翩起舞，纠缠振荡，并进行全新的搭配、组接、交叠和黏连，与最初形成的影像相比，必然发生某种变形或变异，甚至可以藉此产生一种新的形象。

这个过程即是形象思维过程，新出现的形象可以是多个表象在欲望方向上进行纠缠、振荡、叠加和拼接的结果；而新出现的形象的意义也必然是多个表象按照特定欲望意义的重组。

这就意味着，联想和想象已经比表象更进步了一层，新的形象已经超越了简单的表象意义，合成或拼接出了新的意义，而且这个新的意义，要比某一个或某几个特定表象的意义更丰富了，更深刻了，更灵动了，更具有了事物的关联性意义。

抽象是意识活动的第三发展阶段，是根据事物之间特别是内部感觉信息与外部感觉信息之间的关联性意义而将表象、联想或想象的形象性外衣尽力脱去，只留下内在本质性意义。

这个过程就是抽象思维过程，也可以简称抽象过程。抽象的本质源自于人性的本质，源自于个体自我对于人性本质的必然回归。更准确一点说，就是源自于人类内部感觉信息及内觉性欲望的非形象性对应、对接、对称、反馈和反哺，这是一种最低层和最本初意义上的回归与酬偿。

因为一切出现在内部感觉中的饥饿、干渴、瘙痒、麻木、疼痛、疲倦、困顿、紧张、轻松、平衡、舒适、自在等这些最内在、最底层、最本源的自我性信息，最初都是非形象性的，都是抽象性的。所以，出现在外部感觉中的形状、色彩、大小等一切具有空间维度的形象性信息，只有在被大脑思维功能进行本质性抽象之后，才能在特定欲望意义的层面上与内部感觉中的抽象信息实现有效呼应、有效对接、有效反馈和有效回归。

只有到了抽象阶段，人类思维才能进入理性层次。人类意识活动既需要形象化的思维过程，也需要抽象化的思维过程；意义与形象的关系经常分分合合，形象思维与抽象思维必须交错使用，人类意识的飞鸿才能展开翅膀，越飞越远，越飞越高。

从图 4–4 中可见，对于人类自我而言，特别是对于人类大脑而言，从外在事物中顺着感官的窗口投射进来的影子构成了人类意识的原始材料，形成意子，意子就是影子的含义。意子的纠缠、振荡、黏连、拼接、重组即构成了意识活动本身。每一个意子都可以化成特定的语言符号，如“人”、“马”、“树”、“云”等。

这就意味着，汉语中的每一个字差不多都等同于一个意子，英语中的每一个单词也都相当于一个意子。人的意识过程可以被理解为表象、联想、思维的过程。

意识来自于影子，没有影子，意识便不会产生，也不会存在，更不会发展。智能无异于执炊的巧妇，但俗话说“巧妇难为无米之炊”，只有具备了这些影子，才具备了可以下锅的粮米，意识之炊才能被推动出来。影子与欲望的关系越密切，影子的数量越多，影子的品种越全，影子的质量越好，影子的清晰度越高，亦即意味着粮米品优量足，可供选择的余地越大，意识之炊也便越容易做得来和做得好。影子决定意识，影子按照欲望方向进行表象、连接和重组即是意识的全部内容。

影子是客观世界投射的影子（信息），因此影子按照欲望意义进行拼接与组合形成了主体自我对客观世界的基本看法，这就是世界观。

所以，大脑中如果没有映射世界的影子便不会产生世界观，世界观本自于观世界。

人从一出生开始，便进入了影子世界，就像一架长着腿的照相机一样在世界上来回穿梭，并将随机遇到的客观事物映射到脑海里，构成一个包罗万象的影子世界。

所谓博见多闻或见多识广的人也不过是脑海里比一般人映射并存储了更多的影子而已。由于各地区自然环境和社会环境的不同，包括地质风貌的不同，海陆气候的不同，风土人情的不同，文化习俗的不同，宗教信仰的不同，种族语言的不同，教育方式的不同，更使得生活在不同地区的人，其脑海中所映射的各种影子也存在着明显的这样或那样的不同。这种不同不仅仅体现在所映射的影子的多少上，也体现在影子的品类、种属及其象征意义或欲望意义上。

南方人与北方人，海边的人与内陆的人，山区的人与平原的人，城里的人与乡村的人，信仰基督教的人与信仰伊斯兰教、佛教或印度教的人，接受过现代科学教育的人与未曾读过书的人，其头脑中的影子世界的构成具有显著的不同，其世界观也理所当然地存在着这样或那样的明显差异。

就是说，你头脑中映射了什么样的影子，你就会产生什么样的观念或信念，并按照这一观念或信念去行动，去追寻。对一个人施教的过程，其实质就是将什么样的影子铺进他的头脑的过程，施教者总是按照自己的目的编制教材，总是按照自己的世界观施教于人。

美国人的世界观与朝鲜人的世界观必然存在着很大的不同，彼此信奉的东西很难产生足够多或足够大的交集与共鸣。

世界观的方向既与欲望的方向相符合，也与影子所蕴藉的真理性相一致。头脑中诸多影子的表象、连接、互动和重组总要以与外在事物的客观真理性相符合而为终极归依。世界观的欲望方向性和影子真理性契合一致时便会产生坚定的信念或信仰。凡是不能契合一致的便会被扬弃，凡是契合一致的便会被尊崇。

康德也曾经指出："真理是建立在与客观相一致的基础上，因而就客体而言，每一个知性的判断都必然是相互一致的。所以检验视其为真是确信或只不过是置信的试金石是在外部，即它的传达的可能性，以及这个视其为真对于每个人的理性都被认为有效的可能性。”[1]

客观事物丰富多彩，但并非所有的客观事物都有机会而映射于自我感官智能的窗口，那些没有在自我脑区投射影子的客观事物属于他在性客观，不属于自我主观内容，智能对于自我意识而言不过是他在性的客观临时借用给我使用的工具，你珍爱自己的先天性的身体或智能，就像珍爱一个属于你的工具一样，被动的工具不代表你本身，而只供你使用，供你欣赏，供你摩玩。

真正代表主体自我的是后天形成于自我脑区的影子，因为，只有铺进自我脑区的影子及其所裹挟的欲望意义才属于自我主观的内容，而且也只有这些铺进来的影子及其所裹挟的欲望意义才能使我知，使我智，使我喜，使我忧，使我快乐，使我痛苦，使我欣慰，使我烦恼，使我愉悦，使我抑郁，使我明是非、识善恶、辨美丑。

正是这些影子及其所裹挟的欲望意义教会了我做人、做事、通情、达理、思考、判断、推理、谋划、决策，并使我拥有了与外部世界实现有效对接的基本标准和基本遵循。

我即是活在欲望中，也是活在影子里。没有这些影子我活不下去，没有这些影子我虽生犹死，没有这些影子我寸步难行，没有这些影子我不知道自己是谁，没有这些影子我不知道自己在哪里，我不知道谁属于我，我属于谁，我从哪里来，要到哪里去，我会因此而失去了方向，失去了位置，失去了时空坐标，失去了整个自我。

包括人等在内的一切动物都或多或少地具有“同类相知”的认识能力和交流能力，其原因不限于同类者的内部感觉形式和外部感觉形式具有天赋的共性特征，也包括其欲望形式和欲望层次的递升过程遵循着共同的规律和原理，其大脑中映射的影像信息所激发的欲望意义具有一致性，而“同类相知”正是在这种一致性基础上建立起来的可以实现互联互通的感应性、认同性、会意性，甚至领悟性。

正是因为有这些影子映射进来，才为我设定了自身存在性的坐标系和参照系，才让我找到了我存在的位置和我要去的方向。

所以，影子及其所涵盖的意义即是自我意识的全部内容。

我们倍感真实存在着的自我不过是穿梭并交织在影子中的幽魂。我们的理性不过是在影子世界中寻找符合欲望方向的秩序、逻辑和标准。

这听起来似乎多少有点令人遗憾，但我们每个人确确实实活在影子中，并

1　康德《纯粹理性批判》，人民出版社，2004 年 2 月第 1 版，p621-p622。

以影子的独特组合作为决定自我存在性和决定自我方向和地位的主人。

当你获知你的主人是你头脑中的影子的时候，你或许会瞪大双眼，惊诧不已，绝不敢相信这是真的，但我要告诉你，经过我严密的推理和演绎，我们每个人自我意识的真正主人确凿就是一个影子或一连串影子的有机组合。这一点，千真万确，没有什么好怀疑的。

“影子自我”理论一旦被推动出来，便会对传统心理学关于意识、世界观和自我意识的经典论述产生一次重创，并在这次重创中看到奇迹诞生的火光。

影子自我使我们活在这个世界上自始至终都特别地在乎自己头脑中的影子。那些关于亲人的影子、伴侣的影子、同学的影子、同事的影子、领导的影子、朋友的影子、敌人的影子，都经常地和连续不断地萦绕在我们脑际；那些象征着自我利益、价值、地位、身份、名誉或舆情的影子，都经常地和连续不断地盘桓在我们心头；那些用以满足或阻碍满足我们各种欲望的万千事物的影子，都经常地和连续不断地牵动着我们的神经。

我们总要为大脑中映射的这些影子或这些影子的表象所呈现的意义而犹疑、纠结、烦闷、焦灼、躁动、忧虑、惊惧、愤怒、伤感、痛苦或兴奋、喜悦、快乐、欣慰，并为之感怀，为之牵念，为之思考，为之筹谋，为之行动。我们甚至不怕死，不怕自己的身体消失了，但就是怕头脑中的影子全部消失了，不再映射，不再复现，因为这些影子的消失就意味着灵魂的消失、意识的消失、精神的消失，甚至意味着整个自我的消失。

植物人虽然具备生命气息，但已经不具备对于影子的映射能力和表象能力，其先天的身体及其器官还在，而后天铺进脑区的影子却迷失了，因此也就没有了自我意识，没有了确定自我存在性的坐标。即便一个人即将死去，他惦记的也往往不是他自己的身体，而是他自己头脑中闪现的各种影子，或恨自己壮志未酬，或怨自己春晖未报，或怜自己子女尚小，如此等等，都是自己身体和智能以外的影子，都是大脑中早已形成的关于外在事物的影子，对于亲人产生的眷恋或伤感，也无过乎因为自我不能让亲人继续投射更多的影子而产生的遗憾和抱恨。

再看看社会上那些熙熙攘攘的人群吧，某人得意洋洋，某人忧心忡忡，某人傲气十足，某人谦卑有加，某人踌躇满志、意气风发，某人抑郁寡欢、神色沮丧……探究个中原因，都无过乎外在事物铺进他头脑中的影子在作祟，在摇曳，在纠缠，在振荡，在黏连，在交织，在叠加，在重组，在整合。

正是这些后天投射于特定脑区中的影子，在对自我发生着某种特定的影响作用，正是这些后天投射特定脑区的影子所形成的“自我”，才促使他变成这个样子的。

换句话说，支撑和驱策他产生如此这般神态和如此这般行为的，就是他头脑中业已映射的影子。

所以，这般看来，谁都没有什么了不起，谁都没有什么大不了，只要你想到这一切都是影子在作怪，在活动，在支撑，在产生作用，那就不应该再有什么事情令人想不开、搞不通，也不应该依仗影子而张扬，而欣喜，或为了影子而忧虑，而悲伤。

当然，人类世界观的形成虽然是后天的，但其形成的早晚和形成的高度，则显而易见要受到先天智能驱策作用的推动和影响。

图 4–5 是人的世界观示意图。由于我本人绘图水平十分有限，对于人类内部感觉及其内觉性欲望的隐性作用过程暂且未能做出可视性的图示性描摹，而只能将外部感觉及其外觉性欲望的作用过程借助图示揭示出来。

事实上，仅有内部感觉而没有外部感觉，人类便无法“观世界”，因而也无法形成“世界观”，同样的，仅有外部感觉而没有内部感觉，那么外部感觉便会失去内觉性欲望最根本的和最底层的驱力，以致彻底失去作用方向，失去作用意义，最终使外部感觉成为无原无由的多余的存在。

所以，世界观的形成过程实为内部感觉和外部感觉或内觉性欲望和外觉性欲望相互对立、相互矛盾、相互补充、相互映衬、相互统一和相互作用的结果。我在图 4–5 中暂且抛开内部感觉及内觉性欲望的隐性作用过程，而仅以外部感觉为例，展示了人的世界观的形成过程。人的世界观相对于动物的世界观，已经大大向前发展了一步。主要表现在，自产生欲望以后，在对欲望目标的求索过程中产生了复杂的意识活动，并最终产生了自我意识以及精神和信念。

下面我就对图 4–5 做出更详细的解释。

人的世界观在其形成的初始阶段与动物世界观的形成原理相类似，都是在内部感觉和内觉性欲望发生作用的基础上，借助外部感觉的窗口而映射外在客观事物的影像信息，并通过这些信息与内部感觉信息的相互对接、相互补充、相互交织和相互作用而获知世界的整体模样。

但外在客观信息包罗万象，只有与欲望有关的信息才能被赋予特定的意义而上升为主观信息。特别是在欲望目标确定之后，目标信息的欲望意义变得鲜活生动起来，人的感觉从外在环境的整体面上聚焦到了目标的一个点上，并通过视听嗅闻触等各种感觉形式而获取更多的目标性信息。围绕这些目标性信息

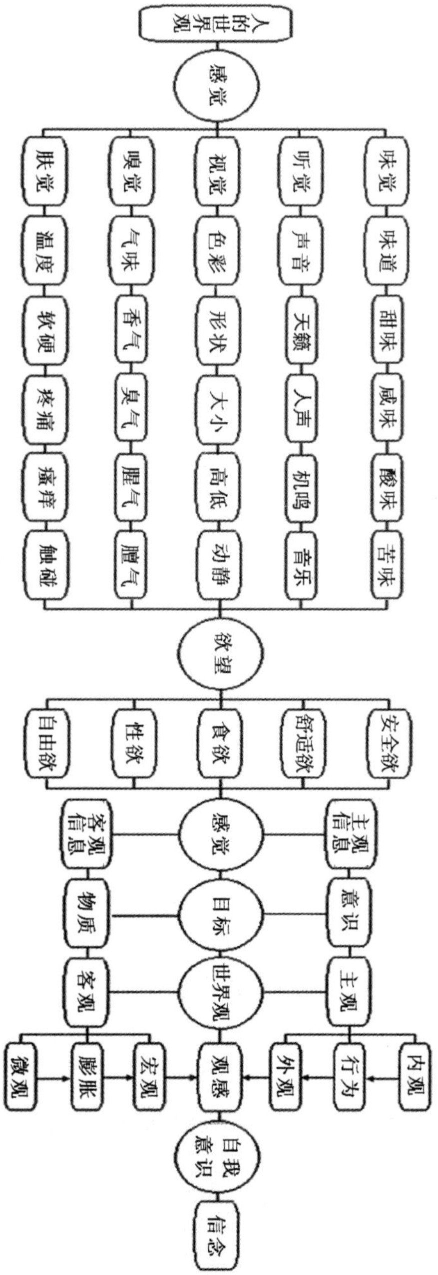

图 4–5　人的世界观

（影像材料或表象材料），主体意识在欲望方向上被全面激活。

关于目标以及与目标环境相关的事物影像或表象不断纠缠、振荡、跳跃、碰撞、连接、交叠、变形与重整，最终形成一种看法，这便是人的世界观形成的基本面。

沿此深入下去，从世界观的基本面出发，人对于世界所产生的整体印象亦即整体观感，呈现出对立统一的两个世界，一是主观世界，二是客观世界。主观世界的内在主观亦即内观最终总要努力突围出来，通过表情、语言、动作等行为形式反应出来，并借助行为形式而兑现和落实到客观世界上，从而形成外在主观亦即外观。外观是主客观两个世界的毗连性固着点。而客观世界则作为主体存在的自然环境，从无法被感知的微观世界开始，由小而大不断膨胀开来，并最终膨胀为无限的宏观世界。

在微观与宏观之间，存在一个与人类感觉阈和智能阈相契合的宇宙，只有这个宇宙的内容，才能被人类所感知，超过这个阈限，便不再对人类的世界观产生作用和影响。

人类自始至终生活在先天所赋予的具有特定维度的感觉阈限之中，如若按照五种感知官能来计算，人类即生活在五个觉性维度当中，包括视觉维度、听觉维度、嗅觉维度、味觉维度、触觉维度。显而易见，这个属于人类所特有的觉性空间是从四度物理空间中分割出来的五度空间。

每一个人其实都活在感觉世界当中，而感觉世界并不直接等同于物理世界，其仅仅是人类个体自我凭借感官武器或称之为感觉剪刀从物理世界当中分割和裁剪出来的一部分。

当然，按照超弦理论证实，我们所生活的宇宙空间实际上具有 11 个维度，其中大部分维度是我们凭借五官功能无法感知的。我们只能从这 11 个维度当中凭借五种感觉切割出五个觉性维度，并藉此建立了我们的主观世界。

同时，按照我的欲望动力心理学的描述，人类除了上述五种觉性官能之外，还具有便觉、性觉、情觉、理觉、悟觉和灵觉等官能形式，如此说来，人类的觉性空间还远不止于上述五个维度。人既活在特定阈限的物理维度当中，也活在特定阈限的感觉维度当中。

感觉维度与物理维度的交接点即为主客观两个世界的奇点或主客观两个世界的边界。

人类的世界观全部是在觉性空间中形成的。有什么形态的觉性空间或者有多么宽广的觉性空间，便会形成什么样的世界观。

人类世界观形成以后，方才产生整体的和具有明确倾向性的意识以及自我意识，并在自我意识中确立了完全属于自己的精神和信念。图 4–5 中的箭头表明客观世界从微观经膨胀过程而向宏观再向感观，以及主观世界从内观经行为过程而向外观再向感观发生发展的顺序。主观世界与客观世界最终在感观的奇点处契合，再向前发展，便只能是纯粹主观的自我意识、自我信念和自我精神。

其中，图示的第一个纵列味觉、听觉、视觉、嗅觉、触觉五项属于智能项（实际上，人类感觉并非仅限于图中所列的五项。根据我的研究，还应该包括性觉、情觉、理觉、悟觉、灵觉和便觉，其中便觉还可分为大便觉和小便觉）；第二个纵列为客观事物属性项，简称客观项。触觉映射的信息包括温度、硬度、疼痛、瘙痒、触碰等皆可视为并列关系，视觉各项包括色彩、形状、大小、高低、长短、动静等也可视为并列关系。其他包括味道、声音、气味三个客观项，自左而右所列明的各种属性分别包含在其客观项之内。所以，这些在图形大小上有所区别，以示包含关系。

图中圆圈项是世界观形成的关键环节，其中在欲望之后重复性出现的感觉项在此特别值得一提，表明感觉不但对于欲望的产生具有启动作用，而且主体在寻求欲望满足过程中也必须通过感觉的提示，才能对欲望目标做出比较和选择，相当于利用感觉功能在外在环境中锁定目标，并将感觉聚焦于目标之上，以达成对目标的整体属性的知觉性认知，而人类的意识正是在这个环节上开始活跃并全面运行起来了。

不管是意识、世界观或自我意识都是借助于自身所具有的天赋的智能和外在客观事物所具有的影像信息而在大脑中纠缠振荡后形成的。鉴于客观事物的多样性、复杂性、变化性和无限性，人类对于外在影像信息的映射和吸收，是永无止境的，这就意味着，人类的意识、世界观和自我意识也是永远处于无休止的发展、成长和成熟过程中，只要生命不息，这个过程就不会停止。

所以，作为后天性的意识、世界观、自我意识，只有不断发展的过程，永远没有最终定型的不变的结果。

第五章 关于上帝创世说的另类解读
——宇宙第一推动力的最新发现

讨论世界本原问题，神学有神学的解释，哲学有哲学的解释，物理学有物理学的解释。但不管哪一种解释，只有最终在物理学上找到可以复制的实验证据，才能得出令人信服的答案。

我们所处的这个浩瀚而奇妙的世界实际上是由可感可见的物质体、可感而不可见的功能体和可信而不可见的精神体所构成的，而且三者并非并列关系，而是次第衍生关系：功能体居先，物质体居中，精神体殿后。

一、宇宙的功能与功能的宇宙

不错，自古以来，人们讨论世界本原问题，都是置身于“有”的世界里并站在“有”的视角上和立场上论道的，所争论的焦点基本上都是“有”的产生、运动和变化规律；如果按照对等原则来考量，我们有理由凭借思维的触角将自己投置于“无”的世界里并站在“无”的视角上和立场上来阐述“无”的产生、运动和变化规律。

但这样的论道方式尽管平等却是我们人类所无能为力的。即便有上帝存在，那么上帝一旦以“有”的身份出现，便背离了对等原则，便失去了平等论道的资格。除非，在“有”与“无”之间存在着一种居中而至上的东西，就像一个公正的法官一样，平衡着“有”与“无”之间的所有问题。

这个公道的东西不是别的，就是“道”、“心”、“理”、法”、“力”，就是先于事物并创生事物同时又借助事物演绎的功能，是隐于宇宙各种现象背后的功能体。

考察现代物理学特别是霍金的最具代表性的研究成果，仿佛已经清楚地证明了宇宙的诞生源自于一场能量性大爆炸。这就使我们有理由把能量认定为现行物质世界产生的第一推动力，再往前推，似乎很难再找到更极限和更令人信服的本原。事实上，我认为过早地下这样的结论未免显得草率，因为能量也可以理解为纯物质的东西，虽然看不见，却可以凭借理论数学方法或相应仪器媒介测量出它的精确数值。

1. 功能在先原理

从能量开始继续向上推演，我们还会发现什么呢？还会发现一种高于它之上的新的东西在那里隐藏着，这个东西不是别的，而是功能——我在这里所说的功能不是单单指向那种后置于物质并由物质所产生的功能，而是特指先置于物质之前并能够转化到物质上或赋予物质具有某种特定功能的功能。任何物质（或任何非物质）都具有某种特定的功能。换句话说，一个特定物质的产生必源自于某种特定的功能，正如现行宇宙的产生必源自于一场类似于能量膨胀或大爆炸的功能。

我将宇宙演变过程中发自于某种特定衍生性物质之前的功能及其作用的先置性存在，称之为功能前置原理或功能在先原理。

比如雪花产生之前便有水和温度的功能及其作用的先置性存在，孩子产生之前便有父母生育功能及其作用的先置性存在。尽管这个先置性存在的功能也寄身于某个特定的物质或物体之中，但这个物质属于先物质，后来派生出来的物质可以被视为后物质，先物质所具有的先功能，往往在后物质中得到遗传、继承和发展。

功能不但有先后之分，也有大小之别。一切功能都是有限的功能，不止于被赋予物质之上的功能，如海浪的冲击力、地震的破坏力；也不止于通过人工制造而被赋予特定物体上的功能，如桥梁的承载力、火药的爆炸力或者放大镜、显微镜的缩放功能、空调的制热或制冷功能；还包括被赋予人体之上的功能，如视听嗅闻触等五官功能，等等，都是有限的功能。

功能的有限性决定了人类生存能力的有限性、认知能力的有限性、思维能力的有限性、社会发展的有限性。

但以功能的有限性并不能否定宇宙的无限性，因为一切功能都可以促成并体现于能量的相互转化，而转化是连续的、不间断的，人类正是借助于能量所具有的这种连续的、不间断的转化特性而不断使某种特定的有限功能得到不同程度的延伸、拓展和异化，并藉此达到无限循环的永恒。这个过程本身即包含着人类不断创新和发明的过程。

正是这个功能体创生和演绎着宇宙中的一切。黑格尔拘囿于当时的科学背景，没有采用功能体的概念解释宇宙的本原问题，他提出了绝对精神这样一个本不具备自然科学含量特别是物理学意义的模糊概念并赋予了它一大堆内含，他认为绝对精神是万物最初的原因与内在的本质，先于自然界与人类社会独立存在的永恒实在的神秘精神力量，是宇宙之源，万物之本，世界上的一切都是绝对精神的外在表现。

绝对精神先后表现为主观精神（个人意志）、客观精神（社会意志）与绝对精神（先在意志，类似于我在本书系中所提出的客观意志）。它不是个人的精神，也不是人类的精神，而是整个宇宙的精神。绝对精神发展到一定阶段，才“外化”出自然界和人类社会。

正是绝对精神带有特定倾向性的发展和运动产生了万事万物，包括人、人类社会和人类意识，世界的运动变化及其现存形态乃是绝对精神不断发展的结果。甚至认为人的认识并不是对客观物质世界的反映，而是客观精神的自我认识。

这种客观精神，在古希腊柏拉图那里叫作“理念”。柏拉图认为宇宙中存在着两个世界，一个是理念的世界，一个是物质的世界。理念的世界是永恒不变的真实的存在，是第一性的；物质世界是由理念派生出来的，是不真实的，而是理念世界的影子。

中国宋代的朱熹提出的“理”的概念，也属于这种客观精神。他把理说成是第一性的，是产生宇宙万物的本原。他说：“未有天地之先，毕竟也只是理，有此理，便有此天地。若无此理，便亦无天地、无人无物。”[1] 以上这些论述都是把精神看作是第一性的，物质是由精神派生的，是第二性的，这同“上帝创世说”本质上是相同的。与其用主观精神、客观精神、绝对精神、理、道、法等这些模糊概念来解释宇宙之源问题，不如借用经典物理学的功能的概念来得更直接、更简单、更明确，并具有可考察甚至可计算的实在性。

按照这个观点来看，物质世界并非柏拉图的理念世界的影子，而是功能世界的影子。功能驱动功能，被驱动出来的是同样具有特定功能的物质，这就是说，一切物质都是无形的功能演绎、转化和创生的有形载体，是功能存在的外衣和

1　引自《朱子语类》。

假象，这个有形载体、这个外衣和假象便是功能的影子。功能世界演绎和创生了物质世界，物质世界在大脑中的投影构成了人类的意识及意识活动， 所以，我们人类的主观世界则是功能的影子的影子。而且，更为奇妙的是，这些影子是运动的、连续的、循环的和不断变异的。

功能世界以其特有的功能创造了物质世界之后，又继续借助物质世界而转化和外化其一部分功能。这就是说，物质世界的功能是功能世界的功能转化的一部分，且与功能世界的功能是连续的和循环的。比如，大脑便是功能世界借助物质世界连续演绎出来的特殊的物质世界，是功能世界通过物质外化出来的一部分功能的体现，与功能世界的功能是一致且相连的，接下来，大脑还有大脑的功能，大脑的功能是对物质世界做出这样或那样的反应，演绎出意识活动，形成人类的主观世界；再接下来，主观世界还有主观世界的功能，可以借助意识活动指挥神经智能并支配躯体将主观意志转化为客观行动，如此层层相演，最终以循环往复的形式回归太初。

如果有人认为大脑是功能世界的功能直接演绎的结果，那么，人类意识活动便是功能世界的功能的功能；如果有人认为大脑是物质世界功能直接演绎的结果，那么人类意识活动便是功能世界的功能的功能的功能。而如果再接着说下去，人类意识活动还具有其特有的功能，不但直接反映这个物质世界，还能分析和统摄由大脑表象所形成的精神世界的内容，并借助自身的肢体活动功能，还能改变物质世界的物理状态，这就充分体现了宇宙功能体所具有的连续性和循环性特征。

人并非活在纯粹的物质世界中，而是活在特定的功能世界里，且以特定功能的形式展示自己的存在性，是宇宙功能体链条中衍生出来的一个特定环节。人不但靠着物质的功能活着，而且也靠着自身的功能活着，靠着自身的功能与外在物质的功能不断运行转换和互通互动而活着，人本身就是一个特殊的功能体。

就是说，人既是活在他在性的功能世界里，也是活在自我性的功能世界里，他在性的功能世界与自我性的功能世界连接在一起便是整个功能世界。

很显然，这是一个由功能或能量构筑的世界，由功能或能量主宰的世界。试想，人如果离开了视听嗅闻触、吃喝拉撒睡、感记思言行等功能，离开了神经反应功能，离开了生理循环功能、新陈代谢功能、肢体活动功能，离开了物质世界的能量转换功能，就绝对不可能成其为人了。

我们通常说人是智能人，其实也当然可以称之为功能人。其他包括动植物等一切生物也都是以特定的功能形式存在的，甚至包括有机物、无机物等一切无生命的物质，也都无一例外地以其特定的功能形式存在的。离开了功能，一切都没有了存在的意义。

这是一个由功能支撑的世界，由功能主宰的世界，由功能联通的世界，由功能演绎的世界，由功能创生的世界。

功能创生了物质，也创生了精神。宇宙功能体是万物的本原，这个世界既不能推定为物质一元的世界，也不能推定为精神一元的世界，更不能推定为二元并列或三元并列的世界，而是功能体一元的世界。

我甚至有理由认为，二元论产生的根源和基础在于人类主观性自我与物质客观性他者的对立性并存关系。人作为观察者为一元，物质世界作为被观察者为另一元，二者之所以统一在一起则在于观察者与被观察者的不可分割性，离开其中任何一者对于人类来说都是不可想象的。这说明主观和客观都是构成眼前世界不可或缺的组元。但在量子世界的隐微之处，二者却以奇点性存在方式而合二为一，所以一元论必然成为宇宙统一理论模型的终极版本。

宇宙中一切物质或非物质特定的功能并非该物质或非物质产生之后才出现的，而是在该物质或非物质产生之前，这种功能属性就已经存在着了，只不过是随同物质或非物质的产生而一并被赋予其中罢了。比如对炸药这种物质来说，并非是炸药产生了爆破力，而是特定功能赋予炸药的能量具备产生爆破力的本性。

我们还可以考察一下人制造和生产汽车的过程，在汽车未被制造和生产出来之前，汽车所具有的快速奔跑功能其实早就经大脑提前设计好了，而不是有了汽车之后才有了对这种功能的发现和设计，其他如飞机、火车、电脑、手机等人造器械的各种功能也都是前置和在先于人造器械本身，而落实和兑现于其后，即便最初由大脑创造，也不是凭空飞来的灵感，而是这种可以借助物体快速奔跑的功能早就存在于宇宙之中，只不过是被某个人借助大脑的思维功能捕捉到了而已。倘若宇宙中自始就不存在这种功能，那么大脑也就无法捕捉到这类灵感，即便产生了这种本于无的荒诞的灵感，而在实际上也落实不来。

自然界的其他物质也是如此，一棵大树具有遮阴、避雨、挡风、吸收二氧化碳和释放氧气的功能，绝不是在树木长成之后才唯一的具有这样的功能，而是宇宙本身早就存在着这类功能属性，只不过是在特定的时空序列中被赋予在了大树之上而已，同类的功能在其他物体上也有类似的存在，比如一个天然的洞穴也具有遮阴、避雨、挡风的功能，一株小草也具有吸收二氧化碳和释放氧气的功能。某种功能并非为某种物质所独有和所特制，并非某物质本身的独家产物，而是在此物质尚未出现之前，宇宙中就存在着一种看不见摸不着的功能属性，可以借助某种机缘而被赋予相当的物质之上，也可以被赋予相当的其他物质之上。

宇宙中所存在的任何反应、感应、效应，任何引力、强力、弱力、场力，任何影响、作用等无形的东西都属于功能体的一部分。物质的反应功能不过是这个功能体中的简单功能形式之一。而且，不管是哪一种功能，只有被赋之于物质上，作用于物质上，才能发生效果，产生效用。

但这并不意味着功能是由物质产生的，而是借助物质体现和实现的。

我们再一次权且把一个物质比作一个孩子吧。孩子的出生是先于孩子而存在的某一对男女的生育功能，这对男女先于孩子而存在，这一点肯定是不会错的，而如果这对男女没有生育功能，那么，即便先置地有这么一对男女也是不能生孩子的。这个对孩子有效的生育功能更不为孩子自身所拥有，而是先置地存在于父母的体内。而父母又是从哪里来的呢？父母的由来也是从先置的生育功能中产生的。而父母本身所具有的生育功能，可以理解为父母不过是功能的寄身和外化。

同时，功能既能以寄身于物质而存在，也能以寄身于非物质而存在。在人的精神世界中，包括情感、思想、意志、诚实等这些貌似非物质的东西也都具备一定的功能。并非在三维空间中能够独立存在的物质中有功能的内容，在其他包括零维、一维、二维、三维、四维、五维等各种维度的时空中都有功能的存在。

我们还可以接着以人为例就近取譬，人具有思考、行动、繁殖、创造等功能，按照功能在先原理，在人尚未出生之前，宇宙中早就具有这种功能属性的存在，只不过随着人的出生而被赋予到了人体之中，而并非在人出现之后，宇宙中才设定了如此这般的功能。

我们将宇宙中所具有的一切能量、能力、功能或效能统统称之为功能体，简称能。这些功能体包含着子集、合集、补集等诸多形式，并可以转化到任何可赋予的物质对象中。这就导致不同的物质或物体总是具有不同的功能，不同的功能总是寄身于或隐匿于不同的物质（或非物质）之中。

由是观之，整个宇宙存在着两种结构形式，一是能结构形式，二是质结构形式。

这两种形式的完美恰合便是我们所面对的宇宙。能结构形式的宇宙可以转化为质结构形式的宇宙，同理，质结构形式的宇宙也可以转化为能结构形式的宇宙。

宇宙的质结构具有可视性，可触摸性，可丈量性，符合欧几里得几何学和经典物理学原理与规则，而宇宙的能结构不可见、不可视，不可触摸，不可把玩，神秘莫测，变化万千，具有流动性、弥散性、辐射性等特征，只有当它转化为质结构形式，才能被人类的感官所感知。比如热能，只有在其转化到导热材料中，或者传导到空气中，才能为我们人类所感知。而且，一切能量也只有在其转化为质结构之后，才能通过物理手段或数学工具进行测量和计算。

我们通过地球上发生的台风全景图（见图 5–1）与宇宙银河系全景图（见图 5–2）做一下比较，或许可以看到一种神奇的力量给予我们的慷慨启示。

图 5–1　台风“苏迪罗”全景图

图 5–1 是台风“苏迪罗”全景图，也是 NASA 于 2015 年 8 月 8 日公布的太空拍摄台风“苏迪罗”的真实影像。从这个影像中可以看到，地球上能结构形态（比如风能）可以通过其所干涉的质结构形态（如海水被台风搅动的形态）显示出来。

图 5–2 是宇宙银河系全景图。银河系中的星尘等物质被一种神秘的宇宙风搅动起来，这个宇宙风虽然并非如地球上大气压造成的气旋引起的，但其隐含着一种类似于气旋的能量性运动，我把宇宙中这种特殊的能量性运动称为宇宙风，或许这种宇宙风实际为“微粒子风”（如“中微子风”或称之为“以太风”），银河系宇宙风的风眼应该被视为银河系的中心。

图 5-2 宇宙银河系全景图

或许整个宇宙中也存在着一种特殊形态的“大气压”，由此导致一种远远超过人类现有视界的“暗物质”或某种类似于中微子的神秘粒子产生大尺度流动，进而产生巨大的宇宙漩涡。每一个星尘都处于宇宙漩涡中的一隅，并被迫随同这个巨大漩涡的运动模式而运动。

当然，宇宙漩涡远远不止一两个，而是有很多个，就像地球上在不同的海洋、不同的陆地上，都可能会发生大小不一、形态各异的诸多台风一样。

另外，我们观察宇宙漩涡与地球上水漏漩涡（见图 5-3）也具有极其相似的运动态，或许宇宙中也存在着一个又一个巨大的漏斗，我们可以称之为宇宙漏斗。每一个宇宙漏斗都形成了一个巨大的星系，每一个星系中的有形物质（星尘）都必然地沿着特定的宇宙漏斗漏下去，并形成巨大的宇宙漩涡。

这个漩涡的中心便是所谓的宇宙黑洞，而宇宙黑洞中的故事已不在我们人类的视界范围之内了（我在这里提出的宇宙漩涡理论与牛顿的漩涡假说或麦克斯韦的漩涡电场假说或许根由于同一思维范式）。

同时，我们还可以发现，一切理论都来自于人类对于视界之内的物质运动规律的总结，而不同视界中的物质运动必然遵循着与该视界物质运动形式（包括运动轨道、速度、规模、联系等）相一致的理论模型。

人类在特定星尘（如地球）上所观测到的物质运动形式是极为有限的。其所总结出来的理论不但也是有限的，而且也只能仅仅适用于这颗星尘本身所具有的运动模型。

我在这里仅以银河系为例而将宇宙漩涡从大到小分解一下：

银河系的总体结构是：银河系物质的主要部分组成一个薄薄的圆盘，叫作银盘，银盘中心隆起的近似于球形的部分叫核球。在核球区域，恒星高度密集，其中心有一个很小的致密区，称银核。银盘外面是一个范围更大、近于球状分布的系统，其中物质密度比银盘低得多，叫作银晕。银晕外面还有银冕，它的物质分布大致也呈球形。从上方俯瞰银河系平面，整个银河系就像一只巨大的“八爪鱼”。因为银河系中的恒星并不是均匀分布的，各种星际物质形成的星云、开放星团、新星等集合在一起，看上去就像是从银河系中心向外依逆时针方向延伸出的多条“手臂”，天文学上将它们称为“银河旋臂”。银河系是漩涡星系，从里向外伸出了四条旋转的“手臂”，即人马臂、猎户臂、英仙臂、3000 秒差距臂，每条“手臂”都由难以计数的恒星和星云组成。

其中我们生活的太阳系在猎户臂内，位于人马臂和英仙臂之间，但更靠近英仙臂。

人类观察物质运动规律必然依托于其视界之内的物质运动现象或事件。因此以诸多定律、原理、公式等组合的解读世界的理论模型更多地来自于并适用于我们视界之内的物质运动本身。

牛顿经典力学则是人类限囿于地球视界之内的理论模型的代表，我称之为地球行星级物质运动理论模型。这个理论模型是以地球上一切物质运动规律为基础而建立起来的，因此它只对地球上的物质运动事件更管用。但地球不过是太阳系中的一个质点。这个质点的运动轨道或运动规律附着于整个太阳系中。而地球这个质点的小尺度运动规律远远不能涵盖整个太阳系的大尺度运动规律。这就使地球行星级物质运动理论模型不可能完全适用于整个太阳系运动规律。

爱因斯坦的相对论则是人类限囿于太阳系视界之内的物质运动理论模型的代表，我称之为太阳恒星级物质运动理论模型。这个理论模型是以太阳系一切物质运动规律为基础而建立起来的，因此具有超越地球之上并蕴藉着更多想象力的超级思维架构，但其仅仅对解读整个太阳系物质运动规律具有适用性。

由于整个太阳系不过是猎户臂中的一个小漩涡，这个小漩涡的运动轨道或运动规律附着于庞大的猎户臂上，而这个庞大的猎户臂在整个银河系中的大尺度运动规律远远不能被太阳系这个小漩涡的小尺度运动规律所涵盖，这就使太阳恒星级物质运动理论模型不可能完全适用于整个猎户臂的运动规律。

人类对于猎户旋臂级物质运动理论模型目前还没有真正形成，在猎户旋臂级物质运动理论模型之上，还应该存在着更庞大的银盘级物质运动理论模型以及宇宙超级物质运动理论模型，等等。

我们还可以按照维度理论来推导，地球行星级物质运动理论模型属于点级理论，太阳恒星级物质运动理论模型属于涡级理论（相当于更大的点级理论），猎户臂级物质运动理论模型属于线级理论，银盘级物质运动理论模型属于面级理论，宇宙超级物质运动模型理论属于体级理论。这样，点、线、面、体构成了不同维度、不同轨道、不同模式的物质运动理论模型。其相互之间既有联系又有区别，某一层次的理论模型不可能完全适用于其他宇宙漩涡层次，这就使不同的物质运动维度具有不同的理论维度，或者不同的理论维度只对应于不同的物质运动维度。

人类所经历的任何一次观念革命都必须基于理论维度上的层次跃进。

地球作为一个质点，处于太阳系漩涡中，太阳系漩涡处于银河系漩涡中，银河系漩涡又处于更大的宇宙超级漩涡中。我们人类作为一个更小的质点，又何尝不是生活在物际漩涡之中的呢？由于宇宙漩涡层次决定了宇宙理论层次，任何一种理论都来自于特定的宇宙漩涡层次，并对这个宇宙漩涡具有描摹意义和指导意义。

大到宏观宇宙，小到微观宇宙，中到人类视界内的现实宇宙，无一不处于运动漩涡之中。

图 5-3 是水漏形成的漩涡示意图。水漏漩涡、台风搅起的洋流漩涡都与宇宙星系漩涡在形态上十分类似，这种类似冥冥中隐含着一种宇宙运动的客观意志和统一规律。

图 5-3　水漏形成的漩涡示意图

通过上面三个影像图示的比较，我们可以感知到宇宙能结构形式的运动规律都是相同或相似的，在其转化为质结构形式或以质结构形式展现出来的影像也是相同或相似的。从这种相似中，我们或许还能得到关于宇宙运动的其他更多启示。

我们甚至有理由认为，不管是宏观世界，还是微观世界，都是我们人类所面对的世界。

我们不但身不由己地参与其中，而且也同时身不由己地被其参与。

宏观宇宙所有的物理现象及其运行规律都可以在微观宇宙中找到最底层的雏形。同样的，微观宇宙所有的物理现象及其运行规律也都可以在宏观宇宙中找到最高端的演绎。

比如底层基本粒子的纠缠与振荡，演绎成宏观宇宙中的物质之后也同样遵循着相同或相似的原理和规律，大到星体之间的环绕，小到云雾水汽的蒸腾，以至雌雄动物情侣们的亲昵相拥，无不是基本粒子所特有的缠绵与振荡的本性的宏观延伸。

能结构限于质结构而被感知到其存在性，亦即功能先于物质而存在。对物质世界如此，对精神世界来说也莫不如此。

人类精神世界也要遵循功能在先原理，即功能也是先于精神而存在。

比如人的理性具有管控人的情绪和指导人的行为的功能，这种功能也并非理性的唯一产物，其他精神体（如信仰）、其他物质体（如药物）、其他社会性功能体（如教育）也具有类似于管控人类情绪和行为的功能。

有鉴于此，“物质产生功能”或“一切功能都是物质产生的”传统观念在功能在先原理的冲击下或许可以寿终正寝了。而功能产生物质、功能创造世界的新观念藉此在人类精神世界中可以生根发芽并开花结果了。

比如一个婴儿的诞生，应该归属于人的繁殖功能的产物，而不是人本身这个物质的产物。这也是处于幼童时期的人或老年时期的人为什么不能生育而处于旺年时期的人才能生育的根本原因。很显然的，没有生育功能的人是不能生产人的。繁殖功能是宇宙中的一种真实存在，并不为哪一种物质所独有，克隆技术可以利用人体一根毛发、甚至任一细胞将繁殖功能变现出来，而不需借助人体的生殖器官，也证明了功能与物质不是唯一的对应性锁定关系。二者是可以游离的，且物质并非先于功能，而是功能先于物质而存在。

在天上飞行的飞机，应该归属于宇宙中存在着可飞行的功能，人通过对飞行功能的集成而借助物质性材料落实了这一功能，而并非飞机本身产生了飞行的功能，如果没有功能在先原理的存在和指导，飞行功能便不会自动变现到这个庞然大物上，如果没有功能在先原理的存在和指导，人类对飞机等一切创造性发明便都是随机碰运气的结果。

被誉为价值工程之父的美国奇异电机公司工程师劳伦斯·麦尔斯在创立价值工程时曾提出：“顾客购买物品时需要的是它的功能，而不是物品本身，物品只是功能的载体。只要功能相同，载体可以替代。这就是功能与其载体在概念上应有的区分。但是，一种功能的实现不可能没有载体，所以功能与其载体又必须结合。在价值工程运作中，往往是某种功能与某个载体处于分离状态，经过创新方案与该载体或与另一载体结合起来，这就是功能的载体替代。”[1]

事实上，除了瞎猫碰上死耗子的意外事件之外，人类的一切发明创造都是坚持和遵循功能在先原理而实现的，先产生关于某种功能的灵感或设想，再设计和描绘关于这种功能的运行方式、各种可能性和未来发展蓝图，最后付之于行动，借助物质性载体将功能嫁接其上，蕴藉其中，然后进行制作生产，这样，被制作成功的载体便具有了在先设计的功能。

所以，宇宙中的一切存在都默默地遵循着功能在先原理。包括有意识的世界，也包括无意识的世界。

功能既不是精神的产物，也不是物质的产物，而是在物质与精神之前，是物质世界和精神世界这对姊妹之母。

在精神世界中，人认识不到或想不到某种功能，这种功能都会先于精神、先于意识而存在着。只有被认识到、被想到之后，某种功能才会演变为精神的蓝图或欲望；在物质世界中，某物质产生之前，能够产生该物质的功能就先置地以其看不见摸不着的形式存在着。待某物质被创生出来之后，又将某种功能赋予其上。某物质具备或不具备某种功能，这个功能都无形地存在着，不被赋予到甲物质上，便可能会被赋予到乙物质上。

2. 宇宙功能转化原理

一切“有”的东西都是某种功能性的产物，并且所产生的新的东西也都被赋予了相应或相似的功能。而一切“无”的东西也同样是某种功能性的产物，并且也都被赋予了相应或相似的功能。

这就意味着，某种“道”、某种“法”或某种功能实则是一个一体二像的东西，一像是“有”，一像是“无”，二者互应互感，使有与无实现相互转化，一面可以产生更多的“有”，一面也可以产生更多的“无”。在表现为有的状态时，自然具备某种“有”的功能，鉴于我们都生活在“有”的世界当中，对于“有”的物质性功能感触颇深，在此无需举例加以证明。

物质性的功能不但会继续产生其他更多的物质的“有”，如生命体的繁衍，物体撞击产生的声响或火花等，而且还会借助其他功能例如能量功能、时间功能等而将某种“有”转化为“无”，并在这一过程中化生另一种“有”，如某

1　见于肖跃军等编著《工程经济学》，高等教育出版社，2004 年。

物体经过焚烧后而消失，变成“无”并转化成另一种能量性的“有”，实现了“有无相生”和“无中生有”的变化。

在宇宙表现为“无”的状态时，也具备某种“无”的功能，这个功能不但产生物质的“有”，也会产生精神的“有”，不但产生物质的“无”，也会产生精神的“无”。我们通常看到并确信物质性的“有”的功能性存在，却难以看到而且也不怎么相信“无”也会具备某种功能，事实上，无的功能也是博大无边的。

比如，迄今为止，我们面对的世界，有两大主题已达成了基本的共识，一个是空间，一个是时间。这两个东西实际上完全是一个合二为一的混合体，这同量子物理学所归结的波粒二象性特征一样。我们可以按照这个理论的思路进行大胆的设想，空间是“有”的象，时间是“无”的象，这是宇宙二象性的感官体现。

“有”以物质的粒子性（费米子）表现它在空间上的质结构及其形态，“无”以物质的波动性（玻色子）表现它在时间上的能结构及其变化。无中生有，有无相生，无有无的道，有有有的道，无的道演绎出有来，并借助有而体现或外化着无的道，有的道也向无中演绎着，最后又回归于无的道。

所以，有的道不过是道的道，是无的道通过有而显现出来的道。人的意识则是道的道的道，是无的道通过有而显现了道之后又产生的道。亦即无的道演绎出神经之有的道，然后再通过神经之有的道产生意识的道，而意识本身也有其特定的功能，说明自此以下，还有一层一层、一级一级的道连续延伸或叠加着，证明道是无穷无尽、无休无止、无限延展的循环系统。

这样，无的道与有的道汇合成连续衍生、连续运动的宇宙功能体，这个功能体具有机缘偶合性、环节递变性、层次交叠性、过程连续性、对象交换性、质能循环性，形式与内容的转换性以及整体与部分的统贯性，这就是宇宙功能转化原理。

对于空间物理世界的“有”与“无”的互演互生问题似乎无须赘述，人人对此都有比较明确的认知。但对时间之“有”与“无”的互演互生问题却颇令人费解。宇宙中的时间在我看来就像薛定谔的猫一样，始终处于一种不死不活的状态，当波函数坍缩形成一种现实（现在）之后方才可以进入观察者意识的特定状态。

假设薛定谔再活上一百年，或许还能有幸推导出关于人类意识现象或精神现象的数学方程式也未可知。量子物理学所研究的客观宇宙的微观的终极或许正是主观宇宙（主观精神）的微观的开端，在波粒二象性理论的穷极之处，体现了主客观两个世界的交点或边界，亦即客观世界之尾恰为主观世界之端。

爱因斯坦研究的相对论更多地体现宇宙时空的相对性原理。我认为，宇宙时空观念完全是基于物质运动的产物。

物质不运动则不会使人产生空间观念，正像眼睛发出去的光，如果不向前方射出和推进，便不会产生视界内的空间感和距离感。一个特定的质点不运动，也不会相对于这个质点自身产生距离，因而也不会产生空间维度。

同样的，物质不运动也不会使人产生时间观，时间是人对于物质运动的特定轨道得以连续延展的过程所做出的旁观性衡量指标和主观性计算方式。实际上，时间对于客观世界仅仅以空间一维的形式存在着的，是完全空间化的内容，是描述空间运动方向和展开方向的主观性设定。

换句话说，时间在客观意义上是不存在的，仅仅是空间在运动、展开、变化序列上无法形成表象的情况下，而由主观推定的特殊维度而已，没有这个维度，空间的其他维度的波函数便全部坍缩而且消失。

所以，时间一维是人类从空间物质运动过程中推导出来的维度。即便是空间的其他几个维度，也不过是人类通过知觉形式而从空间的广延性上设定的几何模型，事实上是不存在这个标准的。

就是说，点线面体的空间结构或形状只是人类对于自身感官所获得的视觉效果和表象效果的描述，物质本身的存在形式不以人类的感官效果而设定，在宏观宇宙中，地球本身就是一个点，在微观宇宙中，一个分子就已经很大了，谁是点，谁是线，谁是面，谁是体，这些仅仅是人类主观自设的理论模型而已。

但时间这个维度就不同了，一当它的波函数坍缩，整个空间便不复存在了。谁是谁的支撑，谁是谁的几何，在这里是显而易见的。时间是空间的支撑，空间也是时间的支撑，二者缺一不可，共同构成了宇宙这个巨大的运动的几何体。

而人类的主观世界从某种特殊的意义上说也不过是时间与空间的交点而已。人死了，这个人的主观世界的时间波函数坍缩了，时空交点不存在了，但作为其参照物的空间波函数却继续存在，于是尸体被留在了空间中，而主观世界却随着时间波函数的坍缩而坍缩了，主观世界的空间表象也随之坍缩并消失了。尸体已成为另一种物质，尸体腐烂或被火化，即意味着其人体的空间波函数也发生了坍缩，尸体消失。

这就是说，主观世界只受时间和智能阈限两个维度的限制，客观世界则是多维的。其中，时空维度只针对于某一特定物质才具有意义。单独就某一特定的物质而言，时间和空间的发生和消失是与这个物质同步进行的。一个物质在空间范畴内仅仅是一个质点，而在时空共轭中便具有时空二象性。观察者确定了它的空间但确定不了它的时间。因为空间被确定之后，原来的时间已经过去了；而确定了它的时间却无法确定它的空间。因为时间被确定之后，原来的空间也发生了某种数据或某种程度的变化。

就是说，观察者无法在时空的绝对交点上考察同一个物质，就像赫拉克利特所说的“人不能两次踏进同一条河流”具有完全相同的哲学意味。所以，我们即便考察一个宏观上的物质，也要遵循量子学原理。一个物质在时空二象性上就是一个波函数，具有不确定性，当这个波函数坍缩，其时空波函数也随之坍缩，其确定性只能在时空归一化的叠加态坍缩那一刻发生。

按照我的时空相对论观点，一个物质的时空维度是从最初的粒子出现的那一瞬间的奇点上开始的，最小的初始的粒子便是这个物质本身时空的开端，随着物质的能结构的演变和发展，其时空随之延伸，当这个物质的质结构消失，其时空也随之消失。

比如一只猫的时空波函数是从这只猫精卵结合的那一瞬间开始的，随着猫的成长和壮大，时间和空间都在朝着一个后续的方向延伸，当这只猫死掉的一瞬间，与猫同步而行的时空波函数叠加态坍缩，猫的生命时间被终止，其生命空间也随之被终止，表明其生命时空与其非生命时空发生了坍缩或断层，虽然其尸体尚存在于坍缩或断层后的时空中，但后面的时空已经不再是猫的时空了，而仅仅是作为观察者的薛定谔的时空了。猫的时空观仅仅是猫本身在其存在意义上的时空概念，是猫的主观性的时空概念。

对于我们人类也同样如此，我们所能体验到的时空也仅仅是我们自己的生命时空，是纯粹主观意义的时空，是客观意义的时空在我们头脑中投递的影子而已，当生命消逝，这个影子也消失了。

所以，我们所能描述的时间或空间仅仅是感知意义上的时间和空间，离开了感知，一切都无从谈起，不但作为参照系的“他者”不再具有客观意义的存在性，而且作为观察者的“自我”也不再具有主观意义的存在性。

因为任何意义的存在性，都是指在场于时空维度中的存在，所以，一切所谓存在，都是在感知范围内相对的存在，表明人的主观世界只存在于时空叠加态归一化的交点上。一旦时间或空间的波函数坍缩，主观世界便戛然而止和彻底消失。

所以，我们只能用相对论的理论模型来描述我们所面对的宇宙。一切自然定律、定理都是对主观性感知与参照系之间的关系的描述。由于主观性感知具有相对性，所以一切定律和定理也都只能在相对论的范畴内被描述和被确立下来。

时间游离于人类感官之外，不可视，不可闻，不可触，因此对人类的感官来说是一种“无”，而当它寄身并体现在物质的运动过程和变化过程中却又是一种“有”，这就意味着，时间既是无，也是有，当它寄身于物质上的运动和变化时则是“有”，当它脱离开物质的运动和变化时便是“无”，无像无声，无味无息，但它却以一种特殊的功能在无声地证明着自己的存在，并以这种功能为物质能量提供转化的机缘和过程，或者是为“有”向“无”转化或为“无”向“有”转化提供有始有终的机缘性和过程性支持。

花开花落，是能量的化生化灭和此消彼长的过程，如果时间消失，这个过程也就不复存在了。所以，时间功能居于“有”与“无”之上，成为二者相互转化的前提、基础、保证。

再比如作为欲望之源的匮欠既是机体功能的实有产物，也是神经功能的感应性存在，其本身是一种客观的“有”，但这个“有”是机体功能所造成的能量的“无”而通过神经感应功能产生出来的，并通过神经感应功能继续产生一种对这个“无”给予补充的指向性意志和遥感性目标。这个指向性意志是朝向外在填充物的“有”的遥感性目标进发前的神经功能性和精神感应性指令。这个遥感性目标是主观朝向客观、精神朝向物质转化前的对象性呼应和客观性锁定，并由此产生一种类似于量子纠缠和振荡的关系。

自兹而始，人类欲望进入无中生有、有中生无的宇宙功能体的循环演绎模式。

二、客观世界向主观世界的演绎过程

遗憾的是，人类认知能力面临两个无法逃避的悖论，一个是哲学家孔德（Comte）提出的内省式自证的悖论，一个是我在本书里提出的闭锁式求索的悖论。

比如，关于第一性或第二性的本原问题或称端问题，自古以来，人们就一直盘桓在物质与精神层面上加以讨论，其实这是一个自我闭锁性悖论，就像生活在人体胃肠道内部的寄生虫讨论宇宙空间一样，它们受自我生存的封闭性空间的局限和自我感知能力的局限，显而易见是不具备讨论宇宙空间的资格的。但它们也未必不可以跟人类一样地有理由认为自己生活的宇宙也是博大精深、变化多端和丰富多彩的宇宙。

我们可以试想一下，如果把人体内部无限放大，也不啻为一个气象万千、光怪陆离的神奇世界，寄生虫们在讨论肚子里的世界及其来源、或者讨论谁是第一性谁是第二性的问题时可能也会争得面红耳赤，各执一端，互不认同。其实这种讨论已经远远超越了它们的智能阈限，以致使它们不自觉地陷入了闭锁式求索的悖论之中。

同样的道理，人类也大可不必自诩为具有自知之明和高级智慧的动物，没准儿也同样很不幸生活在某个怪物的肚子里，眼里看到的浩瀚的星空无过乎这个怪物肚子里的细胞、器官、腺体、血液或空隙。

如果我们权且把这个怪物比作上帝的话，那么，人类就是上帝肚子里的寄生虫，以其自我封闭性特征显然远不具备讨论上帝创世的资格，而只能讨论自我感官所能企及的世界。每向外延伸一点点，都必须借助仪器媒介的有限功能和自我思维的有限功能来实现。在这个边际之外，就远非人力所能企及的了。

人类所面对的物质世界与其所形成的内在精神世界也同样都是功能性产物。物质化生物质，也化生精神；精神化生精神，也化生物质。这里所谓化生，泛指产生、衍生、派生、滋生、感生、转生等直接或间接的功能转化关系。物质化生物质、物质化生精神、精神化生精神，都属于直接转化关系，而精神化生物质，并非直接化生关系，而是间接化生关系。比如热情可以转化为劳动力，欲望可以转化为具体的事物目标，想法可以转化为特定的行动，等等。

宇宙功能体置于物质世界与精神世界之上，可谓神通广大，功能万全，法力无边。它以无维嫁接有维，以无形演绎有形，以他在表现自在，以不言承载有言。宇宙中的一切都经由它而进行着从无到有和从有到无的演绎，可谓事关宇宙万物的一切功能尽在其中。

物质体和精神体仅仅是它的功能演绎的部分性、暂时性和阶段性产物，并成为它的部分性、暂时性和阶段性寄身或化身。

这说明，这个功能体不但成就了客观物质世界，也成就了主观精神世界。它超自然、超精神、超能力、超宇宙，远远大于和高于物质体和精神体的总和。因为它具有隐匿性、超然性、神奇性、创造性、演绎性、运动性、循环性、永恒性、广泛性、包容性，使它成为宇宙中的至善、至德、至智、至能、至功、至力、至法、至效。

人类置身于和面对于这个功能体无穷无尽、包罗万象的功能和法力，倍觉无奈、无力和无能，于是设想出一个上帝来扮演和取代这个功能体的身份和角色。

现在，人们再争论上帝存在或者不存在显然已经没有了意义，如果有人说上帝是存在的，我有理由宣布这种说法是对的，因为上帝就是这个法力无边的功能体本身；如果有人说上帝是不存在的，我有理由认为这种说法也是对的，因为上帝仅仅是这个功能体的替身，只是把它称作上帝显得更具有人性化和亲切感。

正因为有这个功能体的先天性或先置性存在，人类的创造和发明才有了可能。而且也并非是纯粹的发明和创造，而是对本来就有的功能的揭秘、透视、推演、诠释、重组、变现和再现。

比如万有引力本来就有，只不过是牛顿揭示并再现了它；相对论本来就有，只不过是经爱因斯坦解释和再现了它；以机械提高速度的功能本来就有，只不过有人制造汽车或飞机变现了它。

正因为有这个功能体的先天性或先置性存在，人类的学习和研究才有了意义，而且几乎所有的学习和研究的终极目的，都是以这个功能体为对象的。

从本质上说，因为有了这个先天的、万全的、万能的功能体，人类的主观世界所产生的一切想象、一切设想、一切希望，都随时具有变现为现实的可能性和可行性。

亦即只要你能想得出来的东西，你能想得出来的方法，就完全有可能被变现出来，被创生出来。因为宇宙功能体早已经将它们先置地预备在那里了。你只须通过发现、发明、创造、制造的办法把它重现出来就行了。宇宙中有让物质飞的功能，你只要想到了飞，就绝对能够发明和创造飞的机械；你要是想不到，对不起，在你自身这个特定的物体不具备飞的功能的条件下，你就永远也发明不了飞机。

这说明，主客观世界是完全可以相互对接和相互转化的，是完全可以融会贯通、相演相生和互动互成的，我将主客观之间所具有的这种互通关系称之为主客观联通律。

功能体将其一部分功能寄存在有形的物体上，比如将飞的功能寄存在了鸟的机体上，这对于人类不啻为一种启示。

实际上，我们看到、听到、嗅到、触摸到的很多物体都是某些功能的化身或寄身，对于我们人类都是一种功能的提示。人类正是沿着这些提示的方向进行学习和研究，并不断发明、创造和获得进步的。

这个功能体虽然看不见，摸不着，却具有可学习性、可研究性、可琢磨性、可思考性、可发明性、可创造性。

人类的认识能力并非仅仅局限于康德的“现象”之内，也能够突破现象而进入功能的范畴。功能体就是康德和黑格尔用厚厚一本巨著所论述的“纯粹理性”和“绝对精神”，他们的著作所阐述的也不过是在寻找一种先置于人类并成为演绎一切和指导一切的原则、标准、范式、规律、模型、理念，这个东西不是别的，其实就是统合整个宇宙的功能体。认识到了这个功能体之后，我认为其他一切关于感性、知性、理性、精神等诘屈聱牙的哲学探讨尽可以休矣。

这个功能体以其特有的道性和功能，创造了这个气象万千的宇宙大世界。宇宙中的一切都是由这个无形而万能的功能体创造出来的。它同时又将其中一部分功能分别赋予其所创造的万物之中，使之各从其类，各具其能。

人类自打诞生以来，一直困惑不已并孜孜以求的所有问题，都深深地隐藏在这个功能体之中，它可以化生一切，化灭一切，演绎一切，解释一切。正因为有了这个功能体，我们对阿那克萨戈拉所提出的“毛怎能从非毛中产生，肉怎能从非肉中产生呢？[1]”的疑问给出有解的答案。我们人类凭借视听嗅闻触等感官所能认知的世界并不是宇宙的全部内容，另外有一部分内容是不可视的或不可感知的，这些超越人类基本感知阈限的内容只有借助科学仪器和科学家探赜索隐的逻辑推演才能捕捉到它们的蛛丝马迹。

这就意味着，构成宇宙界的组件是多元的，我们按照欲望动力心理学原理试图将世界划分为五个基本层次：一是物质层（即物质体或物质流），二是信息层（即信息体或信息流），三是智能层（即智能体或智能流），四是欲望层（即欲望体或欲望流），五是精神层（即精神体或精神流）。智能流、欲望流与精神流连接在一起可以合称为意识流。

当然，在以上五个层次中，如果我们把客观世界投射出来的信息和人类神经及大脑接收信息后产生的智能反应合并为一个层次的话，那么这个世界便可以被推演为一个具有三个主体层次的世界，简称三观世界，即客观世界、中观世界、主观世界。

其中客观世界可分为第一客观世界和第二客观世界，第一客观世界属于纯粹质能结构的物质世界，即物质体的世界；第二客观世界是第一客观世界的投影，属于影子世界，也是第一客观世界所展现出来的客观信息世界，这个客观信息世界外在于人类的中观世界和主观世界。而信息映入人的大脑之后与其所产生的神经智能反应可作为客观世界向主观世界过渡的桥梁，属于一个过渡层次，可称之为中观世界，它将第二客观世界中的一部分信息映射其中，继而上

1　参见《西方哲学原著选读》，上卷，39页。

传到自我大脑之中并以表象形式而形成主观世界。

这个主观世界又可分为第一主观世界和第二主观世界，第一主观世界是由欲望直接驱动而成的世界，也是纯粹能结构的世界，可称为欲望体的世界，这个欲望体的世界是由内在代表客观意志的匮欠性欲望向外在代表主观意志的目标性欲望发展并整合而成的；第二主观世界是主体自我经由意识活动过程而对第一主观世界的深度加工和高度升华，属于纯粹的精神世界。

三观世界构成了宇宙的基本结构体式，构成了宇宙存在性的标准模型和稳定架构，我们可以简称为宇宙三观基本架构原理，或称之为宇宙三观理论。

我们知道，第一个提出“什么是世界本原”[1]问题的泰利斯认为“水是万物的本源”；他的学生阿那克西曼德认为“在火、气、水、土之中任何一种都不能生成万物”，[2]能够生成万物的本原被他称为“无定”，即没有任何规定性；后来阿那克西美尼和第欧根尼又认为气是世界的本原；[3] 再后来赫拉克利特认为“世界秩序（一切皆相同的东西）不是任何神或人所创造的，他过去、现在和未来永远是永恒的活火，在一定分寸上燃烧，在一定分寸上熄灭”。[4]赫拉克利特的火本原说具有两个方面的视角，一是外在的本原是火的形态，是世界的开端和归宿；二是内在的本原是符合火的本性的原则。

对于其内在的本原，赫拉克利特表述为“逻各斯”，可以被理解为“原则”“规律”“道”等。火的燃烧与熄灭体现了运动的属性，这种属性是可感的，但是支配可感运动的“逻各斯”却是不可感的，他有句名言说得好：“自然喜欢隐藏自己。”即事物运动的内在属性是看不见的。[5]

这个看不见的东西，并不是绝对抽象的，在我们所学过的物理学理论中即可找到与其相类似的概念——它既具有物质性，又具有非物质性，既是存在的，又是看不见的，这个东西就是“能”，就是能量、能力、功能、效能。

每一种能都可以按照一定的机缘或秩序而衍生或转化为另一种能，形成一种连通连动的能量传递和转化链条。比如神经，源自于物质具有对环境等因素做出反应、感应、反射、传导的功能，当神经发展到较高级阶段，与神经相连的大脑则又具有表象、联想、思维等功能；还比如光，源自于宇宙中

1　见于亚里士多德《形而上学》，p8，中国人民大学出版社，2003 年 12 月第 1 版。

2　见于亚里士多德《论生灭》，332a19。

3　见于亚里士多德《形而上学》，p9，中国人民大学出版社，2003 年 12 月第 1 版。

4　见于北京大学西方哲学史教研室编译《西方哲学原著选读》上卷，p21，商务印书馆 1981 年。

5　以上观点参考了赵敦华著《西方哲学简史》，p10-p14，北京大学出版社，2012年7月第2版。

某些物质具有可以发热发光的功能，而有了光之后，光本身还具有驱暗驱寒等功能。

人类欲望从感觉那里出发，并成为激活精神世界的开端，在这个开端之前(之下）的内容当属于神经功能，尚不属于精神世界的内部范畴。另外我们还可以看到，感觉是神经功能体的开端，在这个边缘之前的内容属于纯粹的物质性范畴，不属于神经功能体本身。

三、智能与意识的关系

智能及智能的本质是古今中外许多哲学家、生理学家、脑科学家一直在努力探索和研究的问题，但至今仍然没有得到破解，以致智能的发生与物质的本质、宇宙的起源、生命的本质一起被列为自然界四大奥秘。

智能与客观物质世界和主观精神世界到底是一种什么关系？在很多人心目中，常常把神经智能与主观认识混为一谈，这一误区在哲学界和心理学界不但由来已久，而且流布甚广。

事实上，智能并不直接等于认识，不直接等于意识或思想。就像会加工的机器并不直接等于加工过程，也更不直接等于被加工出来的产品一样。

人类神经系统就如同一台机器，我们可以称之为神经机器。这个机器有两个系统，一个是被动性和受动性反应系统，属于接收、传递和存储原材料系统，我称为智能反应系统。这个系统所能做出的反应主要包括感觉、记忆（存储）、传输等简单的受授功能，每个功能都具有显而易见的被动性、受动性和局部反应性。

另一个是主动性和能动性反应系统，属于加工生产系统，我称为意能（意识）反应系统。这个系统所能做出的反应主要包括注意、表象、联想、想象、思维等选择与加工功能，并通过加工功能生产出诸如意见、建议、理念、观念、意志、思想、精神、信仰、境界、心灵、感悟等特定的意识产品。

神经机器中处于上层的意能反应系统根据客观事物材料信息和自我欲望方向，可以自动调整工序，变换加工手段，或采用表象、或采用联想、或采用思维、或采用推理，或诸般手段并用，均可以做出主动的和能动的调整和选择。

如此看来，我将人类认识能力划分为相互关联的两个阶段或两个层次的思路是十分明确的。

一是智能阶段，也属于感性阶段，或称为智能层次或感性层次，具有受动性和被动性。

二是意能阶段，也属于理性阶段，或称为意能层次或理性层次，具有主动性和能动性。

康德在其《纯粹理性批判》一书中认为，人类认识能力由作为接受性的直观能力的感性和作为自发性的思维能力的理性这样两类原则上不同而又彼此联系的认识能力构成，因而他的“先验要素论”就区分为两个既相互区别又相互联系的方面，一是讨论感性的先天要素的“先验感性论”，二是讨论理性的先天要素的“先验逻辑”。

所以，他说：“按照时间，我们没有任何知识是先行于经验的，一切知识都是从经验开始的。”但是，也有一些超出感官世界之外的知识，“在经验完全不能提供任何线索、更不能给予校正的地方，就有我们的理性所从事的研究”。[1] 我将人类的感性能力归属为先天的智能，而将人类的理性能力归属为后天的意能。

我之所以借用两个“能”字做出区分，主要考虑到我在欲望动力心理学中围绕着人格和人性所建构的质能结构理论可以与这种划分方式得到完美恰合，一切有关于人的因素都可以通过质能结构理论得到完好的注疏，而且我相信我的这一理论将比其他传统哲学或心理学对于人的解释都更加科学精准和简单有效。

神经智能系统因其具有受动性，所以不具有选择功能，凡是有选择地去感知事物的过程都预先介入了意能的主动支配和驱使。某事物一经出现便会自动被感觉到，即便不选择感觉，感觉也会发生，即便不选择传导，传导也会发生，即便不选择记忆，记忆也会发生，所以这一过程完全是被动的。即便你主动去看一个事物，主动去嗅一种气味，也必须是在那个事物在场的情况下才能使用你的视觉或嗅觉，只要在场迎着你的视觉或嗅觉出现，你的智能神经便具有被动性和受动性，但主观意识活动或主观认识活动却可以不受时空限制，在事物不在场的情况下仍然可以随自我主体意志而自由选择认识手段，这是意能反应系统与智能反应系统的根本区别。

但传统哲学或心理学最大的误区便是将神经这两种反应形式全都直接当成了主观认识来使用，我认为这是大错而特错的。这就造成了人类主观世界的研究工作从古希腊赫拉克利特、柏拉图时代开始便一直没有给智能与认识两个概念划出清晰而准确的界限，以致使人们一提到主观认识，便将这些智能反应的内容与意能反应的内容混为一谈，这就大大模糊和阻碍了人类对主观世界的理

1　康德《纯粹理性批判》，人民出版社，2004 年 2 月第 1 版，以上两段话出自其导言部分。

性研究和科学探索。

人类意能反应系统是高于智能反应系统之上的、独立的、纯粹的、能动的精神运动系统。这与古希腊时期阿那克萨戈拉的哲学思考相类似，他与同时代的恩培多克勒一样，在元素之外又设定了能动性的本原即“心灵”。

心灵是无形的，不具有可感性质，但它却是在事物之外对事物起作用的能动力量。阿那克萨戈拉几乎是最早意识到感觉与认识之间存在着根本区别的哲学家。他说：“由于感觉的软弱无力，我们就不能辨别真理，表面感觉到的、看到的事物，其本质并不像表面所表现出来的那种状态。”[1]

思想可以做出与感觉完全相反的判断，这一点在人际社会中最为常见。一个伪善的人给我们的感觉与经过我们的思考而认识到的这个人的本质可能会得出一个完全相反的结论。

而阿那克萨戈拉的学生德谟克利特更试图把感觉和理智分成两个完全不同的层次。他认为有两种认识，一种通过感觉，一种通过理智。从理智来的那一种是“嫡出”，肯定它判断真理的可信性；从感觉来的那一种称作“私生”的，否认它有分别真实东西的无误性。

这就是说，“嫡出”的属于主体自我能动的产物，“私生”的属于非主体自我能动的产物，因此不具有主体地位。

我的欲望动力心理学认为，智能与意能的区别，要以其主体性地位来考量。智能的主体是神经感觉，意能的主体是代表整个人的自我本身。智能是智能，意能是意能（即认识是认识），前者体现为功能的被动性、受动性、接受性和局部神经反应性，后者体现为功能的主动性、能动性、加工性、生产性、产出性以及主体自我反应性。两者仅有很小一部分交叉，其临界点本身虽然具有一定的模糊性，但绝不能混同为一个东西。

四、人类智能与神经机器

欲望动力心理学关于智能并不直接等于主观认识的观点，同时也具有充分的生理学基础。

人的智能来自于大脑神经细胞，神经细胞是大脑的最基本结构和功能单位，能把外来的刺激通过膜电位的变化转变为神经冲动并沿着胞突传递，再经过“分

1 参见《西方哲学原著选读》，上卷，38 页。

析”或“贮存”，然后发出调整后的冲动传到另一个神经细胞或效应细胞。这个过程即属于智能反应过程。

大脑既可以对事物做出被动的智能反应，也可以做出主动的意能反应。据研究大脑一秒钟发生10万种生化反应，消耗全身20%的氧气，消耗的能量可点燃一盏功率为20瓦的灯泡，每天能记录下8600万条信息，一生能储存100万亿条信息，相当于世界最大的图书馆——美国国会图书馆的50倍，即5亿本书的知识。

大脑有如此巨大的能量，为程序复杂、变幻多端的意识活动创造了先天的储备条件。

人的生命、大脑和思维过程是不可分割的统一体，意识是大脑思维的产物，是人类生命活动的结果，它与一般物质没有直接关系而只是间接关系。

欲望动力心理学认为，意识的形成过程是这样的：人体感官（眼、耳、鼻、舌、皮肤等）在欲望力驱动下不断接收外界事物的客观信息，并通过神经系统输送到人的大脑，然后由大脑对其进行接收、存储、表象、加工、处理、创造（思维过程）所形成的产物即为主观信息。例如，我们白天看到的景物——太阳、天空、白云、大地、山川、花草、树木、动物、人类等等，他（它）们都是具有客观实在性的无机物质、生命等。

但是，他（它）们不是直接“移入”人的大脑里的，而是他（它）们的存在方式、运动状态和相互关系以影像信息的形式由光子等媒介作为传递载体被人的眼睛映射、接收，通过眼球的玻璃体和瞳孔在眼底的视网膜上留下了一个缩小的倒影（小孔成像的光学原理）；然后，这个缩小的倒影（影像信息）由诸多视觉神经细胞通过视觉神经系统和神经递质传递到大脑。这时，大脑才能对这些信息进行接收、存储、表象、加工、处理、创造等思维活动。

按照以上所提供的生理学、脑科学或认知神经科学的研究成果，神经机器是由生物体、大脑、感官、神经细胞、膜电位、胞突、神经递质等多种组件有机组合而成的，其硬件条件具有毫无置疑的客观物质性，但其中也包含着光、波、电、磁、场等特殊的客观物质条件。

可以说，这台特殊的机器集合了构建宇宙所有运动机能或机理的全部要素，只要解密了神经机器的小宇宙，也就解密了浩瀚苍穹的大宇宙。

人类智能来自于人体内部完整有序、精致细密的神经机器的有机运行，我们把神经机器可以想象为由若干具有感光性质的多面镜组成的联动装置。最靠前的一面镜子相当于照相机，具有映射成像功能；其后一面镜子是存储器，将各种影像信息存储起来；第三面镜子是分析器，具有联想、想象、推理、思维、加工、重组、会意等功能；第四面镜子是抽象仪，对经由分析器加工、过滤的影像资料及其分析结果按照欲望意义进行抽象并形成理念定式；最后一面镜子是观念颅，由若干理念定式汇聚一起并传导到观念颅中形成特定的观念、意志、精神、信仰、境界、智慧等。

而且这些镜子自前而后逐渐由清晰而变模糊，由形象而变抽象，由简单而变复杂，或由复杂而变简单。这样看来，神经机器可以被理解为是一个逐层而设的联通联动的多面镜制式。

图 5-4 是神经机器示意图。这个图由七部分构成，即客观事物、照相机、存储器、分析器、抽象仪、观念颅和智能链。

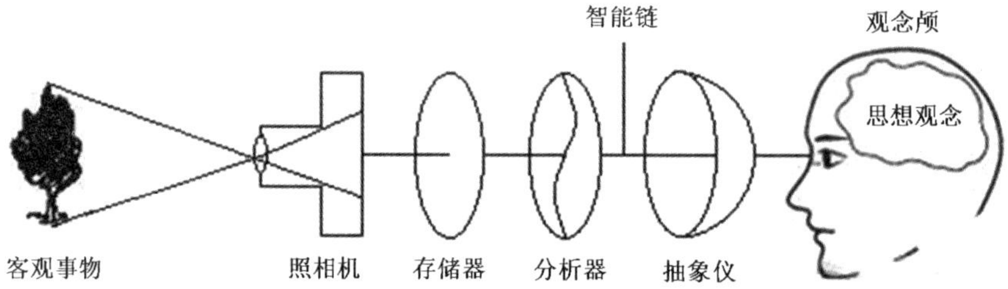

图 5-4　神经机器

这个神经机器图中连接每一面镜子的直线表示神经的传导作用，神经机器同时也是电讯号传导装置，其每一个组件、每一个环节都离不开生物电和神经电的智能性传导作用，我在上图中称之为智能链。智能链从大脑中枢出发，直接链接着神经机器的每一个组件，包括前端的照相机和后端的观念颅。智能照相机也是一种比喻的说法，主要指人的外部感觉系统，同时也是客观物理世界与神经智能世界的转换器。

客观事物以影像信息的形式投射到神经机器中，在最靠前一面镜子第一次成像的过程便是智能反应过程，要知道这是一次受动性映射过程。镜子映射光影，光在影在，光去影消，但这面由生物性感光材料构成的感官镜子却能够吸收光影，传输光影，并最终将这些光影存储于大脑记忆存储器中，即令事过境迁，这些影像仍然驻留其中。

而值得大书而特书的是这面大脑镜子并不是仅仅具有映射成像和存储影像的功能，同时还对自身所映射和存储的事物具有反射功能，这种反射对大脑镜子这一智能组件来说则并非是被动性和受动性的，而变成了主动性和能动性的反射了，这种表现为主动性和能动性的反射性反应就上升为主体自我的主观认识范畴了。

映射与反射的最大不同在于前者属于被动性和受动性反应，后者属于主动性和能动性反应。在整个智能反应过程中，差不多有一半内容属于感官镜子的受动性的映射，另一半则属于大脑镜子能动性的反射，前者应属于纯粹的智能反应，后者则属于主体自我的主观认识或意识反应。

从光学角度上看，客观事物映射于最靠前的感官镜子中，如同一束光，感官镜子首先产生映射反应，而后传输给大脑镜子中并做出反射反应，这两个反应具有本质的不同，即前者属于被动性和受动性反应，后者属于主动性和能动性反应，可以理解为主体自我所做出的主观认识。

从力学角度上看，客观事物对于神经机器施加了一个作用力，神经机器感受到了力的冲击属于被动性和受动性反应，而神经机器朝向客观事物所做出的反作用力，则属于主动性和能动性反应，可以理解为主体自我的主观认识。

从电磁学角度上看，电磁棒进入神经机器内部的电磁场，电磁场受到干扰属于被动性和受动性反应，但电磁场磁力线对电磁棒产生的作用，则属于主动性和能动性反应，可以理解为主体自我的主观认识。

但毕竟，在漫长的哲学、人类学、心理学发展史上，因为智能与认识的差别一直没有被划分清楚，很多著作都将智能直接当作认识来使用，以讹传讹已成既定事实，我在本书里即便将这两个概念进行如此划分，却只能启后而不能承前，更无法为前学做出修正。

为了照顾人们在读取前人心理学著作、哲学著作或认知神经科学著作时对“主观”“认识”等词语有一个正确的界定和理解，我特意将认识的概念分为广义和狭义两种情况，广义的认识就是传统哲学、心理学等著作中经常使用的认识概念，泛指包括感觉、知觉、注意、联想、想象、思维以及思想、意识、理念、观念、意志、精神、信仰、境界、心灵等一切与智能反应有关的认知形式和认识过程；狭义的认识概念又分为两个层次，一个是认识过程，包括表象、联想、想象、思维等认识环节或意识手段处在进行时的具体过程，另一个层次是认识结果，主要指意见、建议、理念、观念、思想、境界、信仰、心灵等精神产品。

智能反应针对的是神经智能本身对于事物刺激所做出的受动性反应，其主体是神经，而主观认识是主体借助神经智能对事物刺激的反应再次做出的反应及其反应结果，其主体是中枢神经，准确一点说，是大脑，亦即自我。

但经人类智能反应转化而来的欲望并不具备智能属性，就像人类凭借耳朵可以听到声音一样，声音本身并不具备耳朵功能。所以，欲望是不智的。

但人类主体却能够借助欲望的双脚踢开了主观世界的大门，人们藉此围绕着欲望问题开始进行思想了。不然，心理、意识、思想、观念、信仰、精神等这些纯粹主观的内容便没有发动的原由和驱力，没有发动的目标和方向。这里，我需要格外强调的是，智能并不是意识本身，意识不过是神经智能与外在刺激交合之后的副产品，就像男女交合后而产生的孩子一样。但智能是长在自己身上的一部分，所以，我把智能作为联通客观与主观意识的一个中间层次或一种介质提出来，显然是具有生理学基础和认知神经科学基础的。

智能是人类从客观向主观过渡的桥梁，在这座桥梁上，有一半属于客观世界，有另一半属于主观世界。

主体自我对刺激的感觉反应做出应对性反应，是属于神经系统内部发生的作用力与反作用力的关系，对刺激的感觉反应传导给大脑即相当于作用力，大脑对这一感觉反应再次做出应对性反应即相当于反作用力，所以，欲望属于反应的反应，而意识是自我在欲望驱动下对欲望做出的又一次应对性反应，因此，意识则更属于反应的反应的反应。感觉反应是局部神经做出的局域性反应，欲望和意识是自我做出的整体性反应，这就是智能反应、欲望反应和主观意识反应之间的根本区别。

藉此我可以给神经智能反应和主观认识下一个简单的定义：所谓智能反应指的是人类神经对于外在客观事物的刺激所做出的本能性和内受性反应，体现在一对一的物理性作用关系；而主观认识则是人类个体自我主体针对神经智能对外在客观事物的反应所产生的欲望反应，而进一步做出的主动的、能动的应对性反应，体现为纯内在的作用与反作用关系，可以理解为在反应的反应（此种反应形式属于欲望，是意识反应的开端）的基础上而产生的反应的反应的反应（此种反应形式属于意识过程及其结果，是意识反应本身）。

换句话说，主观认识不包含智能接受客观事物作为刺激所施加作用的受动过程，而只包括主体大脑对客观事物刺激做出反应之后而产生的反作用过程，前者可以不经过大脑中枢发号施令便可以由任何神经接受器单方面接受客观事物信息，后者则经过大脑中枢发号施令而对于客观事物的刺激性反应及其欲望反应做出主动性、能动性、意志性、倾向性和应对性反应。这后一种反应便是主观认识。

这样，智能反应与主观认识的边界就会变得很清楚了，而且完全符合认知神经科学原理。这样一来，认识一词只能在宽泛的和广义的概念上包含有感觉、知觉、注意、记忆、传导等功能、形式或过程，而在狭义的概念上则不包括这些受动性反应形式。可以说，感觉、传导、协调、存储、经验功能是人类从神经智能层次向主观认识层次过渡的桥梁和纽带，是神经系统达成主观认识的手段或途径。就像驱车驶向某个特定的目的地，一路上必然要经过若干站点一样，或者登临某个楼层必然要经过若干台阶一样。自经历受动性感觉、传导、协调、存储、经验等感知过程之后而出现的表象、联想、想象、思维等认知形式，便具备了主动性、能动性的特点，也具有综合性、加工性、抽象性、推理性的特点，这便属于自我意识活动了，也可以称之为主观认识过程。这个活动过程最终产生的意见、意志、观念、理念、思想、精神等内容则是主观认识结果了。

所以，主观认识结果只能是神经智能机器转化为大脑意能机器之后加工而成的特定产品。

对于我的上述观点，在巴甫洛夫那里，也可以找到与此相类似的生理学依据，他的研究认为，大脑皮质最基本的活动是信号活动，从本质上可将条件刺激区分为两大类：一类是现实的具体的刺激，如声、光、电、味等刺激，称为第1信号；另一类是现实的抽象刺激，即语言文字，称为第2信号。对第1信号发生反应的皮质机能系统，叫第1信号系统，是动物和人共有的。对第2信号发生反应的皮质机能系统，叫第2信号系统，是人类所特有的。第2信号系统的活动，是和人类的语言机能密切联系的神经活动，是在婴儿个体发育过程中逐渐形成，是在第1信号系统或非条件反射的基础上建立起来的。通过第2信号系统的活动，产生对现实的概括化，出现了抽象思维，并形成概念、进行推理，不断扩大认识能力。从而更深刻地认识自然，认识世界，发现并掌握它们的规律。

第2信号系统是在第1信号系统的基础上建立起来，但又反过来影响和支配了第1信号系统。第2信号系统必须经常被第1信号系统所校正、验证，才不致歪曲人们与现实的关系。人类的意识活动乃是自我主体对第1信号系统和第2信号系统在交互作用中所做出的高级反应。

但第2信号系统借助语言符号所进行的一系列思维活动，都是主观认识的加工生产过程，并不是最终的认识结果，而只有通过这一过程而完成的认识结果（产品），才是最终意义上的主观认识。

有鉴于此，我们可以这样认为，在那些以往学术作品中关于主观认识的论述，其大部分都是指向认识的加工生产过程，简称认识过程，而非指主观认识结果

（产品）。人类个体自我的主观认识，从广义上就是指认识过程，其中既包含神经智能被动性或受动性反应过程，也包括主体自我主动性、能动性思维过程。统贯起来就是感觉、知觉、注意、记忆、表象、联想、想象、思维、推理、反思等一切智能活动，但从狭义上就是指意识活动，即个体自我主动性、能动性的反应过程，包括注意、表象、联想、想象、思维、推理、反思等过程。同时还特指意识活动结果，也称主观认识结果，或主观认识，即通过认识活动过程而获取的各种结论、规律、道理、观念、思想、信仰等内容。

五、人类自我意识的天然局限性

我们通常认为，一个人对于一事一物的简单看法，可以称之为观念，把对于整个视界之内产生的每一种看法统合在一起，就是世界观。

人正是在特定的世界观中将自我独立出来，分离出来，并在这个世界观的统贯之下沿着欲望力所驱动的方向形成了自我意识。

自我意识的形成除了要依赖于自己的大脑将神经智能捕获的各路信息进行存储和整合之外，其他并没有任何真正属于自我的东西，相反，而是完全属于外在对象性他者的东西。

即我们眼睛所见、耳朵所闻、鼻子所嗅、舌头所尝、皮肤所觉，神经所感，没有一样东西不是外在客观对象性他者的东西，而对于我们自身能看到什么呢？几乎什么也看不到，即便照照镜子，也只能看到一个自我形象，根本看不到自己的思想、自己的意志、自己的观念，更遑论自我意识了。

我们头脑中所有的影像信息、声音信息、文字信息及其所包含的道理、意义，其实质并不是我们自己的道理或意义，而是外在客观事物在自我欲望方向上产生的道理或意义，只不过是经由我们的大脑析释出来和编码出来。不管这些道理或意义正确与否，都经由我们的感知能力而摄入并汇合到了我们的头脑中，或经由我们的思维能力而解读并呈现在了我们的大脑中。

这就意味着我们大脑中压根就不存在完全来自于我们自己的道理或意义，即便是我们自己加工总结出来的新的道理或意义，那也同样是对外在客观对象性他者中所隐含的道理或意义的解读和描述。

这样说来，我们的所谓自我意识又会是什么呢？答案似乎已经很明朗了，是自我对外在对象及其关系在大脑中映射成像之后而做出的表象性连接、比较、加工、综合与解析，而不是对自我映射成像之后而做出的表象性连接、比较、加工、综合与解析。

这就告诉我们，人的自我意识完全是从外在对象的映射中形成的，内中没有一点是纯粹自我的东西。

这就使自我意识或者自我思想观念具有如下特点：

第一，对象映射性。自我意识是从外在对象性他者的映射中形成的。个体自我就像一面镜子，只能映射对象性他者的影像性存在，而不能映射镜子自身的存在，只能被对象性他者所映射，而不能被自我所映射。这说明人类自我形式天生不具有自视性，只具有他视性。体现在社会层面上，自我意识中只能对外在对象的特征或优缺点一目了然，而对自己的特征或优缺点却黯然无视；有关对自己的认识和评价，全部都是从对象性他者那里通过比较性评价而获取来的，事关彼此内容的信息投射遵循完全相反的对视规则。这是由自我意识形成过程中的他视性和自视性特点决定的。这就推出了一个规律：人类个体自我意识的形成过程必然导致每一个人天生患有自知之明缺乏症，而且每个自我要想得到对自己的认知，则只能以对象性他者为参照并借助对象性他者的“眼睛”作出比较性审美评价。我将这一规律简称为自知功能障碍效应。

第二，对象参照性。自我存在性来自于对象的参照性。没有外在对象性他者的对立性、比较性和参照性存在，便不会产生自我存在性。或者说，外在对象性他者的存在性是确认自我存在性的时空坐标系。外物与自我之间互成参照，互成对比。

如果说普罗泰戈拉提出的“人是万物的尺度”是一种以人为中心的主观唯心主义观点的话，那么我在这里提出的“万物是人的尺度”或“万物是自我的尺度”则属于一种真正的客观唯物主义世界观。

前者表达了从自我为出发点而观察和分析外在客观对象的心路历程，主观自我本身即是初始的可资参照的预设标准和尺度，正如孔德所言：“人类产生之初，所知的只是自身，因此将其他事物按照自己的模式进行解释是不可避免的。”[1]

后者表达了以对象为出发点而反观和确立主观自我的心路历程，客观对象本身即是初始的可资参照的预设标准和尺度。

前者为了解释外在的他者客观世界，后者为了解释内在的自我主观世界。

两个视角之所以存在着对立性的矛盾，就在于二者恰恰交合于主客观两个

1　孔德《实证哲学教程》。

世界的毗连点上，并最终从对立中实现统一。

自我作为观察者，环视四周，处处皆为外在对象性他者的类似于参照物性质的影像信息，可谓万物合围，万象环生，由此便自动感受到自我处于这个坐标系的中心位置，并经由外在参照物而确认自我存在的真实性的同时，更以与对象性他者的标准相符合为最终归依。

试想，如果没有外在客观对象作为参照物的标准性设定，人就根本观察不到世界，大脑将自始至终一片空白，什么都没有，既然是什么都没有，也就不可能再有自我意识了。这就是说，人是以观察者的身份出现在这个世界上的，自我存在性和世界存在性完全是依靠观察而被确认的，离开了观察，一切都不会在主观世界中出现，而任何观察都无法脱离开参照物作为事物存在性的基本标准，离开了参照物的观察是无效的和无意义的。

爱因斯坦曾说："对于时间和空间的传统偏见不容许对伽利略变换从一个参考物体变换到另一个参考物体中所占有的首要地位产生任何怀疑。"[1] 如果没有其他日月星辰作为参照物的外在标准的存在，人类就永远不会获知地球自转或公转的事实性存在。

因此，人类通过经验而总结和推演的一切定律、公式、原理、真理，都是依据特定参照物标准而获取的，这一点，没有任何例外。

这就推出了如下三大规律：（1）人类个体自我意识的形成必然依赖于外在客观事物的鉴照和映射，我将这种鉴照和映射，称为自我意识的外在参照物标准鉴照效应，简称自我鉴照效应；（2）在这种鉴照和映射过程中，人类个体必然产生以自我为中心的定位观念，我将这种观念的形成原理称为自我中心观形成原理，简称自我中心效应；（3）同时在这种鉴照和映射过程中也必然产生以与对象的真理性相符合而为价值取向的归附观念。我将这种观念的形成规律称为自我价值取向观效应，或简称自我取向效应。

按照自我鉴照效应，外在他者是定位自我的基本坐标系，每个人对于自我的角色确立都离不开外在他者的特定标准性存在，每个人对于自我的认知和评价都是借助于外在他者的认知或评价而实现的。

比如我们在做一项决策或实施一项行动时，总是在得到他人肯定、赞同或支持的前提下才能获得足够的信心，否则便会摇摆不定，犹豫不决。我们对自己优劣好坏的认知和评价也是通过外在对象性他者的认知和评价而实现的。

按照自我中心效应，每个人在社会上为人处世都必然会以自我为中心，把

1　《狭义和广义相对论浅说》，爱因斯坦著，2006 年 1 月第 1 版，p39。

自己的存在看得比其他外在的对象性他者的存在更重要，“万物皆备于我”的观念浑然天成，深入人心，并由此产生自尊自重、自高自大、自以为是的心理倾向和自我认知。

按照自我取向效应，每个人在社会上孜孜以求的理想目标，都是被社会确认的优质目标，都是与社会价值观念或价值尺度相符合的目标，只有在这样的目标上，才能实现自己梦寐以求的社会价值。

第三，旧感表象性。自我意识虽然是由外界事物的影像信息进入大脑后形成的后天性产物，但并非意味着摄入影像信息的瞬间便立刻转化成了意识，而必须将这些被感觉、感知到的信息材料经过大脑加工处理，被赋予特定欲望指向的意义之后，才能形成意识。

这就是说，所有意识的形成都属于过去时，只针对于现在时和未来时的自我意识是不存在的。我们心目中装载入库的意识内容，都是过时的旧事旧物，旧情旧知，旧规旧理，自我意识只寄身于已然成型的表象中。我们心目中的自我形象永远是一个旧我形象。

这就推出了一个规律：人类个体自我意识的形成过程必然导致自我因循不觉、旧情复燃、墨守成规和固步自封，我将这一规律称为自我意识因循效应，简称自我因循效应。

按照这一效应，人们在生活中形成的旧思想、旧观念、旧感情、旧习惯是很难转变的，更是很难破除的，在处理问题时很容易不自觉地就落入了蹈常袭故或生搬硬套的自我因循效应的圈套之中。包括“第一印象效应”、怀旧思想、守旧观念、习惯思维等等，其本质就是自我意识因循效应的产物。

第四，主客统一性。我们头脑里所装载的内容，全部是对象性他者的形象、特征、联系、规律、道理、意义，而一旦沉淀并入驻自己的头脑之后便据为己有了，便理直气壮地当作自己的东西来使用了。

这就像我们吃进嘴里的食物一样，被送入胃肠里消化后，原来的食物便不再是食物，而是自己的一部分了，外面的对象再也无法从我们身体里移走了，被完全内化成了自我的血液，自我的真身。同时，我们还要知道，能够吃到我们嘴里，并进入我们胃肠里消化的食物毕竟是十分有限的东西，并不是浩浩宇宙中的所有事物都能被我们吃到嘴里并进而给消化掉了。这就是说，自我意识具有一定的阈限性，只以自我所能经验的内容为限。

而且自我意识一旦形成，便成为自我人格的一部分，不再承认是属于外在对象性他者的，不再承认是别人的，而只承认是自己的，非但承认，而且还会特别认可，打自己的骨子里认可，对外在他者的否定反而坚决反对了。这就彻头彻尾地实现了主观性与客观性的完全统一。

由此可以推出一个规律：自我主体在主观上只承认自己所获得的意识是自我的，绝不承认是对象性他者的，而且是有特定阈限的，绝不是无限的。我将这一规律称之为客体与主体转化效应，简称客我转化效应。

按照这一效应，人们总是在努力让自我达到对于外在对象性他者的完美恰合。对于僭越自我意识阈限的内容，自己会说“我不知道”“我不清楚”“我没见过”“我不承认”；而把自己从客观事物中总结出来的规律却常常说成是“我认为”或“我的观点”，甚至把本来就存在着的客观事物及其规律硬说成是“我发现的”。

美洲大陆自古以来就在那里，最后竟变成了“哥伦布发现的”了。当别人说过的观点提醒了自己的认识，竟有时也忘乎所以地说成是自己的观点了。推而广之，人们几乎把经过学习得来的所有经验和知识，都被自认为是“我的”，代表了“我的素养”“我的才能”“我的水平”“我的理论高度”。

第五，意识编程性。自我意识的形成是需要一个过程的，而且这个过程并不是一个简单的经验过程，还必须具备其他因素，或者说是主观因素与客观因素通过互动性对接的编程过程。

不同的人面对同一个事物，未必形成完全相同的观念；同样，经历复杂的人，其自我意识和自我观念未必一定很复杂；而经历简单的人，其自我意识和自我观念又未必一定是简单的。

每个人的自我观念、自我意识都需要借助特定的情境、特定的心境、特定的经验和特定的刺激干预等编程过程来实现的，我将这一规律称为自我意识编程效应，简称自我编程效应。

按照这一效应原则，让一个人形成特定的观念必须提供特定的情境、营造特定的心境，介入特定的刺激、设置特定的程序，从而在个体自我大脑中形成特定观念或特定意识的编码。

这就是说，一个人正确的世界观不是一蹴而就树立起来的，一个人良好的意识能力也不是一朝一夕提高上来的，而必需经历一个比较漫长而有目标的教育过程来实现。所以，要想让一个人真正成为对社会有用的人才，良好规范的教育干预是不可或缺的环节。

第六，自我遮蔽性。正因为人类个体自我生活在外部世界对象性他者所投射的影子当中，所以每个人几乎都曾产生过“我是谁？我从哪里来？我要到哪里去？”等关于自我存在性的终极疑问，这是从外在对象性他者流变性的影像中所产生的自我反思。

寻找这个疑问的答案，对于人类个体自我却存在着天然的障碍。就像两个光源将光线互射一样，在个体自我与对象性他者之间都有光线射向对方，自我在观察对象性他者时，是可以借助于射向对方的光线进行观察；但在观察自我时，光线是从对面射过来的，自我只能顺着光线看到对方，却不能逆着光线看到自我。至多只能回过头看一看自己留下的模糊的影子。而令人遗憾的是，这个模糊的影子也只限于在特定情境和特定角度出现时才能看到，更多的时候连影子也无从察觉。

但也别小瞧这个影子，因为这就算作正儿八经的自我反思了。自我意识中最高级的部分也就在这里，尽管这个影子是由对方那边射过来的光线投射而成的。

这就是说，真正的自我意识俨然被自我所处的位置和角度遮蔽了。我们每个人都无法看到真实的自我，而只能从对象投射过来的光线或目光中通过反观而看到自己的影子。这就推出了一个规律：人类个体自我意识总是被遮蔽的，自我反思既是必要的和有益的，同时也是有限的，我将这一规律称为自我意识遮蔽效应，简称自我遮蔽效应。

按照这一效应，人们在现实生活中经常处在自我认知的困惑之中，意识的模糊性是长期存在的，自己形成的观念未必是正确的，自己坚持的标准或理性未必是合理的。所谓清醒也仅仅是对于对象认识的清醒，而不是对于自我认识的清醒，认识自己的最大难点就在于自己无法成为自己的旁观者。

这就要求我们必须长期审慎地对待自己的处境，严谨推敲自己所做出的各种决策，时刻都要小心不要被蒙蔽、被欺骗，被迷惑。

人的大脑活动虽神通宇宙，灵游四方，但它本身却十分悲哀地被严密封锁在狭小的头颅骨之内，其八面闭合，稳定坚固，极不易开窍。人的各种感官作为观察外部世界的窗口，就像一张张嘴巴在摄食外界的各种信息性“食物”，然后把这些信息性“食物”吞咽到颅内大脑进行消化，形成主观信息。

我们发现深居于颅内的大脑就像古中国传说中的貔貅一样，光吃不拉，只进不出。各种信息只要进去了就甭想再跑出来，每进去一个微小的信息都像注入了一剂微量元素，每进去一个重大的信息，就像闯入了一员悍将，但不管哪一种信息进入大脑都会被安排在一个独特的位置上，发挥着一种独特的作用，并在欲望力驱动下以其位置的高低和作用的大小而不同程度地改变了信息系统的内部结构状态，从而潜移默化地改变着个体的世界观和方法论。

而我们的主观世界或精神世界又何尝不是处在一种无形的封闭的颅骨之内呢？我们的大脑长什么样，完全与颅骨这个坚硬的套子或模具有关。同样的，我们的主观世界或精神世界也是被装在某个特定的套子和模具中的东西，将来长成什么模样，也完全与这个套子和模具有关，尽管这个套子是后天形成的。我们用什么样的观念去考察世界、认识世界、理解世界和感悟世界，在很大程度上是由这个套在我们头脑上的模具决定的。

大脑深藏于颅骨之中，据说所有脊椎动物在胚胎期都经过软颅阶段，以后随着年龄的增长和营养的不断供给逐渐骨化而形成坚硬的外壳，外壳一旦形成，不但将脑髓严密地封闭起来，而且也不易改变形状。

由此我联想到人的观念形成过程与脑颅由软变硬的生物性成长过程十分相似，人在小时候，观念处在形成期，很容易接受教化，很容易被改变，而长大以后，一种观念一旦形成就会变得根深蒂固，坚不可摧，难以改变，为此我将自我观念形成后像颅骨一样难以改变的特征同样喻之为颅骨效应或脑颅效应。

人类个体自我以其独特的经验信息资料映射于颅脑之内，形成了一个自我闭合、自成一体的观念小宇宙，其结构形态十分稳固，具有自行其是、自我肯定、自我顾惜、自行编码、自行演绎、自成系统的自组织功能，一旦形成便自动隔离于外部世界，就像颅骨一样坚不可摧，冥顽难化，不会轻易被某一件事的刺激或某一个人的规劝而发生本质性改变。这种颅骨效应或脑颅效应实为观念自闭的表现。

根据发生于人类观念中的颅骨效应或脑颅效应可以很好地解释如下一些社会现象：

在现实生活中的每一个人，都难免缺乏自知之明，喜欢自作聪明，自以为是，高看自己，小觑他人，或者见新称奇，忆旧生情，同道则喜，逆己遭斥；喜欢被赞美，被肯定，厌恶遭批评，被否定，或者因坚持自己的观点而不善变通，因循守旧，习若自然，以致不自觉地达到了固执己见、自负不凡、刚愎自用和不可救药的程度。并且很难让自己转换角度而及时觉察到自己的愚蠢、狭隘、偏执或错误，很难自行打破自我观念的闭锁结构，甚而百劝不归，棒喝不回，教而不改，执迷不悟，直至亲历挫折撞到了南墙方才有少许自省和反思。

这些发生在人类个体自我中的自组织执拗现象皆为颅骨效应或脑颅效应发生作用所致。

这说明，人类天生就患有观念自闭症，也许有鉴于此，德尔斐神庙上铭刻着的一句“认识你自己”便成为一句促人反省的名言。

据说，德尔斐神庙祭祀曾传下神谕说，没有人比苏格拉底更有智慧，因为苏格拉底承认自己无知。仿佛他早已意识到了人类天生患有观念自闭症或智慧自闭症一样。自知没有智慧的苏格拉底为了验证神谕，开始考察被人们称为智者的智慧。

他先后与政治家、诗人、工匠交谈。他发现政治家自以为是，实际上却一无所知；他还发现诗人自以为是，但他们“写诗并不是靠智慧，而是靠灵感”；最后他又发现工匠“因为自己手艺好，就自以为在别的重大问题上也有智慧，结果这个缺点淹没了他们的智慧”。苏格拉底领悟到，别人没有智慧却自以为有智慧，这是缺乏自知之明的表现。

而这种缺乏自知之明的表现，按照我的观点来看，并非来自于故意，而实在是来自于天生的观念自闭原理的制约和蒙蔽。

希腊文真理一词包含一个否定性前缀“不”和动词词根“被蒙蔽”。据考证，巴门尼德在首次使用真理一词时，已经表达出“除蔽”之意。苏格拉底认为，每个人的心灵都蕴涵着真理，但人们未加考察便加以接受的偏见和谬误蒙蔽了已有的真理。反诘的作用在于清楚蒙蔽，但不制造真理。蒙蔽一旦被清除，真理便会显露在心灵之中，无须别人越俎代庖地教导什么是真理。

我在上面讨论到的自我蒙蔽效应与苏格拉底当年提到的真理蒙蔽论异曲同工，但我的观点是从自我意识能力方面阐述的，而苏格拉底则是从意识对象方面说起的。

18 世纪赫尔巴特曾提出了意识阈的概念，他的意识阈的意思是，任何时候占意识中心的观念只容许与它自己可以和谐的观念出现于意识上，而将与它不和谐的观念抑制下去。赫尔巴特的这个意识阈与我提出的颅骨效应颇有些相似之处，都试图表明个体的精神系统具有独特自组织性的人格结构和观念闭合性的自我意识固着模型，就像一个人的性格脾气一样，具有强烈的“禀性难移”的闭合性结构特征。

那么，观念的颅骨效应或观念自闭症是如何产生的呢？对这个问题还可以从我的欲望场理论中找到答案。[1] 人类个体自我作为欲望体而与周边环境建立起来的欲望场，不但场域是有限的，而且其欲感线的环绕路线是完全闭合的，在空间上呈现为完全闭合的球形，人类思维、意识、精神活动都毫无选择地以欲望为中心并在欲望场的场域之内发生和发展，因此也必然地沿着欲感线的方向、

1 见欲望动力心理学书系《欲望与场域心理学》一书。

线路而运行。由于欲感线在欲望场内环形和球形的闭合性循环特征，使得人类个体自我在这个闭合系统中所建立起来的知识系统、精神系统和观念系统也必然是一个闭合系统。其对外界非欲望经验性的事物、观念、思想和精神也同样会具有能动的排斥作用。

所以，要想打破一个人在其自身展开的闭合性欲望场内所建立起来的观念是非常困难的。这就是人类观念必然要产生颅骨效应或脑颅效应的根本原因。

世人皆知江山易改本性难移的道理，而观念这东西差不多也像颅骨一样结实而坚硬，由此形成了人的不易改变的人格、性格、气质，以及方向、目标、想法、说法和做法。

我们知道要想改变一个人的观念何其难也！观念作为一个自我闭合系统，要打破它，要改变它，决非一朝一夕之功所能为之。

同时，这个自我意识之颅、精神之颅、观念之颅一旦形成，就具有自我保护功能和自我闭锁功能，表现为固执己见、排斥异端，以己为是、以人为非，见到、听到、嗅到、尝到、吃到、摸到所有与自我观念契合、符合或近似的东西，便认为是对的；反之，凡是与自我观念相左、相对或相反的东西，便认为是错的。

这种后天形成的闭合性观念系统具有独成一体的个性特征，一旦被迎合、被肯定、被赞同，就等同于对其后天形成的独成一体的个性给予了积极的支持和成全一样，产生了一种基于舒适感的愉悦和乐观的正欲望和正情绪。

同样，这个后天形成的闭合性观念系统一旦被冲击、被否定、被逆袭、被打破，就等同于被伤害一样，在其内心深处造成了一种匮欠，这种匮欠引起的东西即是不欲之欲，亦即负欲望，负欲望自然就会产生反感、讨厌、气愤、怨恨的负情绪。

当然，不管是观念也罢，情绪也罢，都是人类神经机器发挥作用的结果。

其实，神经机器不过是宇宙中所存在的诸如反射、感应、反应、效应、强力、弱力、场力、作用等物质运动属性所构成的庞大的功能体中的一个小小的功能系统形式而已。

六、人类智能杆与智能阈

且不要说一种物质与另一种物质各自所具有的感应能力千差万别，也不要说一种植物与另一种植物各自所具有的生化能力迥乎有异，更不要说植物与动物各自所具有的反应能力天悬地隔，单就说不同动物各自所具有的认知能力也遥遥乎相去甚远。

最近更有一项研究证实，动物脑部处理视觉信息比人类更快，动物的形状和大小各种各样，而目前科学家已经揭示了它们的外形对其感知移动物体具有很大的影响。狗眼中，人的动作表现得很缓慢，就像在做漫动作一样。

动物的体重和代谢率决定它如何感知移动物体或人的速度，动物对速度的感知取决于其神经系统处理信息的速度，以便对所处环境做出反应。对于能看到闪光速度更快的动物来说，动作和情景似乎展现得更慢。这对于需要快速躲避障碍或天敌的动物来说是很有利的。研究发现，能看到高速闪光的动物具有更快的新陈代谢功能，科学家通过实验证实：能在高频率闪光下看到物体移动的物种往往体型比较小。

老鼠看世界和感受时间的方式与大象迥然不同；在猫眼里，你根本就不是它的主人，而且还很傻，猫眼对于运动物体的感知比人眼要灵敏，正是这些特性让猫能轻易察觉周围的异动；狗和家蝇看到的动作比人类看到的要慢，狗接受视觉信息与看到闪光的速度比人类快 25%。所以，狗看人类行动都是慢动作；马富有惊人的视野，但无法看到两眼中间的区域，也就是正前方。这就是它们走路经常低着头的缘故；很多鸟类的视力相差悬殊，比如鸽子，可以分辨出数百万种不同的色彩，它们被认为是地球上最擅长分辨色彩的动物，鸟儿眼中的圆锥细胞比人类多得多，这说明它们可看到至少 5 种光谱带；蛇有两套视觉系统，一套是你经常看到的蛇眼，它们擅长分辨颜色，但它们还有一对眼睛，这对眼睛可以像红外线探测器一样感知并看到生物。据研究，不同动物的记忆能力千差万别，凡是记忆速度快、记忆数量多、记忆清晰度高、记忆时间长的动物，其智能水平都很高。据说有些鱼儿的记忆只能维持几秒钟，让它们具有较高的智能是不可能的。

事实上，关于人与动物感知能力、认识能力的差异性研究还仅仅是刚刚开始，而且目前更多地局限于视觉方面，其他诸如听觉、嗅觉、味觉、触觉等功能阈限的研究尚未取得重大进展。我甚至推断这世界还存在着超过人类现有感知器官和感知能力的生物，在某些方面对于客观世界的认识更是独具慧眼，别具洞天。

非止于与其他生物的比较，仅拿人类自身而言，其面对浩瀚的客观宇宙，各种智能受自身所能承受的客观维度的局限性也是显而易见的。人的眼睛只能看到特定赫兹区间之内的事物，最短的视觉理解时间为 0.01 ～ 4 秒之间，人与其他动物的视觉光谱宽度存在着明显的差异，据说昆虫能看见紫外光，蛇能感受到红外光，这些都是人类所不能做到的，说明人的视觉感知能力远远不足以洞察世界的全貌；人的耳朵也只能听到特定分贝区间范围中的声音，最短的听觉理解时间仅为 0.002 秒；人体肤觉只能承受特定数值区间的温度，嗅觉只能嗅到特定数值区间的味道，其他感官也一样，所能感知到的内容都必然地被限定在特定的维度和阈限之内。

心理学将刺激情境下个体感觉经验产生与否的界限称为感觉阈限，或反应阈限。其实，对人类而言，这种阈限无处不在，包括生理阈限、智能阈限、心理阈限、意识阈限、时空阈限、行为阈限等等，都在无形中限定着人类生存、感知和行动的维度。

图 5-5 是人类视界范围和边界示意图。图中显示，人类个体自我的视觉范围是以个体自我位置为中心，以视线所辐射的距离为半径的圆，限于自身视觉感官的生理结构特点和外界环境的结构特点，人类的视界一般不会是一个标准的平直的圆形，更不可能是一个完整的球形，最大限度上可以理解为是一个倒扣在地平面上的半球形。球心即为个体自我所在位置，外部的球面则是其视界的边界。

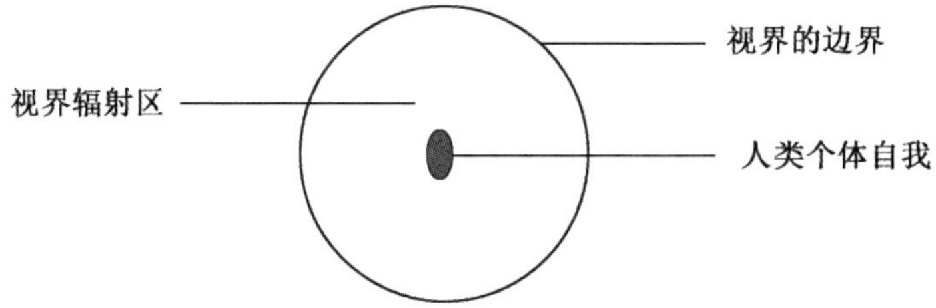

图 5-5　人类视界范围和边界示意图

同样的，其他包括听觉、味觉、嗅觉、触觉等感官所辐射的范围也都具有这样一个类似的边界，这就使得人类的智能被天赋地设定在了一定的阈限之内。在此阈限之外的宇宙，只能借助特定的仪器才能进行有效观测，而人类用以延长感知半径的任何仪器之功能事实上也是有限的。

每一次借助仪器而突破感知阈限的发明和创造，都可能会极大地推动人类认识的发展、进步、甚至飞跃。

由此可以想见，真实的的宇宙远比我们人类所能感知到的宇宙要丰富得多，复杂得多，纷繁得多，宽广得多，神奇得多。我们人类不过生活在宇宙中一个完全闭合的狭窄的运动着的智能囚笼里，周围都是坚固的栅栏和屏蔽的穹顶。其中，生命的囚笼长度大概在100年的时间范围之内，感知的囚笼维度大概在五种官能的感觉阈限之内，除此还有生理的囚笼、心理的囚笼、意识的囚笼，每一个囚笼都把人类限定在一个特定的人生困局里。

尽管我们借助机器设备、科学仪器可以实现一定程度的超越和延伸，但鉴于我们自身固有的感知阈限，依然不能洞察宇宙的真机和全貌。

这就是说，以人类自身生命与智能的有限性而领略宇宙的无限性，是上帝给人类设定的永远无法突破的瓶颈，可称之为人类囚笼困境。

囚笼困境必然造成人类感知宇宙的艰难和乏力，我将囚笼困境导致人类探索宇宙的感知能力被限定的现象称为认知困境效应或人类囚笼效应。

图5-6是人类囚笼困境示意图。图中的所有线条都象征着囚笼的界限，而且人类所面对的各种界限其实比图示中所标示的还要多得多。

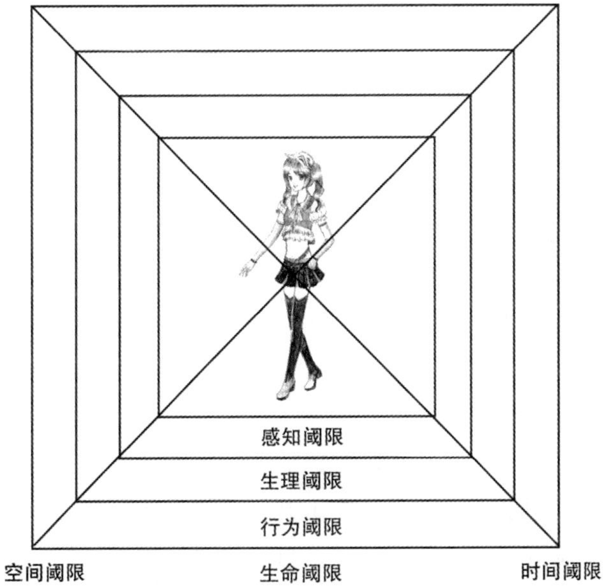

图5-6　人类囚笼困境

人类生活在这个宇宙中，只被限定在特定时空序列（还包括温差序列、声波序列、光强序列等等）的一个小小的段落里，类似于一个狭小的囚笼。比如人类的生存场景总是被界定在特定的时间区段里，被界定在特定的空间区段里，被界定在特定的感知阈限中，被界定在特定的智能阈限中，被界定在特定的生理阈限中，被界定在特定的心理阈限中，被界定在特定的意识阈限中，被界定在特定的行为阈限中。

超过这些区段或阈限范围之外的事物，不管是大尺度宏观宇宙，还是小尺度微观宇宙，不管是过去发生的事物，还是未来发生的事物，都无法进入人类现实生活的主观世界之中。

我们人类只能感受到囚笼之内的事物，却无法突破这个囚笼所设定的方方面面的限定。尽管我们借助科学工具的触角尽量将自己的感知半径不断向外面延伸，尽管我们藉此已经间接地探索到了囚笼之外存在着很多其他事物或事件的事实，并深知外面的世界很辽阔，外面的世界很精彩，外面的世界很奇幻，但鉴于我们的身体深陷于囚笼困境之中而无法自拔，使得我们对于囚笼之外的探索总是显得步履维艰，进展缓慢。以至于对于囚笼之外的任何发现都会带给我们传世的惊奇和猜想。

而遗憾的是,这样的发现对于囚笼中的我们来说,终竟是有限与无限的博弈，人类所面临的囚笼效应永远无法得到根本的改观。

人总是在特定适宜的感知阈限中进行社会活动的，脱离人的感知阈限来谈人的认识只能是眼前一片漆黑，什么也看不到，什么也听不到。所以，感觉阈限必然导致人类智能活动的有限性，甚至于不限于感觉阈限对于智能的限定，也包括记忆能力、神经传导能力、神经协调能力等都将对人类智能产生一定的限制，这就意味着，人类智能所能达到的范围永远是有边界限定的。

人类自诞生之日起就一直受人类自身感觉阈限和智能阈限的制约。智能一旦完成存储功能后，便有条件进入只有时间维度和智能维度双重制约的意识形态之中，客观事物是多维的，而主观的东西却只有两个维度，一个是时间维度，即包括表象、现象、想象、思维、悟觉、意识、精神、信仰、境界等等都被限定在时间这个维度上，时间停止，意识活动便完全消失；另一个维度是智能阈限维度，即人的一切意识活动都超不出其智能阈限的范畴，一个人只能看到他所能看到的，只能听到他所能听到的，只能想他所能想到的，而对于僭越智能阈限的东西便不可能进入到他的意识阈、思想阈或心理阈。

这就是说，人类主观世界可以不受任何空间、温度、压力等各种物理性维度的限制，而只接受时间和智能阈限的限制。智能阈限即是智能维度的边界。

而人类感知和解读客观世界及其机理所凭借的唯一工具便是智能。如果我们把客观世界比作一株非常高大的枣树，那么，我们人类的智能可比作一根打枣杆子。我们发现，每个人手里拿着的打枣杆子是大不一样的，有的是粗陋的木质杆子，有的是精密的铁制杆子，有的可能很长，有的可能很短，还有的能够伸缩，可以人为地加长。

这就意味着，每个人的智能水平是不一样的，虽然面对的是同一株枣树，但在付出同等努力的条件下，每个人能打下来的枣的数量却大相径庭，长杆子比短杆子打下来的枣要多得多，而当杆子一样长时，只要努力程度接近，所打下来的枣的数量通常也大致差不多。

人与人之间的智能不一样，所能拓展的主观世界的大小或高低也不一样。有很多远距离的信息、高难度的知识、精微的意义、背后的玄机、深刻的道理、潜在的规律，对于那些手里只攥着简陋的短智能小杆子的人可能是永远也够不到的，达不到的，而只有具备精巧的长智能杆子的人才能得到它们。

我们从小就参加学习、实践、锻炼，目的就是设法提高自己的智能，努力加长这根打枣杆子，以便能够将客观世界这棵大枣树上的果实尽量多地打落下来。所有被打落下来的果实也都毫无例外地装进了自己的兜兜里——也就是进入了自己的主观世界之中，并成为自我意识和主观世界的新元素，甚至在一定程度上改变主观世界和自我意识的结构框架和运行机理，改变和建树自己的世界观和方法论。

为此，我在这里可以引入智能杆和智能阈的概念。所谓智能杆就是个体智能所能达到的高度极限。智能阈指的是智能所能适用和到达的范域极限，亦即人类感觉、传导、记忆等智能工具形式所能适用和所能达到的时空范围或维度范围。前者智能杆是针对智能所能达到的高度而言的，后者智能阈是针对智能所能达到的广域而言的。如果说，智能杆考察的是一个人的智能到底能达到什么程度的问题，那么，智能阈考察的则是一个人的智能辐射范围大小的问题。

客观世界中的内容变成主观世界中的内容，只能通过智能根杆才能实现。凡是这根杆子够不着的地方，都不会打下客观世界的枣子，都不能成为主观世界的内容。只有设法把这根杆子不断加长，才能为自己的主观世界延展知性空间，增添新鲜信息。

一个人的智能杆或智能阈可以通过学习、实践、磨练、自省、创新等积累知识和经验的方式予以加长、延展和拓宽，或借助一定的仪器媒介而延长智能杆和扩大智能阈，比如对显微镜、望远镜、电脑、航天器等机器的发明和使用就在一定程度上加长了这个智能杆的长度，扩大了人类观察宇宙视界的智能阈。

因为人的智能杆的不同，其智能阈也会有明显的不同。我们可以这样简单地理解，智能阈是以主体欲望为圆心，以智能杆为半径所划定的圆。这个圆并非是平直的，而是一个多维的球体。智能杆越长，越高，则智能阈也越宽，越广，越大。智能杆和智能阈的概念表明人类的智能水平是有限的，而客观世界却是无限的。客观世界总有一些超过智能杆和超过智能阈之外的东西，这些之外的东西是不能或至少暂时不能被人类所能认识的，这是对整个人类而言的。而对人类个体而言，每个人的智能杆和智能阈也都是参差不齐的，这也是人们在观察问题、认识问题、分析问题、判断问题和解决问题各自表现出不同水平的根本原因。

在我们生活的这个社会上，有人成为出类拔萃的专家学者，有人成为众里挑一的领导者，有人观察问题明察秋毫，洞幽烛微，有人分析问题一针见血，力透纸背，能够从现象看到本质，从小细节上看到大问题，从眼前事物中看到背后隐秘的意义、机理、规律，他们说话高屋建瓴，见解独到，做事能抓住要害，事半功倍；而另有一些人却鼠目寸光，身无长技，庸庸碌碌，一事无成，更谈不上有多高的思想境界和精神境界。这一切不同，其实都与各自所独有的智能杆的长短和智能阈的大小密切相关。

智能杆和智能阈决定了主观世界或精神世界的范域。而且，每个人的主观世界或精神世界都是一个独立的自我封闭系统，不同的经历、不同的教育、不同的个人感悟，所形成的主观世界或精神世界也是不同的。这个自我封闭系统是由个体智能长期积累的经验材料、教育材料、学识材料、反省材料、灵感材料等堆砌而成的，一旦形成，自我对本体、客体等一切事物的认知方式和思维方式便演变成一种具有一定稳固性、僵化性、习惯性和纯粹自我性的观念模型。

七、功能的数量效应与功能的结构效应

功能体演绎和创造出来的一切物质或非物质，正物质或反物质，显物质或暗物质，精神或非精神，其中都裹挟着功能体暗中分发给它们或赋予给它们的一部分功能，并巧妙地藏匿在它们的身上，这就使土壤有土壤的功能，水有水的功能，空气有空气的功能，光有光的功能，火有火的功能，石头有石头的功能，人有人的功能，所有的物质都无一例外地具备各从其类的功能，所有的精神都无一例外地具备各从其类的功能，而功能体则比这一切功能的总和还要多。

功能体中的功能是无法数计的，但它所创造的客观物质世界和主观精神世界却是可以数计的，数量不同，其能量也不同，其功能也不同，其所分发或赋

予给物质或精神的一切功能都是因为数量的变化而变化。正如我们用平常的速度投掷一颗米粒大小的石头，是不能把人打死的，而加快速度，把这颗小石头放在枪筒里借助枪击力而高速将它射出去，其功能就会明显不同，就会把人打伤或打死，假如不断增加石头的数量，小石头变成了大石头，其功能就更有不同。

这一点与毕达哥拉斯学派所推崇的“万物皆数”的世界观简直一脉相承和不谋而合，世界上的一切都是可以用数来表征的，数构成了世界的真实与永恒，而感觉则是虚幻的和暂时的。数是世界的本源，数变了，物质的作用也就变了，人对于物质的感觉也就变了。

精神的内容也是如此，一个负面的小刺激在心中留下一个小阴影、小纠结、小感觉，对人的心理健康和生理健康不会产生重大影响，而如果不断增加刺激量，小阴影和小纠结就会变成大阴影、大纠结和大感觉，人的心理世界和精神世界就会承受不住这种压力，可能会严重影响心理健康和身体健康，导致精神抑郁和心态扭曲等疾病状态。

所以，数量与功能的关系是一种正比例关系，我称之为功能的数量效应。

另外，功能还因物质的形状、结构、组合方式而变化，同一种物质，其形状不同，功能也有不同之处，一个棱角分明的石头和一块浑圆光滑的石头撞击在人头上，其功能效果是明显不同的；一个物质与另一个物质重新组合就会创造出新的功能，而且组合方式、结构不同，其所呈现的功能也不同。我把功能与结构的这种特殊关系称之为功能的结构效应。

一切发明创造，都不是发明和创造了新的物质，而是发明和创造了新的功能。而且按照功能的两个效应原理，一切发明创造都是通过对物质进行数量的改变和结构的重组而实现的。

一切改变，都不是改物质、改精神，而是改功能。人类一切欲望之所期待者，并非指向具体的物质、具体的荣誉、具体的价值，而是具体的功能。换句话说，人类的一切欲望目标，在本质上都是指向功能体的。人类的一切奋斗，表面上都是为了获得物质和精神的满足，实质上都是为了获得隐藏于物质或精神中的功能。

功能体不仅仅隐匿在物质结构和精神结构中，也隐匿于社会组织结构中、信息系统中。一个政府，一个机关，一个企业，一个管理机构，或者一个程序，一个模式，一个方法，一个制度，一个规标准，抑或一个意见，一个建议，一句话，一个动作，一个眼神，一个姿态，等等，一切东西都有其独到的、特有的功能存在其间。

据此，我敢说所有的改革，并非是改人，改组织，改体制，改机制，其实本质上都是改功能。所以，从人类生存意义上而言，欲望管理是最高形式和最高级别的人本化管理，是只针对人的管理，但不是针对完全实际事务的终极管理，而功能管理才是管理的本质所求和本质所需，是管理的终极形式和终极目的。

一切成功的国家、社会、组织、企业都是功能管理在起关键的、恒久的、终极的作用。功能管理是人、事、物的最佳配置形式，最佳组合形式和最佳契合形式，是使一切可控因素和可调动因素达到最佳匹配状态，从而实现合力与功能的最大化和恒久化。功能管理是至佳、至聪、至善、至德、至境的管理方式。一个强大的政府，并非指机构设置面面俱到的政府，而是具有强大治理功能或管理功能的政府；一个强大的军队，并非指人多势众的军队，而是具有强大攻防功能的军队；一个强大的企业，并非指财大气粗的企业，而是具有超强竞争功能和发展功能的企业；一个强大的组织，并非指人员众多的组织，而是具有强大运行功能的组织。

有鉴于此，我有理由相信，我的质能结构主义哲学思想的出现，不但可以为心理学原理和哲学认识论带来一场哥白尼式的革命，也将为现代管理学带来一场翻天覆地的变革，甚至为科学技术的进步带来特殊的推动力量。质能结构主义哲学必将变现为质能结构主义管理学、质能结构主义方法学、质能结构主义技术学、质能结构主义政治学、质能结构主义经济学或者一切领域的质能结构主义变革学。这个世界是功能主宰的世界，是功能创造的世界，也理所当然地要依靠功能寻求改变物质世界或改变精神世界的方式和方法。

第六章　从物质宇宙到精神宇宙的华丽转身
——人类精神世界的层级递升与衍射

没有人的客观物质性生理基础，便没有了人本身；同样的，没有欲望，便没有了人的主观精神世界。人类的一切意识活动、心理活动、情感活动、理性活动和精神活动都只在——而且只能在人的欲望的驱动下发生出来并发展开去。欲望是人类精神世界产生的基础和前提，而生理活动则是欲望产生的基础和前提。人的生理对于主观精神来说，则是基础的基础，前提的前提。

欲望从产生出来到获得满足需要经历一个非常复杂的过程，在这个过程当中，人的智能、意识、心理、情绪、情感、理性、思想、智慧、灵魂分别在哪个环节上产生出来和发展起来的呢？经过我在欲望动力心理学的逐层论证中发现，这一切都具有环环相扣的演绎规律、层层相叠的递升原理和步步相推的运行机制。

一、人类主观精神世界的精彩呈现

下面是我根据人的生理欲望系统产生的欲望，以及由生理欲望系统向目标系统延伸和递升后，而逐渐推动精神世界产生的层次关系图，以此来推演人类精神世界的呈现过程和呈现机理。

图 6−1 是对人体八大欲望系统及欲望层级关系列表的简化，用以彰显人类主观精神世界与个体生理系统及其客观目标系统之间的逻辑演绎关系。

在人的概念中，一个人首先是以人体这样一个物质性实体呈现在世界上的，针对人体内部结构，生理学家分成若干生理系统，这些生理系统以其各自运动特点产生不同的欲望形式，而每一种欲望形式都必然地对应于一个特定的目标取向，但任何目标针对于特定欲望的满足都不会自动飞过来填补其欲望匮欠，而必须通过特定意识活动及其对于肢体的有效支配过程来完成整个欲望满足程序。从图中可以看出，人类主观层次的意识活动必须建立在人体生理活动的物质性基础之上，是人体生理性欲望驱动下的必然产物。

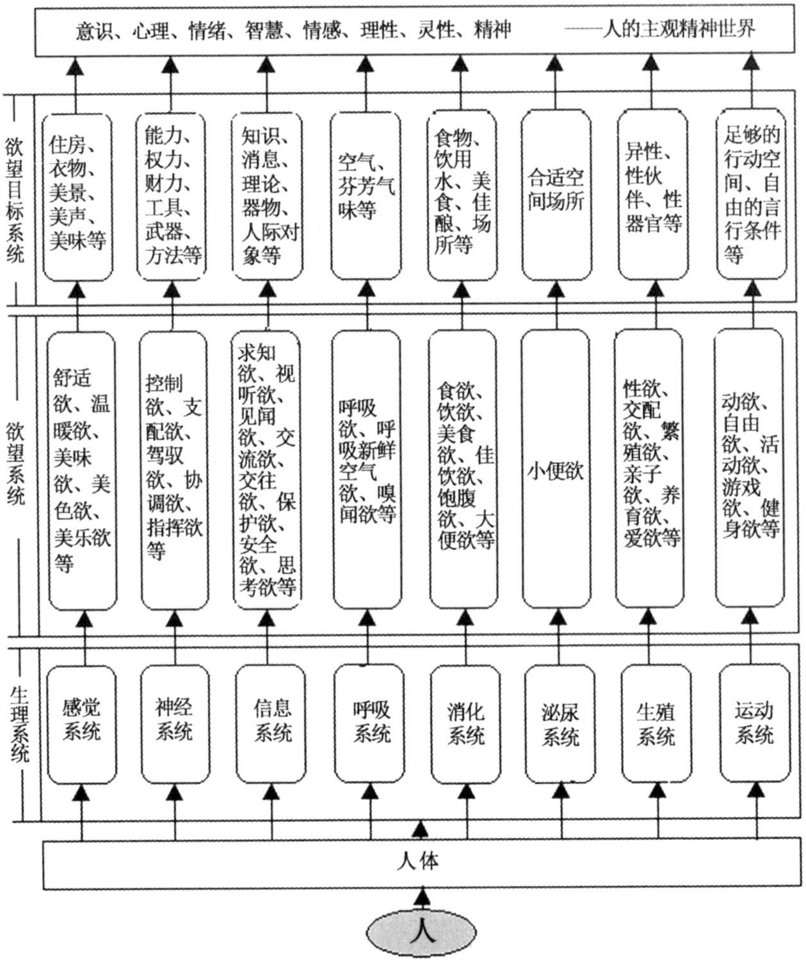

图6-1 人类生理系统、欲望系统、目标系统直至主观世界层次关系递升图

经典生理学对人体生理系统的分类，并没有考虑信息系统。我在欲望动力心理学中对人体生理系统提出并增加的这个信息系统，在生理学界可能还是第一次。我的理由很简单，一方面，整个人体内部的神经系统不但负责指

挥各器官的协调运转和平衡运动，同时也承担着信息传输的功能，比如饥饿时会把饥饿的信号传递给大脑，并以食欲的方式表达出来；另一方面，人体与外部世界也存在着一个信息传输与循环问题，这种传输主要依靠人的眼耳鼻舌身等五官功能和神经反射或反馈来完成。

所以，我们可以把人体信息系统分为内循环信息子系统和外循环信息子系统。前者是体内信息包括各生理系统之间的协调配合是否正常的信息在人体内部的自主传输和有线传输，主要靠感觉神经和植物神经来完成；后者是人作为主体与外部环境之间的信息接受和传输，属于无线传输，其中，把外部环境信息传输给大脑主要靠神经反射弧来完成，而把内部信息传输给外部的其他人或物，则主要通过神经系统支配的声音（如语言）、表情（如微笑）、行为、体态等体外语言来完成。

可以说，人体的信息系统涵盖着人的五官、神经系统的神经元、突触、反射、反射弧和各种神经感觉等部分功能，以及运动系统的行为等效应性配合。信息系统具有传出信息、传入信息、存储信息、反馈信息、汇总信息、选择信息、加工信息、发布信息的功能。如果把它完全归为感觉系统或神经系统的功能，可能还是很难划清界线的。

比如，语言表达需要的不止是神经系统对各种表象及其联系的概念化、逻辑化和词语化过程，还需要感觉系统中对声色味等的感知过程，还需要运动系统对诸如口腔肌肉的调节或面部肌肉的表情等运动过程，这些与信息传递或表达有关的内容如果都归入感觉系统或神经系统中就会显得过于笼统而冗杂。

所以，我把信息系统单独开列出来，附着在感觉系统和神经系统之后，说明信息或语言系统既与感觉和神经密切相关，同时也具有一定的独立内容和独立功能。举例说明，人的视觉和听觉属于感觉系统，在观看风景和欣赏美乐时，其视欲和听欲主要侧重于感觉的舒适，是感觉系统的舒适欲使然；但视觉和听觉在更多的时候是为了观察、见闻、探究和了解客观世界的各种可视性或可听性信息的内容，这时的视欲或听欲就是信息系统的求知欲使然了。

当然，信息系统在传统的人体生理系统中没有被独立出来的原因，或许有人认为这个系统的独立性不强，或许与其他系统不似并列关系，而却与神经系统或感觉系统等存在着功能类似的交集。但我认为，这个系统具有很强的独立性，甚至可以把神经系统或感觉系统都列为信息系统的分支也不为过，或者说，神经系统或感觉系统都不过是为信息系统服务的子系统，是人体获得各种信息的基本途径和通道。

人的欲望的产生、形成、发展和实现都必须依靠信息系统的功能得到良好的发挥，都需要信息系统内递外输、上传下达、左知右会，没有信息系统，人的生理是不可能实现协调与平衡的，人的欲望也是不可能产生、发展和实现满足的。

我在这里把人体中的神经系统、感觉系统、信息系统和运动系统总称为智能系统。所有的智慧因素、智慧方式和情感因素、情感方式，都是这四大系统构成的智能系统完成的。其中，我之所以把运动系统也列入智能系列，在于运动系统既受着智能的指挥，又反过来实践智能、验证智能、扩展智能和激发智能，包括扩大感觉和信息空间，起到增加接触机会、增加采集信息和联系事物的功能。

物质世界与精神世界都奇妙无比，物理学家们对于物质世界的考察和讨论已经显示了惊人的成果，大量的新发现和新结论不断冲击和改变着人们传统的世界观，并为整个人文面貌、社会进步和人类文明带来了一次又一次全新的革命。

按照欲望动力心理学的研究，人类精神世界的形成严格遵循宇宙功能演绎原理。

这个原理的内容包含着主观精神产生的根源、依据、方式、路径、层次、规律和模型，以及主观精神世界的内在结构及其包含的主要内容。许多精神问题都可以通过这一原理找到有板有眼的解决方式和解读方法。

我把这个原理称之为生理—欲望—精神形成原理。

二、客观世界与主观世界存在着惊人的相似

其实，人类精神宇宙也是一个庞大的、复杂的、无限的和循环往复的运动系统，这个精神宇宙与身外浩瀚的物质宇宙在其形成原理和运行方式上存在着惊人的相似。下面我们以太阳系为例，先看看物质宇宙在冥冥中为我们提供的若干启示。

图 6–2 是从物质宇宙寻找精神宇宙的灵光（立体示意图）。当然，这是我对太阳系运行示意图的网上下载图片，借以说明刚体宇宙自有其独特的构成元素及其运行机理，由此可以激发我们对于人类精神宇宙结构的有益推想。人类精神宇宙也绝不是空无一物的，也必然是由诸多元素构成的，并且也一定是按照特有的轨道和机理来运行的。

图 6-2　从物质宇宙寻找精神宇宙的灵光（立体示意图）

从图中可以看出，物质宇宙总有一个中心，所有的星体都围绕着这样一个中心运行。由此可以想到人类精神宇宙是否也存在这样一个中心？是不是所有精神元素也都要围绕这个中心运行呢？这个物质宇宙的示意图能否为我们寻找精神宇宙及其中心激发出更多灵感的辉光呢？

经过我的研究和推演发现，人类精神宇宙与人类所面对的物质宇宙存在着惊人的相似。人类个体精神宇宙的构成宛似太阳系的翻版。如果把心理、意识、情感、智慧、知识、理性、思想、观念、信仰、目标等精神体比作若干小行星，那么，欲望便是这个精神宇宙的恒星或中心。

作为神经感应性的功能体和心理体验性的精神体围绕着欲望的恒星有规律地运转。其中每一个功能体或精神体也都不是孤立存在的，除了与其他功能体或精神体互动互应，互感互济，相互吸引、相互排斥、相互转化，同时其外围还伴有一颗或多颗更小的功能体和精神体，类似小卫星、小星团或零散分布的宇宙星云，并都围绕着较大的精神体运行。

三、人类精神宇宙的演绎过程

据现有的研究成果发现，人类大脑结构比整个银河系还要复杂得多。人类精神宇宙以自身生理系统特别是神经系统的复杂经络和 140 亿左右的神经元为第一层实体性物质基础，以这些经络和神经元所具有的独特功能为虚体性媒介，以内在生理匮欠为第二层实体性物质基础，以内在欲望驱力或外在目标引力为虚体性意志方向，以外在环境中的客观事物为第三层实体性物质基础，以外在客观事物投射的影像信息及其功能为虚体性感应材料，由这六个方面互联互动构成了人类精神宇宙的大观园。

我们通常所说的生理，其概念外延非常宽泛，既包括肉体、器官、细胞的结构及其组合，也包括肌体的运动和新陈代谢，更包括神经及其反应。而在提到神经概念时，则既指实体性的神经经络本身，也指神经所具备的虚体性功能反应。

我在欲望动力心理学中将神经所具有的自动反应功能、自动传导功能、自动协调功能或自动存储（记忆）功能等统统称之为智能，或神经智能。

人类所面对的物质世界是一个实体世界，但其所投射的影子却不能视为实体，而应视为虚体。人类精神宇宙就是脱开神经实体性和物质实体性而由神经功能的虚体和物质影子的虚体通过欲望的牵引相互纠缠、互相勾连、相互碰撞、相互叠加和振荡而重新组合的更大的虚体。

所以，精神宇宙作为一个虚体，主要虚在神经的功能上，虚在欲望的驱力上，虚在物质的影子上，虚在影子信息的含义上，虚在各个元素之间看不见的内在联系上。

1. 人类精神宇宙的本体性物质基础之一

毋庸置疑的是，作为刚体的物质性神经是人类精神宇宙形成之前的本体性物质基础。正是在这个基础之上，人类才有条件打开感知的天窗，开始洞见博大精微的宇宙万象。

图 6-3 是神经系示意图。神经系是人类精神宇宙得以产生的本体性物质基础之一。神经包括神经元、神经递质、神经电位等基本元素，而神经元又可分为很多种，包括传入神经、传出神经、植物神经、中枢神经等等，我这

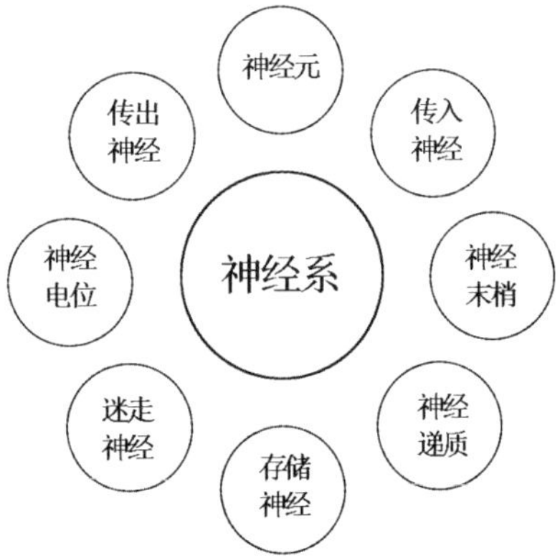

图 6-3 神经系示意图

里仅列示出神经系统中的一些基本元素。

如果把整个神经系比作一个小宇宙，那么，其中哪个可以视之为神经系的行星，哪个可以视之为围绕某颗行星运转的卫星，还需要进一步划分、进一步理顺或细化。

鉴于目前人类对于神经系统的研究还处在浅层次的探索阶段，包括信息存贮方式和存储点位的研究尚未取得突破性进展。所以，这个神经系示意图，就像一个庞大的未探明的宇宙星系一样，还有很多未知领域不甚明了。我在这里只能向大家阐明人类精神宇宙产生于自我本体性物质基础的神经系，具体涉及到神经系的诸多结构方式和层次机理，鉴于神经系统的特殊结构和复杂机制，我还没有足够的学识水平将它更加科学地绘制出来。

神经是客观世界中的物质演绎出来的一种特殊结构体和特殊功能体，这种特殊性不仅表现在其特殊的组合成分上，而且更表现在其特殊的组合方式上。人类自从有了神经，才开始从纯粹的物质世界中分化出来，而成为一个有感觉有反应的独特的精神个体，我们把这个具有特定反应功能的血肉之躯称为本体。人类的主观精神世界就是依托于这个独特的本体产生的。所以，我认为，神经系统就是人类精神宇宙赖以形成的本体性物质基础；除此之外的其他客观事物可称之为客体。凡是给本体带来刺激、造成匮欠、提供补给、产生影响的其他一切客观事物，都是促进人类精神宇宙形成的客观性物质基础（这个客观性物质基础可见于信息系示意图所展示的内容）。

正是神经系在本体性自我中的物质性呈现和功能性运转，才为人类精神宇宙提供了最原始、最基础的动力源。我们相信上帝创造神经系的目的不在于让神经系具有如何复杂的成分和如何复杂的结构，而在于让它具有一种独特的功能，这就是神经智能。可以说，神经智能才是促成人类精神宇宙形成的原始动力源。

神经活动并不直接等同于意识活动，但大脑思维活动则直接等于意识活动本身。神经活动必须借助外在的或内在的刺激来实现，并且这种刺激总是从局部发生的，说明神经活动只能代表部分而不能代表整体；大脑思维活动必须借助表象来实现，没有表象的大脑活动是不存在的，而且任何表象都是来自于内外环境刺激并经由局部神经感官传导到大脑，最后经由大脑呈现出来，大脑是整个人的大脑，是代表人的整体而不是部分。

丹尼尔在《心灵种种》一书中说，“心灵确实是终极不可知之域，也超出全部科学所能达到的范围”。他认为：“人类的意识大概是最后的未解之谜。”

鉴于人类到目前为止尚未准确探明产生意识活动的特定脑区，而只是笼统地界定为神经中枢，但神经中枢的概念并不能让我们明确意识活动得以产生的脑区位置。自笛卡尔之后，几乎所有脑科学或认知神经科学工作者都认为，人类意识产生于大脑，产生于大脑中某一个或某几个特定的脑区。为了使叙述变得更简便，我将人类个体产生意识活动的具体脑区位置称之为 A 脑，以此将 A 脑意识活动与神经智能活动相分别。这样，我们就可以设定人类个体的意识活动来自于 A 脑，人类个体的意识能力也可以称之为 A 脑意能，又由于 A 脑在整体上也代表了整个自我，所以，A 脑意能也是自我意能的同义语。

图 6-4 是 A 脑系示意图。A 脑是产生意识活动脑区或产生意识活动的特定脑结构的泛指，具体在大脑中的哪个部位，或者是由哪几个部分组成的，还有待于脑科学家和认知神经科学工作者的进一步研究和确认。我在这里将目前科学界业已认定的对于人类意识活动具有特定作用的脑结构中一些重要元素列示出来，用以表明特定的脑区或特定的脑结构是人类意识活动得以产生的本体性物质基础。

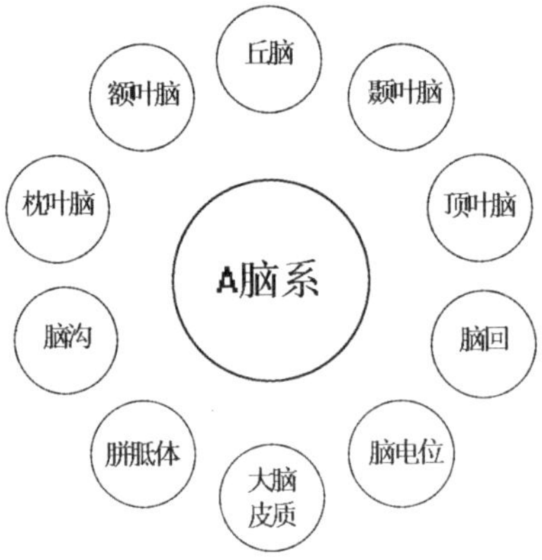

图 6-4　A 脑系示意图

A 脑系统就像一个小星系，其外周可以设想有若干与之相关的包括丘脑、额叶脑、颞叶脑、枕叶脑、顶叶脑、以及脑沟、脑回、脑电位、胼胝体或大脑皮质等小卫星围绕其运行。我在这个图示中所罗列的概念之所以存在着很多相互包含的关系，不仅仅在于大脑结构的极端复杂性、科学研究的暂且模糊性，还包括我本身在脑科学研究方面还是一个门外汉，不足以借助严谨的图示揭示大脑的复杂结构及其机理，只能以一种简单的象征性手法来表示。

大脑与意识的关系问题，历来存在着不同观点的争论。在很长一段时期里，人们曾把意识看成是不依赖于物质实体的神秘莫测的东西，并没有把脑看作是意识器官。随着近代自然科学特别是生理学的发展，到 17 世纪以后，一般都承认大脑是产生意识的机关。18 世纪末德国医生和解剖学家加尔曾把人的各种心理、意识现象的发生机械地定位于脑内各特定的部位。到 19 世纪，法国生理学家弗洛伦斯等人则把脑看作是整体活动，并认为意识是整体的脑的机能。后来，巴甫洛夫及其创立的条件反射学说，以大量的实验研究证明并从理论上阐述了人的意识是大脑皮质的功能。20 世纪 40 ~ 50 年代以来，科学家们对皮质下和脑的微结构进行了广泛深入的研究，揭示出在信息输入大脑皮质的脑活动中，除了有传统了解的“特异通路”之外，还有经由脑干网状结构的“非特异通路”。后者的作用在于激活大脑皮质，使之处于一定的兴奋水平，否则大脑皮质便不能对刺激发生反应。

同时，位于大脑两半球内的表面和侧脑室深部、丘脑和下丘脑以及一系列其他皮质下结构的边缘系统，在脑活动中也起着不可缺少的作用。它们可能与本能的、遗传的反应有关，也对引起情绪和产生动机，以及对某些涉及个体间相互关系的行为反应有一定影响。由此表明，大脑皮质与皮下组织的功能活动是相互联系的，而且正是由于它们的协同作用才有效地保证了脑功能的正常运转。

人类精神宇宙的产生除了上述两个层面的本体性物质基础之外，还有两个客体性物质基础，一个是来自于内部环境的客观刺激性物质基础，另一个是来自于外部环境的客观刺激性物质基础。前者可参见图 6–10 匮欠系及其示意图，后者可参见图 6–9 信息系及其示意图。对于这两个刺激系的情况，我就不再另行作图进行阐释了。

2. 人类精神宇宙的动力源

那么作为与刚体物质宇宙相对立的虚体精神宇宙是怎样形成的呢？我从图 6–5 中逐层剥茧，试图揭开人类精神宇宙形成的机理。

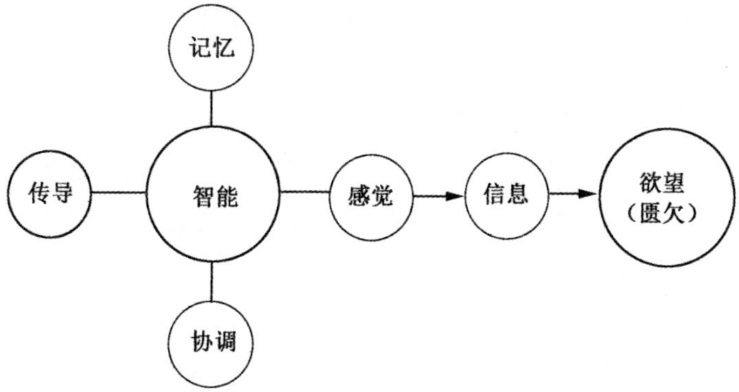

图 6–5　人类精神宇宙的动力源示意图

图中显示人类精神宇宙在未产生之前，与物质世界之间的特殊关系。其中人类神经及其功能（即智能）是人类精神宇宙产生的质能结构基础。

神经具有哪些基本功能呢？图 6–5 中标示了神经的四大功能，合称智能。不过我这里所提到的记忆的概念，单指“记”而非指“忆”，因为记是存储的意思，而忆则是表象的意思。记和忆虽然同属于大脑特有的功能，但二者却具有明显的不同，前者相当于电脑的存储器，属于主板工作的前置程序，后者相当于电脑的显示器，属于主板工作的后置程序。

我们通常认为，大脑是代表自我意识活动的主人，其绝大部分活动都具有主动性和能动性特征，而记忆的存储功能却可以不需要大脑主动支配即能完成其存储程序，尽管我们有时确实存在着主动性记忆过程，但这个过程的完成仅仅是大脑对于记忆方法的主动选择，比如靠多次重复或靠提高注意力等办法，最后能否记住则取决于某个特定脑区的神经元的存储能力或特定存储方式，并非主体想记住便一定会记住的。

我有理由推断，大脑存储功能虽然属于某个特定的脑区，但并不属于大脑主动或能动的活动范畴，不属于纯粹的意识活动。尽管有时意识活动对加深记忆具有良好的指导作用和推动作用，但这种作用也仅仅限于辅助性作用。因为我们知道意识是后天形成的，大脑的意识活动必须依赖于感官映射进来的影像信息，把这些影像信息存储起来，这是先于表象而必须完成的程序，而表象则是意识活动的开端。所以，把记忆归属到先天的智能部分而不归属于后天的意能部分显然与我对智能和意能两个概念的界定边界相吻合。这一点，也许我们要等待认知神经科学的不断发展才能得到更科学的证验。

其实在精神宇宙中运转的每一个行星系或卫星系都存在着明显的不同，不但内部星体数量不同，组合结构不同，运行方式也不同。我相信每个人都可以根据自己的理解而描画出属于自己的精神宇宙星系图式。

3. 人类精神宇宙的本质内容

正是神经所具有的感觉功能，才捕获了外在客观事物刺激性的信息，当这些信息传递到大脑中，便会产生与这些信息有关的欲望。而欲望是有方向性的，可以是来自于匮欠性信息激发的负欲望，也可以是来自于目标性信息引发的正欲望。作为客观意志的负欲望对自我产生驱动力（对自我来说实为被驱动力），作为主观意志的正欲望对自我产生吸引力（对自我来说实为被吸引力），二力合一即形成欲望力，这个欲望力就是推动我们不断前行的意志力，也是诱发我们产生这种或那种行为的根本动机。

正是在这个带有明确方向性的欲望力的驱动下，人类精神宇宙的大幕才开始徐徐展开。

图 6–6 是人类精神宇宙的本质内容示意图。揭示了人类精神世界所包含的根本内容以及这些内容依次产生的逻辑机理。

欲望是人类精神宇宙的正式开端，欲望力是整个精神宇宙的第一驱动力。

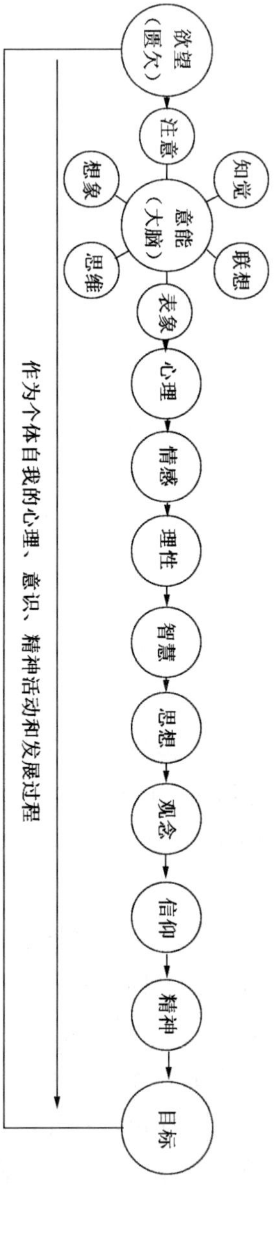

图 6–6 人类精神宇宙的本质内容示意图

在欲望力的驱动下产生了对各种事物目标的意识活动，而意识活动主要体现在六个方面的能力上，即注意、知觉、表象、联想、想象、思维，合称为大脑意能。

在大脑意能的驱动下产生了心理、情感、理性、智慧、思想、观念、信仰、精神、目标等诸多既相互联系又相对独立的精神体元素。人类自我意识的形成过程总是介乎于匮欠性负欲望与目标性正欲望之间，当外在环境中的正欲望性目标将内在环境中的负欲望性匮欠填平，则意味着一个完整的意识活动过程的完成与终结。

一旦匮欠或目标发生变换，那么意识活动的方向、路线和过程也随之发生与之相应的变换。事实上这种变换每时每刻都在发生着。比如从满足食欲到满足饮欲的变换，从困倦到如厕的变换，从休息到劳动的变换，从追求高薪到谋求高职的变换，从爱情婚姻到抚养子女的变换，等等，说明人类个体自我始终生活在匮欠与目标的不断变换之中，因此，其自我意识活动也始终处于连续不断的变换与纠缠之中。

4. 人类精神宇宙演绎图

下面我将人类精神宇宙的动力源示意图和人类精神宇宙的本质内容示意图合成在一起，构成人类精神宇宙演绎过程的巨幅长卷，从中可见整个人类精神宇宙中的每一个环节或每一个元素都是重要的和有效的。

图 6-7 从整体上揭示了人类精神世界的形成过程和各要素的衍生逻辑，以及发生与发展的目标方向。

在图 6-7 中，我们可以看到，智能（神经）、欲望（匮欠）、意能（大脑）是由神经、匮欠、大脑三个实体与智能、欲望、意识三个虚体的合成，人类精神宇宙是一个去实化虚的过程。最终的目标实际上也是一种虚实结合体，既有虚在的精神价值和理想意义指向，也有实在的物质依托和客观变现。

这个精神宇宙就像我们所知道的太阳系相类似，演绎图中的每一个闭合圆形图都可以假想为一颗宇宙星体。

我们先看智能（神经）这颗星体，我将它称之为智能之星，因为它处在人类精神宇宙形成的奇点位置，也可称为奇点之星。其周围环绕着四颗小卫星，计有感觉之星、记忆（存储）之星、传导之星、协调之星，由此表明了智能这一概念所涵盖的基本内容和外延边界，共同合成了一个小星系。智能之星在整个精神宇宙之外占有极为重要的地位，首先，它是一颗实体星宿，虽然不在人类精神宇宙之中，却以其特有的感应、传导、协调、存储功能而贯穿于人类整

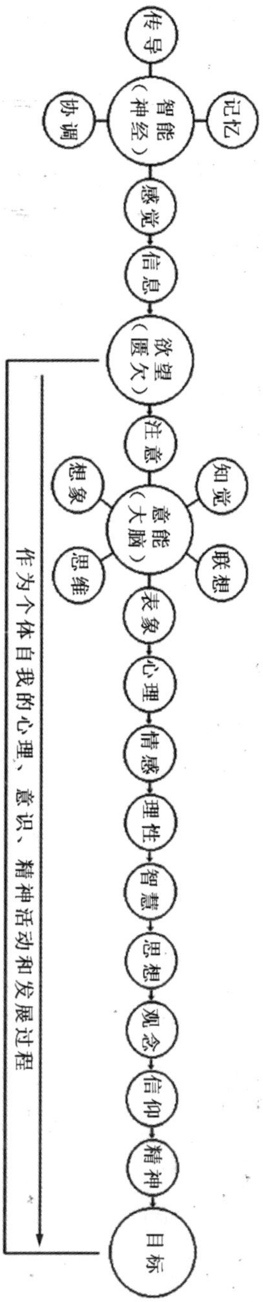

图 6–7　人类精神宇宙演绎图

个精神活动之始终，每一个环节的内容和形式都有其须臾不离的介入、参与、串联和反应。

再往下看，智能性感觉必然会衍生出另一颗星体，这就是信息之星，即由视听嗅闻触等感官捕捉到的刺激信号摇身而变为影像信息，智能之星所要传导和记忆的内容当然也就是这些信息内容，它同时还可以根据这些信息做出简单的和直接的协调性反应。这就意味着，智能小星系并不是自成一体和自我封闭的独立系统，而是与其他星体始终保持着万有感应的关系，即对其他星体具有辐射、衍生、激发、传导、协调等各种功能和作用。信息之星所承载的内容非为客观信息，而是客观信息经神经智能的传递，进入大脑后而上升为主体层面的主观信息。

信息之星经由智能之星的传导而至大脑中，衍生出了一个更重要的星体，这就是欲望（匮欠）之星，简称欲望之星。如果说，前面智能之星所做出的反应是来自于神经的局部性反应,待到将刺激信号所承载的信息传递给大脑之后，那么,对于这颗信息之星所做出的反应便是来自于大脑的整体性反应,也就是“反应的反应”，前一个反应指的是神经智能层面的反应，是智能之星做出的局部性被动反应，后一个反应是大脑意能层面的反应，是欲望之星做出的整体性主动反应。可以确认，人类大脑是代表整个自我的主体（局部神经不能充当这个代表），凡是来自于大脑的反应都是主体自我的整体性反应。欲望之星被激发出来之后，主体自我第一次产生了意志，产生了意志倾向，这就使欲望之星从一诞生开始即获得了较为明确的运行方向，而这个具有特定方向的运动，其最初的作用力，即来自于由匮欠直接产生的负欲望，这是人类精神宇宙的第一推动力，而由负欲望反弹出来的正欲望直接指向不在场的目标，这个目标所产生的吸引力，与最初的第一推动力合并在一起，一者推，一者拉，构成了欲望之星运行的合力。

在图 6–7 中，我把欲望之星与目标之星描画得一样大小，实在是因为这二者的契合正好象征着欲望最完美的满足形式。如果抛开欲望膨胀因素，那么我们可以认定，有多大的匮欠就会产生多大的欲望，而有多大的欲望就会产生多大的目标。我们分析一下，智能之星虽然是人类精神宇宙的开端，但它不能产生动力，其衍生的信息之星也不能产生动力，只有欲望之星才能产生方向，产生动力。所以，欲望之星为整个精神宇宙的运动踢了第一脚，可以视为人类精神宇宙的第一推动力。

自从欲望产生之后，人类精神世界开始出现了第一道曙光。在图 6–8 中，我用线条所标示的区间，属于精神宇宙的根本内容，所标示的箭头则是整个精神宇宙的运动方向和演绎逻辑与机理。所以，严格说来，在欲望之星诞生之前的智能之星、信息之星并不能算作人类精神宇宙所涵盖的基本范畴，而仅仅是孕育和诞生精神宇宙的父母，父为智能，母为神经，二者交合而生出精神宇宙。从量子物理学的角度上看，智能属于波动，属于运动性的能量范畴，神经属于粒子，属于物质性的质量范畴。

同时，欲望之星相当于整个精神宇宙的中心，是精神宇宙的红太阳，其他星体都围绕着这颗巨大的欲望之星公转。我认为，将欲望之星定格为整个精神宇宙中心的地位是不足为怪的，因为人类的一切思考、一切行为不但都是欲望驱动的结果，而且也都是为欲望的满足服务的，围绕欲望运转的。没有欲望，人类意识和行为便会失去方向，失去动力，失去意义。

欲望之星继续向前推进，便推动出了意能（大脑）之星，简称意能之星，或意识之星。意识之星是一个庞大的星系，其外周至少环绕着六颗小卫星，计有注意、知觉、表象、联想、想象、思维等。由此可以表明意识概念中所涵盖的基本要素和外延边界。我将知觉未列入智能范畴，而列入意识范畴，这个原因，我曾在本书的相关章节中阐述过，大体意思是：知觉已远远超越了局部感官的特定感觉，而是经过大脑综合后产生的对于事物的整体性反应，没有主体大脑的积极参与，是根本无法实现知觉的。知觉这颗星体的外围其实还有一颗小卫星，称为知识之星，表明人类的知识是在知觉中产生的（这颗重要的小卫星，恕我在图中并没有标示出来）。

正是意识之星的不停转动，才使主体自我相继产生了心理、情感、理性、智慧、思想、观念、信仰、精神等诸多虚体性星宿。从而使人类精神宇宙呈现出群星璀璨、色彩斑斓的热闹景象。

从图 6–7 中可见，人类是从物质性神经出发而后开始进入精神性主观世界的。以神经为中心构成了一个认知功能小星系，正是这个小星系演绎了一个神奇的精神大宇宙。小星系中的物质性神经为了自我保护和自我成全的功利性目的，凭借其感觉等功能而发现或捕捉到了自身机体发生的某种匮欠性事件，或对自我有利的目标，进而从匮欠的“无”中反生出一个目标性的“有”来，或从目标的“有”中反向生出一个匮欠性的“无”来，有与无的信息传递给大脑，如此这般即诞生出一个精神的怪胎——欲望。

接着，为了满足自我欲望，或者说在欲望的驱动之下，A 脑意能开始发挥作用，意识开始活动起来了，意识活动的终极是这个精神宇宙中的最后一颗星体——目标。因为大多数可用来满足欲望的目标并未直接摆在眼前，而是一种不在场的对象性他者，这时作为欲望主体的自我除了充分利用智能性感觉功能之外，也开始利用大脑所特有的注意、表象、联想、想象、思维等功能性武器冲着欲望目标进行搜寻、探求和谋划。

在此过程中根据自我与事物之间所特有的关系产生了各种情感、情绪、心情、脾气、态度，同时通过对各路信息的提炼和加工，而产生了知识、道理、原则、规范、秩序、规律等，并藉此提高了智慧，淬炼了理性，升华了思想，挺立了精神，形成具有一定稳定性的观念，即世界观、人生观、价值观，有的甚至达成了坚定不移、至高无上的信仰，进而构筑起了一座包罗万象的主观精神大厦。

对于欲望主体而言，最终或者抵达了目标，或者未抵达目标，这一点已经不再重要，重要的乃是人类自我在这个过程中不但完成了物质世界的壮行，而且也完成了精神世界的游走。这个过程也是个体自我的整个心理活动过程、情感波动过程、理性制衡过程、精神发展过程和自我意识成长与成熟过程。而自我在整个精神世界里主动的和能动的行走过程，都是靠着精神宇宙的第一推动力——欲望来实现的。

四、人类精神宇宙中的各大星系结构图

如果说人类精神世界恰似一个庞大的宇宙系统的话，那么，欲望便是一颗散发着无尽能量的超大恒星，其他包括意识、信息、知识、情感、智慧、理性、思想、观念等精神体便是一颗颗围绕欲望这颗恒星运转的若干行星。这些行星也不是孤立存在的，比如以智能（神经）之星为中心的星系简称智能系，其外周有感觉、传导、协调、记忆等几个小卫星围绕着它运行，这个智能系同时也是在负欲望性客观意志的驱动下，围绕着正欲望性主观意志这颗恒星（即意识之星）运转的，表明智能只接受客观意志的驱动和主观意志的支配。在整个精神宇宙中，各个星系和小星体都有其方式独特的运行轨道，并且像物质性宇宙存在着万有引力一样，每一个精神星系或星体相互之间也存在着互动互济、相承相应的关系，遵循万有感应定律。从这一视角上来看，人类精神宇宙与身外星河浩瀚的物质宇宙何其相似乃尔！

在这里还应该做出提醒和说明的是，鉴于人类精神宇宙具有不可透视的模糊性和人类自身感官观察能力和检验能力以及各种媒介的特殊局限性，与天文学家和物理学家们观测物质性宇宙相比，人类精神宇宙在理论探索的道路上则不可避免地要经历更多的艰难和挫折，包括对各类功能体或精神体概念边界的划分与认定，也包括对其运行方式的考察与推演，自古以来就一直存在着意义

的交叉、曲解或模糊地带。由于这些模糊地带始终摆脱不掉难以检测与验证的缺憾，使得这种争论一直持续不休，各成一体，至今无法定于一尊。

我所推演的人类精神宇宙，尽管参考和借鉴了前人许多有益的启示，却也难免会在某种程度上重蹈前人内省自证的旧辙。实际上，我在这里所要阐述的不是简单的心理学知识，而是试图创建和提供一个独特而全新的理论模型，以便让人们根据自己的生活情境和经验感受，从这个模型中探赜索隐，洞幽烛微，从而找到观察人类精神世界的最佳视角和洞彻人类行为动机的可靠依据。

其实，人类精神宇宙并不像演绎图所描画的这样简单，每一个精神感应体也都比作一个相对独立的小星系或小星团，其外周可能还有多个其他更小的感应体，就像小卫星或星云一样环绕着它。

下面我们就分别以这些精神感应体为中心的小星系做一番比较和形象化描绘，以便让读者朋友们更好地和更形象地考察人类精神宇宙的独特魅力。

1. 神经智能系

作为精神宇宙的动力源，神经智能具有反应性、传导性、协调性、存储性，它是形成人类精神宇宙的本体性物质基础，内在于自我生理机能之中，并以与内在匮欠和外在目标直接或间接建立联系的方式而实现自身所特有的功能，这种功能运转的直接结果和最终皈依，是在顶头上司的大脑中产生反应，这便是意识反应。

图 6–8 是神经智能系示意图。神经智能系是以神经智能为中心、以神经智能产生的若干更小的功能体为环绕的中观星系。我们把物质性神经智能比作一颗行星，那么由它所产生的各种功能或反应方式作为一种附加性存在，可以把

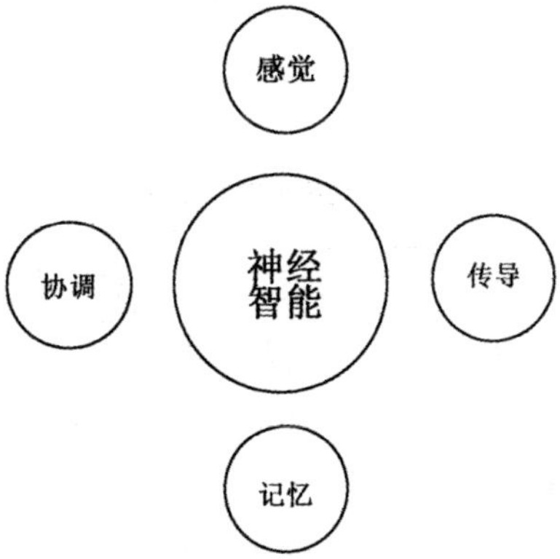

图 6-8　神经智能系示意图

它们比作围绕神经智能这颗行星运转的小卫星，由此构成一个类似宇宙星系的混合体或合成体，简称神经智能系。

神经智能系中的所有神经功能或所有反应方式如感觉、传导、记忆、协调等，就类如一颗颗小卫星环绕着神经智能这颗行星运转，它们是神经与外部物质世界相联系的辐射性或感应性产物，也是与物质世界相联系的纽带。它们一头连着客观物质世界，一头连着主观精神世界，或者一头连着客观意志，一头连着主观意志。其客观意志产生于客观匮欠发生的作用力，其主观意志产生于主观目标诱发的反作用力，这种反作用力驱动自我主动做出填充匮欠的目标性选择和寻求欲望满足的可行性方法。自此以后，人类客观物质世界开始向主观精神世界延伸和迈进。

关于这个神经智能系，还有几点需要说明一下。一是神经智能系中有些小行星在功能上不止是示意图上所罗列的四颗卫星，还可能有一些尚未被发现或尚未被确认的卫星，比如表情表达能力（如微笑表情或痛苦表情），声音表达能力（如哭声与笑声），肢体表达能力（如蹬腿或抓挠）也属于神经智能产物，就连动物也有智能性表达能力，包括发出各种叫声，做出各种表情、动作等等。二是神经智能系中的记忆之星是一颗有争议的小卫星，是否应该将它归属于神经智能系，还是应该归属于自我意能系，似乎存在着不同的观点。我将它列为神经智能系的依据已经在本书其他章节中做了较详细的说明，这里就不再赘述了。

2. 信息系

神经智能系直接推动出来的星系是信息系，信息系一方面来自于他在性的客观事物，并以客观信息的形式存在，一方面来自于本体性的神经智能反应，并以中观信息的形式存在，就像镜子形成影像的过程一样，需要有两种东西并立并存，一是要有一面具有反映功能的本体性镜子，二是要有逮及于反映功能范围之内的被反映的客观事物，只有这样，客观信息才能通过神经智能而转化为中观信息。

图 6–9 是信息系示意图。图中列示了信息系所包含着的基本要素和外延界定。信息系是一个庞大的星系。围绕信息这颗行星运转的小卫星，除了人体内部环境信息通过内部感觉进行有线传导的内部信息性星云之外，其他则主要来自于人的眼耳鼻舌身等各大智能感官。

信息不是物质性实体，而是物质性实体投射于人类感官的影像。如果说人有五大感官的话，那么，就只能获取五大类影像或信息，包括视觉类的影像、

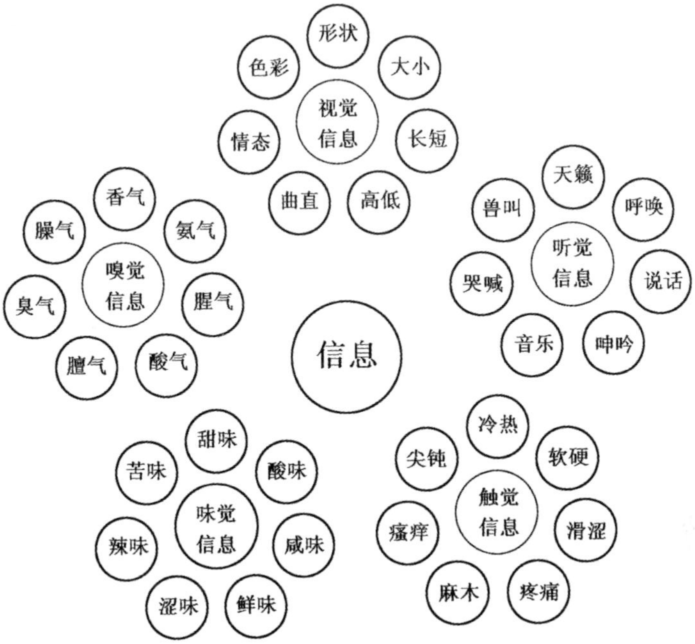

图 6-9　信息系示意图

听觉的声音、嗅觉的气味、味觉的味道、触觉的软硬滑涩等；如果我们把来自于人体下三窍的大便觉、小便觉和性觉也列为三种官能的话，那么，外部感觉就可以认定为个体自我具有八种基本感官，其所获取的影像信息便可分为八大类。围绕信息之星运转的影像信息远不止图 6–9 所列示的部分，比如视觉类信息还包括肥瘦、安危、运动、变化、手势、姿态等等，听觉类信息还包括风声、雨声、读书声、吵闹声、骂人声、呵斥声等等。

信息系表示信息是一个系统，简称信息系。信息系在精神宇宙中状如一个巨大的流动的星云团，有人称之为信息流。信息是由感觉神经捕捉到的，一方面是被动性感知的匮欠性信息，这是欲望产生的源泉，另一方面是主动性感知的目标性信息，即欲望产生以后，为了寻求目标的满足而主动利用感官捕捉到的信息。

就是说，信息系是智能系与欲望系相互联系的产物。人的智能系首先要通过内部感觉感知到匮欠或刺激性信息，并藉此产生负欲望，为了排解各种各样的负欲望，不得不利用外部感觉寻找与之相对应的目标。因为目标不是直接摆在眼前的，而是混同和胶着在各种各样的信息中，需要对各种信息进行认知，并按照欲望原则分出有用信息、无用信息和干扰信息。这些信息有的来自于人体内部，有的来自于人体外部，有的来自于自然界，有的来自于社会，有的来自于书本，有的来自于想象、思维、推理和创造。

信息最初是以客观的外在的形式进入智能系统并形成中观信息和中观世界，而后通过中观介体而进入大脑的，自从进入大脑之后，便在欲望的驱动下而变成了主观信息，开始成为精神内容的一部分，就像一面镜子，其所面对的是客观世界的存在物，一旦被映射到镜子中，便成为镜中影，这个影像已经不再是客观物质了，而是中观世界存储的影像性介质，待其进入大脑之后便成为主观世界可以用来表意的影像符号了，即这些影像符号承载着的各种各样的欲望性意思，这些意思汇合在一起形成意识流，这个意识流涓涓不息的流淌构成了精神世界的全部内容。

3. 匮欠系

信息系首先推动出来的星系是匮欠系。信息作为客观事物的刺激信号，既可以来自于内在环境系统，如疼痛、饥饿，饱胀等等，也可以来自于外在环境系统，如光亮、色彩、香气、声音、味道等等，当这些信息被神经智能采集为中观信息之后，可能就会在大脑中枢中形成不平衡的匮欠感，从而构成形式不同的匮欠系。

图 6-10 是匮欠系示意图。匮欠系与信息系相对称，是智能系中感觉的功能性产物。当匮欠被感觉到之后，便形成了匮欠系，从这个意义上说，匮欠只有被感觉到之后才具有匮欠意义。

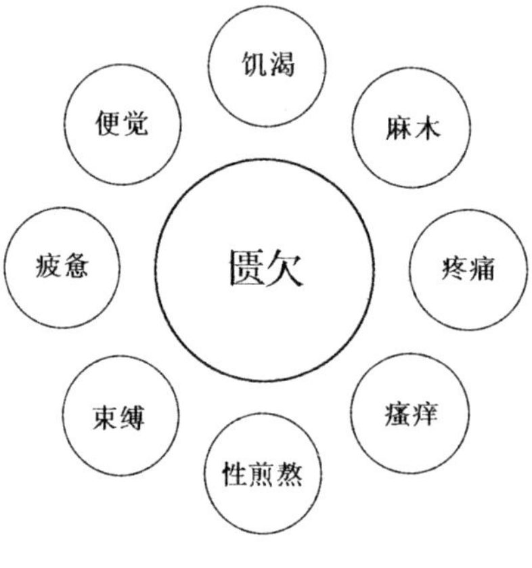

图 6-10　匮欠系示意图

匮欠是物质性实在与精神性虚在的二像结合体，物质与精神在匮欠这个节点上黏合在了一起，构成了一个极为特殊的虚实两面性的东西，一面看到的是实在的“有”，即确有匮欠的发生和存在，表明匮欠事件是个实在的东西，对这个实在的东西而言，它当然是“有”的实在性体现，具有特殊的物质性和客观存在性特征；另一面看到的是虚在的“无”，即应该有而实际没有在场的那部分内容，表明匮欠是个虚在的东西，对这个虚在的东西而言，是“无”的虚在性体现，具有特殊的精神性和主观期待性特征。

单看“无”的一面，虽然暂时暂地是虚在的，没有的，但这个“无”却虚位以待，以虚求实，可以隔空慕物，虚实映射，无中生有。

具体说来，就是主体凭借神经功能对这个“无”做出应答式反应，向另一个时空位置上进行辐射或感应，试图找到与其相对应的存在物，即可能存在着的那个目标性的“有”，从而与“有”构成虚实相称的对应关系和互补关系。

这就充分表明，匮欠既是有，也是无，当匮欠是有的时候，即是匮欠本身，主体通过内部感觉、感知、注意、传导等功能而直接感觉或感受到这个匮欠对自我产生着不利的损害和影响，并由此而产生负欲望，即不欲之欲。

当匮欠是无的时候，主体会通过外部感觉自动映射和感应到另一时空位置上的“有”，从而产生应答性的正欲望。因为匮欠此时既已为无，那么就必然产生一种“无什么？”的目标对象性确认，这种对象性确认是匮欠性客观意志与目标性主观意志契合一致的倾向性指引而实现的，是大脑通过驱动外部感觉的映射或遥感作用而产生一种应答式预判和目标性选择与锁定，这样，带有明确正向指向的欲望便产生了。

匮欠作为实在的“有”，因为是神经通过感觉、知觉、注意、传导等功能直接觉察、直接体验、直接感生的实有体，所以自我对于匮欠所做出的神经反应便是一种感觉性的内容。在整个精神宇宙中，如果把匮欠看做是一颗小行星的话，那么，在这颗小行星的周围运行的便是饥饿、疼痛、麻木、瘙痒、束缚、便觉、疲惫、性煎熬等内部感觉性小卫星，它们均围绕匮欠运行，这样就构成了一个以匮欠为中心的相对独立的精神星系，简称匮欠系。在整个精神宇宙中，我们发现，匮欠系是距离智能系最近的星系，而且也是整个精神宇宙的动力之源。

4. 欲望系

匮欠系直接推动出来的星系是欲望系，欲望系是匮欠系对智能系发生特定作用后而在自我大脑中产生出来的，其与匮欠系是叠加并契合在一起的（在整个精神宇宙中可以将二者完全合并在一起来表示）。

欲望系是匮欠系通过神经智能而对于填补匮欠的目标物的投射性、辐射性和遥感性反应，其方向性非常明确，直指终极目标。人类欲望虽然五花八门，包罗万象，但最终都以生理欲望为根本皈依。而人的生理欲望来自于人的开放式生理循环系统，有多少种开放式生理循环系统，便至少有多少种相应的欲望形式。

图 6-11 是欲望系示意图。欲望源自于主体自我对于匮欠的神经感应，并通过大脑对这一感应做出一种带有明确倾向性的应答，此后包括心理、意识、情绪、行为等一切反应全部围绕着欲望展开，且反应方向与欲望方向相一致。在人类整个精神宇宙中，之所以认定欲望体为恒星，是因为它具有恒星的主要特征，即其他一切星系无一不是围绕着欲望运转的。

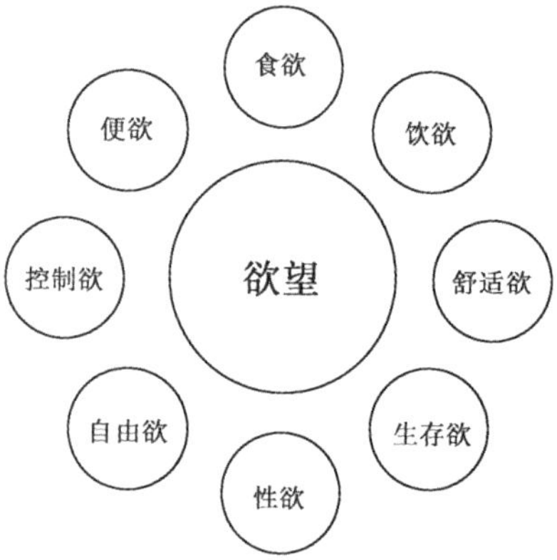

图 6-11　欲望系示意图

欲望与其直接产生的所有感应性内容构成了一个相对独立的星系，简称欲望系。包括食欲、饮欲、便欲、性欲、舒适欲、轻松欲、自由欲、生存欲、控制欲等各种欲望，都是欲望系中的应有内容。

我们发现，欲望系是匮欠系直接驱动去来的第一个精神性产物，发生什么样的匮欠，便会产生什么样的欲望，便会寻求什么样的目标。我们知道，匮欠驱动出来的负欲望属于客观意志，而被目标引发出来的正欲望属于主观意志，代表客观意志的匮欠性负欲望与代表主观意志的目标性正欲望就像天平的两端。只有在不平衡状态下才能在人的心理产生反应，这便是心理反应，平衡与失衡一直陪伴并影响着人类个体心理活动的全过程，须臾不能分离。

自从有了这种不平衡性反应，在匮欠系和欲望系中开始有情绪性的内容参与进来了。如焦躁的情绪，惊恐的情绪、愤怒的情绪、平和的情绪，乐观的情绪，悲观的情绪，热烈的情绪，冷漠的情绪等，这些情绪演化为痛苦感、失落感、纠结感、紧张感、烦躁感、焦虑感、厌恶感或自豪感、骄傲感、欢愉感、喜悦感等。

这些情感性内容已经不再单单是感觉的内容了，而属于心理感受的内容了，比感觉的内容明显提升了一个层次。

除此之外，意志性的内容也参与进来了，如赞同、支持、反对、拒绝等，表明欲望从一开始就决定了人类个体自我的意志方向。

实际上，匮欠系与欲望系是同一星系在不同观照视角上的不同表述形式而已，两者在本质上是同一个东西，就像一枚硬币的正反两面一样。

5. 意识系

匮欠系与欲望系相互联动，使得内外环境信息两相纠缠，并由此驱动 A 脑做出整体性意识反应。A 脑作为神经系统中最顶级的指挥中心和汇总中心，在客观物质层面上与神经系相连接，形成一个特殊的可以产生意识活动的 A 脑系。

A 脑功能有很多，包括注意、表象、联想、想象、思维、知觉、情觉、理觉、悟觉、灵觉等等，A 脑功能主要针对欲望意义发挥特有的比较、联想、想象、分析、判断、推理、决策等作用，所以可以称之为 A 脑意能，又因为 A 脑本身代表了整个自我，所以 A 脑意能也就是自我意识能力，简称自我意能。这种能力的表现过程即是意识或意识活动。

第一个闯入大脑意识系统并占居意识高地的东西并非是刺激本身（刺激性反应最初仅限于神经反应），而是由刺激产生的匮欠性欲望，亦即负欲望。负欲望的反面与之相对称的便是正欲望，二者可以合称为欲望（匮欠）系。

由欲望（匮欠）系推动出来的星系是自我意能系，简称意识系。欲望是意识活动的根本驱动力，正是在欲望的驱动下，人类的意识才被正式激发出来。

图 6−12 是意识系示意图。意识发轫于大脑，而大脑代表的是整个自我，所以，意识活动能力，在更多的时候代表了自我意识能力，简称自我意能，将自我意识能力，冠以自我意能的概念，目的是跟神经智能相区别和相对称。意识系就像一个流动的星云团，也可以称之为意识流。这个星云团由注意、表象、知觉、联想、想象、思维、情觉、理觉、悟觉等动态的意识性内容构成的，由这些内容所形成的合力便是自我意识能力，也称 A 脑意能。

意识是在欲望驱动下的 A 脑功能发挥作用的产物，如果只有 A 脑功能而没有欲望，意识的发动便没有了驱力、方向、对象或目标，就像一辆汽车没有动力便不能行驶一样。如果只有欲望而没有 A 脑功能——事实上，这个假设是不存在的，因为没有 A 脑功能，一切都不可能发生，一切都无从谈起。人类精神宇宙是以A脑功能的正常运行为基础的，没有A脑功能，人类精神宇宙便不复存在。

意识系围绕着欲望这颗大恒星运行，受欲望驱动，为欲望服务，帮助欲望寻找并建立与匮欠直接或间接相关事物的联系，并在基本层面上确立联系的动机和目的，选择和辨识对欲望有利、有害或无用的信息，提示、确定并驱策施加动作的目标和方向。

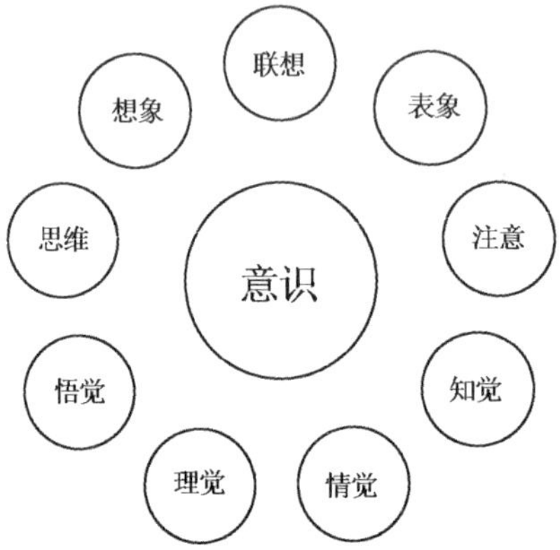

图6-12 意识系示意图

意识包括哪些内容，意识系示意图已经给出了答案。通过意识活动，人类个体面对纷繁复杂的客观事物，围绕自身欲望，可以怀疑什么，明白什么，发现什么，确认什么，决定什么，领悟什么，联系什么，驱动什么，创造什么，并为实现自己的欲望目标选择方式、方法和途径。

人类意识还可以分为主动意识与被动意识，凡是自我主动地和能动地思考的内容和思考的过程都属于主动意识，如谋划一个方案、思考一个问题、设计一个方法等等；而凡是被动地和受动地思考的内容和过程，凡是不经意进入大脑中的内容或进入过程都属于被动意识，其中被我列入智能范畴的记忆（存储）及其过程即属于被动意识。

6. 思维系

意识系中的思维作为一个小卫星，其外围还可以找到很多更小的卫星。

图6-13是思维系示意图。思维作为A脑意识领域的最高形式与其所产生的各种功能构成了一个独特的小星系。思维在精神宇宙中是一个重要星系，其主要活动是为满足欲望服务的，以此为中心，在其周边围绕着包括概念、判断、推理、形象、抽象、联想、想象、分析、综合、概括、比较等多个小卫星，构

成了相互联结并不断运动的思维系。

一个人的思维过程通常被人称之为思考、考虑、分析、理解、琢磨、沉思、冥想，它们是关于思维在不同情境中所采用的不同语言用法，所表达的含义大体相同或相近，都是借助概念、语言、逻辑、判断、推理、比较、分析、综合、概括等方式有目的地寻求解决问题的方法。

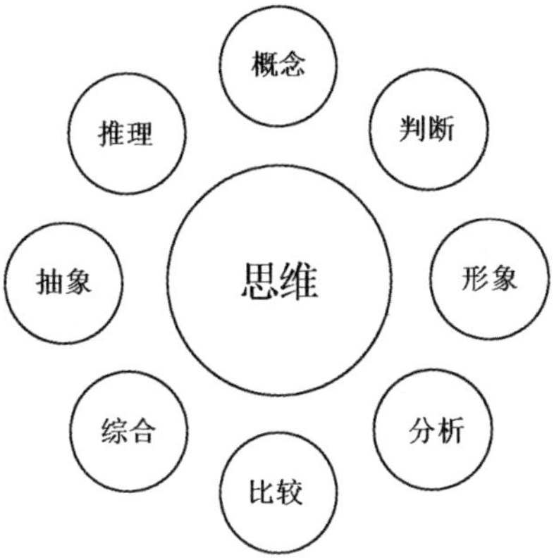

图 6-13　思维系示意图

7. 知识系

思维系推动出来的星系是知识系。

图 6-14 是知识系示意图。知识系产生于神经系对信息系中所有信息的有意义的提炼、加工和总结，所谓有意义，指的是对欲望有意义，如果对欲望没有意义，那么这种提炼、加工和总结便没有了标准和原则。我们可以设想经验、

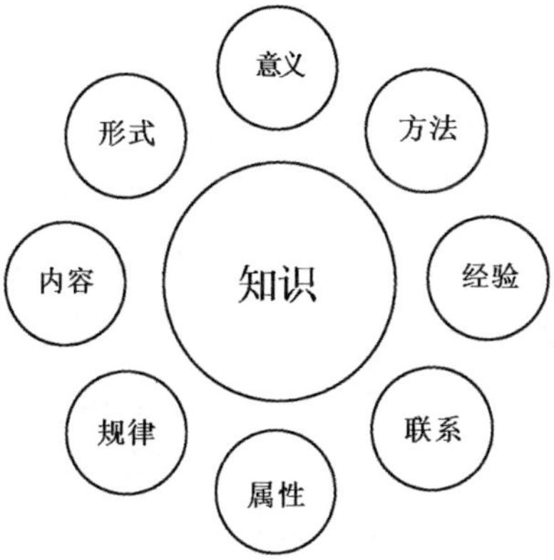

图 6-14　知识系示意图

方法、属性、形式、内容、意义、联系、规律、用途、大小、轻重、主次、优劣、强弱等诸多小卫星都在围绕着知识这颗行星运转。

知识系代表了人类精神宇宙中的所有知性空间。知识是经验的提炼和升华，知识中含有客观知识和主观知识，而经验仅仅属于中观信息，因为经验中总包含着一些与客观实际未必相符的内容，依靠经验做出的主观决策或行动绝不如依靠知识做出的主观决策和行动来的更正确、更精准、更可信和更有效。换句话说，知识是经验的校准星，一切经验只有被上升到知识的高度上之后才能成为指导人类实践的基本准则。

我们有理由确信知识系也同信息系一样是严格围绕着欲望系运转的特殊精神体。同样的，从信息系中提炼的知识系，也具有主客观二象性含义，一方面，知识首先是客观存在的东西，并外在于人的主观世界中，一方面，知识又是主体自我对于中观世界的经验进行提炼和加工之后的产物，并内在于人类主观精神世界中。这个从客观到主观的根本性转变完全是通过中观性自我智能的联通和 A 脑意能发生特定作用的结果。

这就意味着，只有进入大脑存储器被记住并可以进行表象的知识，才属于主观知识，才属于个体自我真正掌握的知识，也只有这样的主观知识，才能成为自我精神大厦的建筑材料。个体自我根据主观知识进行规划设计，落实为指导实践的具体行为，并由此在客观世界中留下主观意志的痕迹。

在自古以来关于物质与精神或客观与主观的争论中，人们忽略了嫁接二者之间的信息或知识的特殊功能性存在，信息或知识一方面具有客观性，一方面也具有主观性，这也是信息或知识所具有的一体二像的特殊存在形式。信息或知识首先都真实地介乎主观与客观两个世界之间的中观世界中，并使作为介体智能的中观世界成为客观世界与主观世界相互转化的桥梁和纽带。

但信息系的形成必须基于两个基础性前提，一是人类的感官，二是客观事物，一切信息都毫无例外地来自于主体感官对于客观事物的感知，来自于神经智能系与客观事物的毗连地带，但知识系的形成以信息系为基本材料，经过 A 脑意能的提炼和加工，经过社会实践的有效证验，才能被确证下来，所以知识系是 A 脑对于客观信息和主观信息的分析与综合的产物，是 A 脑意能与客观事物的整体性对接与契合之后的产物，同时也是信息符号被赋予特定欲望意义之后的产物。

知识系在体量大小上要比信息系小得多，这主要缘于知识系是从大量的信息系中提炼出来的结果。而在具体功能上也有所不同，信息系是神经系在向欲望系进发和为欲望系服务的过程中所能收集到的各类有用或无用信息的总和，而知识系则是其中有用的那一部分，正是这有用的部分显示了与信息系在功能方面所呈现的不同特征。

知识系涵盖在意识系之中，是围绕意识系运转的小精神体。而意识系则围绕着欲望系这颗巨大的恒星运转。欲望系与我们在物质世界所看到的太阳系相类似，太阳系有九大行星围绕着太阳运行，而在欲望系中，则有十大行星围绕着欲望这颗恒星运行，计有意识系、心理系、情感系、理性系、思想系、观念系、智慧系、信仰系、精神系、目标系等，精神宇宙中的这些行星并不像物质宇宙中的行星那样具有严格的独立性，其中很多星体相互交叠，互相纠缠，甚至互动互生，共同建构成一个既相互联系又相对独立的自我精神宇宙。

8. 心理系

意识与心理的概念非常接近，人类很多意识活动也被认为是心理活动。但自从心理学作为一门独立的学科大行其道以后，心理的概念便与意识的概念发生了偏离，心理的含义更多的指向个体自我的内在感受，更多地偏重于情绪、心情或体验，与意思、思想、理性等含义越来越远了。而心理感受总是与欲望体验、欲望倾向息息相关，总是与他者之间建立在欲望意义上的关系密不可分。

所以，在欲望系的驱动之下，在意识系的指引之下，一个事关个体自我内心感受的星系便被推动出来了，这就是心理系。心理系与意识系紧密相连，并时刻不停地围绕着欲望这颗恒星运转。

图 6–15 是心理系示意图。心理系包括舒畅、轻松、压抑、宽容、狭隘、郁闷、纠结、平衡、欢愉、欣慰以及愤怒、惊讶、恐怖、惧怕、惶惑、忧虑等多颗小卫星围绕其运行。心理系内容都是人类感受性内容，而非感知性内容。

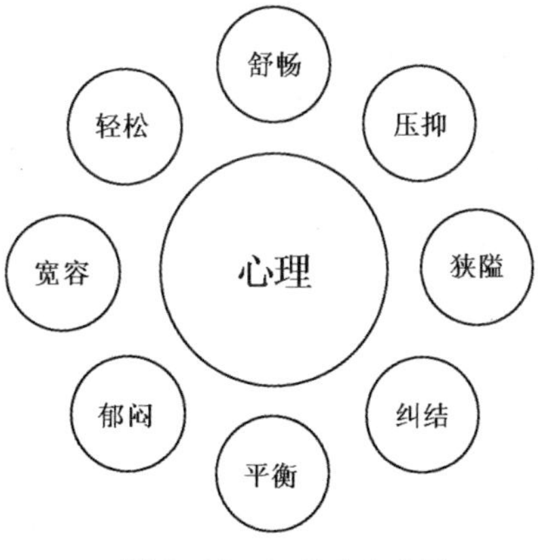

图 6–15　心理系示意图

凡是心理的，都是由外而内的反应，是外在事物在欲望层面上投射于大脑之后而产生的内在体验或感受，是自我按照某种特定的欲望方向在向外在他者进行有效表达和实现有效联通过程中的内心活动或意志倾向。

所以，一切心理倾向也都代表了欲望倾向，是欲望倾向的内受性反应，而且这种内受性反应必然造成人体内部的血压、气压等发生改变，并通过这种改变而外现出来，表现在血液循环、呼吸循环以及外部表情上、说话语气上、行为动作上，从而对外在表达对象的心理和情绪产生特殊的激励和应激作用或影响。

9. 情感系

鉴于个体自我与外在他者之间所存在的复杂联系，外在他者对自我欲望必然产生或有利、或有害、或无用的影响，按照欲望原理，个体自我也必然针对外在他者产生与欲望方向一致的心理倾向，这种心理倾向一旦获得了明确具体的表达对象，便会立刻化生出一个情感系小星体。

图 6-16 是情感系示意图。情感是个体自我与外在他者之间相互联系的表达性产物。离开了与对象的联系，离开了个体自我的欲望倾向，离开了与对象的意志性表达，就不可能无缘无故地产生情感。围绕情感这颗行星运转的小卫星有很多，包括关系、表达、喜欢、快乐、愉悦、和善、积极、乐观、苦恼、愤怒、厌恶、焦躁、悲观、消极等等，都属于情感系的范畴。

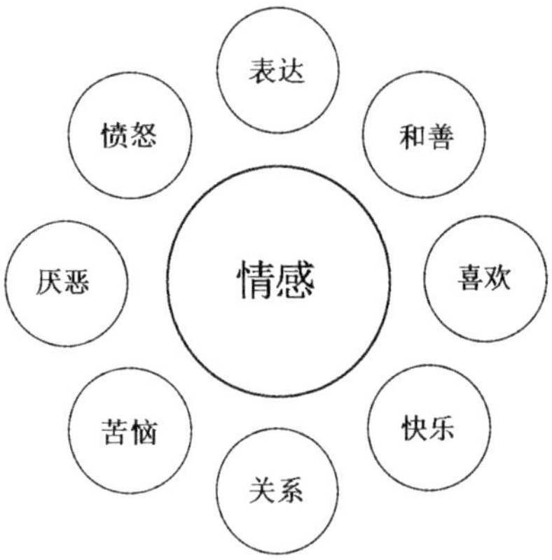

图 6-16 情感系示意图

情感的概念包括感情、情绪、心情、态度、脾气、感触，以及仁慈、孝悌、义气、友好、怨怒、仇恨、敌视等各种带有意志倾向性的内涵，其发生机理十分复杂，一方面它发之于匮欠性欲望，产生的是负情绪，一方面它发之于目标性欲望，产生的是正情绪。这就像在匮欠与目标之间横置的一杆天平一样，不论向哪一端倾斜都会产生情绪。向目标方向倾斜便会产生积极乐观的情绪反应，向匮欠方向倾斜便会产生消极悲观的情绪反应。只有在彻底平衡时，情绪之衡才会平静下来。

而且，情绪与内脏运动神经系统和内脏器官之间存在着非常密切的关系，可以通过血压、气压等变化而引起体内血管、腺体、呼吸等的变化，并进而引起体内液体、气体的膨胀，直至对神经系统和意识系统产生器质性、机理性和功能性影响，最终左右和掣肘个体自我行为发生激情性或应激性的改变。所以，情感系是人类精神宇宙中变化频率最高、波动性最大的小星体，其运行轨道非常靠近欲望，靠近行为，具有很强的助益性或破坏性作用，因此特别值得研究。

10. 理性系

与情感系相对应的是理性系。理性系也是围绕着欲望这颗恒星运转的小行星，并对情感系具有一定的制衡作用或钳制作用。

图 6-17 是理性系示意图。围绕理性这颗行星运行的有道德、法律、原则、标准、伦理、道理、界限、逻辑、规则、秩序、计划、利害、分寸等诸多小卫星。

什么是理性？似乎并没有一个十分严谨的定义。但图 6-17 中所列示的内容，应该是理性的应有之义。理性是个体自我围绕欲望事件而对各种社会关系和自然关系的确认标准和基本遵循，不仅对欲望的发生与满足具有利我性的指导作用，而且对情感的任性、纠缠、振荡、爆发和释放也具有利我性的

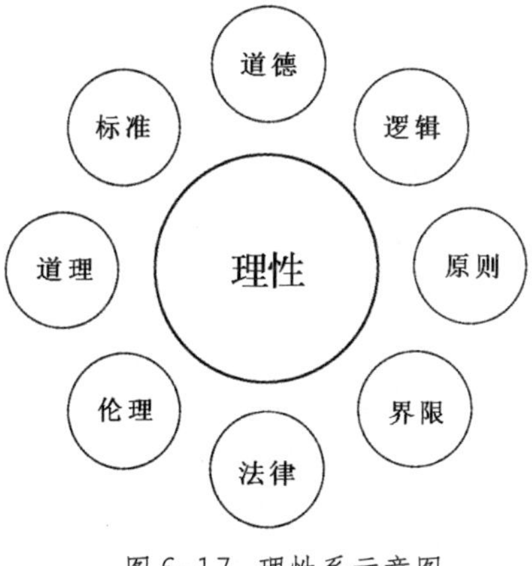

图 6-17 理性系示意图

制衡作用。

但理性认识会提醒自我，利我必须建立在利他基础上。一切事物都不可避免地要通过倾斜发生运动，并借助平衡实现稳定。而理性不但是撬动自我利益的杠杆，也是在各种矛盾关系中建立有利于实现整体平衡的标准和依据。

正是在理性的指导下，人类精神世界才有了秩序，有了逻辑，有了规则，有了标准，有了规范，而且人类精神世界的秩序、逻辑、规则、标准、规范投射于外在的客观世界之后，人类社会才有了与之相对应的秩序、逻辑、规则、标准、规范，这就使主观世界与客观世界在理性标准上实现了无缝对接和有效契合。

11. 智慧系

人类的理性并不能解决所有的问题。理性受欲望的牵制和驱策，只能在欲望的阴影下运行，只能在欲望的方向上发展，在遇到各种复杂问题时很难实现大跨度的超越，特别是对于一些超越理性规则的事件，理性的制衡力往往会变得拖沓滞后、苍白乏力、效率低下，甚至失去基本效力，这就需要有一种更高的力量必须凌驾于板结固化的理性之上，这个力量就是智慧。智慧之星在这个环节上应运而生。

当然，智慧只有在理性的支撑下才能得到发展和升华，所以在人类精神宇宙中，智慧系高于理性系。

图 6-18 是智慧系示意图。人类的智慧是欲望驱动神经智能和自我意能相互作用的产物，并反转身来为欲望服务。围绕智慧运行的有感悟、领会、卓见、决策、机灵、韬略、创造、发明等诸多小卫星。

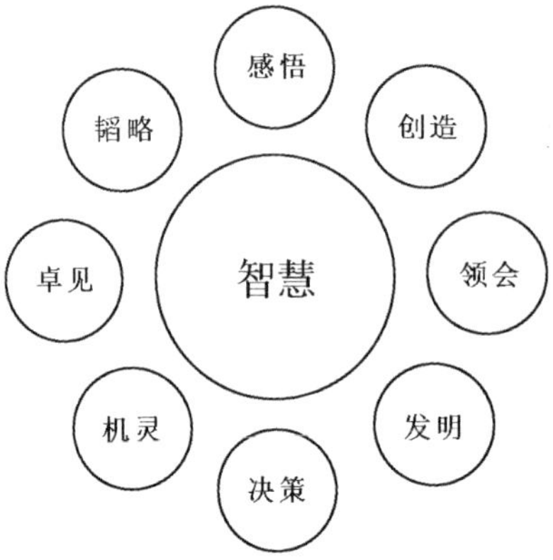

图 6-18 智慧系示意图

智慧有广义与狭义之分，广义的智慧涵盖着人类神经智能和自我意能的一切反应形式和反应效果，包括智能、智力、感知、知识、记忆、理解、联想、情感、逻辑、辨别、计算、分析、判断、文化、中庸、包容、计策、谋略、决定等多种能力的总和。

一般人在描述人与动物之间的区别时，常将有没有智慧作为一条重要鉴别标准。但我们在这里所提到的智慧，是指狭义的智慧，是从“形而下者谓之器”中抽象出来的，属于纯粹的“形而上者谓之道”的内容，是高卓的见识、机灵的觉悟、雄奇的韬略、英明的决策、正确的方法以及突破既有认知瓶颈、思维习惯和生活观念的发明和创造。

有人说智慧是道与法的交融，认为“智，法用也，慧，明道也。天下智者莫出法用，天下慧根尽在道中。智者明法，慧者通道。道生法，慧生智。慧足千百智，道通万法生。智慧，道法也”。[1] 人们正是利用智慧来感悟宇宙的奥秘和解决人类在欲望系统中遇到的所有问题。

12. 思想系

智慧结出的果实便是思想。所以有智慧的人也一定是有思想的人，有思想的人也一定是有智慧的人。

图 6−19 是思想系示意图。围绕思想运行的有意见、意思、想法、设想、观点、建议、理论、学说等诸多小卫星。

思想既可以作动词使用，也可以作名词使用。动词的思想指的是人类大脑

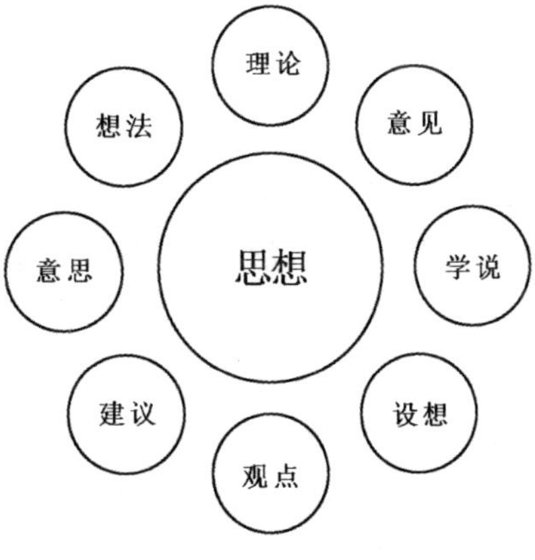

图 6−19 思想系示意图

1 冯契《智慧说》。

基于事物之间联系基础上而产生的意识活动，包括表象、联想、思维、判断、推理、分析、决策和下结论的整个活动过程，所以，动词的思想等同于动词的意识。我们在这里所说的思想，更侧重于名词的思想，是指大脑通过一系列连续的形象思维和抽象思维等意识活动而产生的认识结论或认识结果，是一种带有明确指导意义的理念和观念，是想法、意见、意念、理性、智慧和方法的系统性组接与融合，亦即意识活动的基本结论。

13. 观念系

思想一旦定型为一种模式，一种倾向，一种套路，一种格局，便形成了观念。思想是容易改变的，但观念却不容易改变。

6–20 是观念系示意图。围绕着观念运行的有认识、倾向、理念、主张、立场、态度、价值、证验等诸多小卫星。

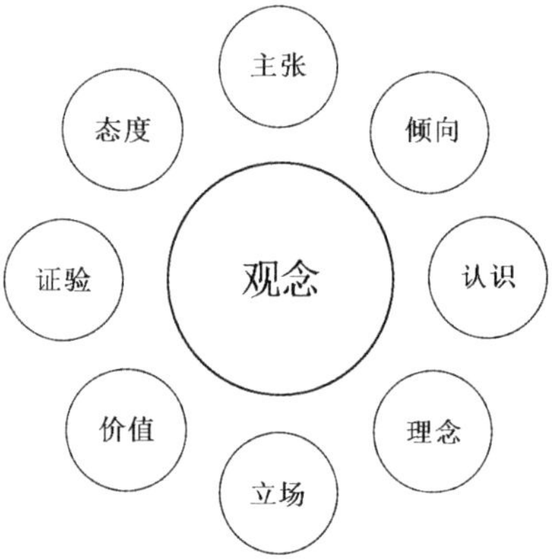

图 6-20 观念系示意图

观念是人们在实践当中通过大脑思维过程而形成的各种认识的集合。人们总是根据自身形成的观念进行各种活动，包括活动方向、活动动机、活动内容、活动方式、活动方法等等。比如利用观念系统对特定事物做出决策、计划和付诸实践并最终做出总结，观念不同的人对于各种事物及参加各种活动的自我感受也不同。观念具有自我主观性、切身经验性、社会影响性、思维习惯性、历史传承性和发展变化性等特点。形成正确的观念有利于自我做正确的事情。

观念的观是指通过视听嗅闻触等感官见识而得出的对事物的识见和看法，观念的念是指通过大脑思维活动而得出的对事物的想法和念头。二者在自我欲望力方向上有机合成为一种认知倾向、思想倾向、情感倾向等思维定式，并由此决定人类的行为倾向和行为方式。

一个人对某个事物是怎么看的和怎么想的，就是他针对这一事物的观念。他的这一观念的形成既有其欲望原因、历史传承原因，也有其个人见识原因和社会现实原因，把这些原因综合在一起，为他坚信这种观念提供了强有力的支撑。所以，某种观念一旦形成便很难在较短的时间内促使其发生根本性的改变。

14. 信仰系

对于一种观念的常年坚守与敬奉便会产生信仰。所以，信仰是观念在深层积淀中的发酵和突破，是观念在矛盾冲突中的超越和升华。

图 6–21 是信仰系示意图。围绕着信仰运行的是信念、崇仰、笃信、确认、虔奉、敬畏、坚执、崇拜等诸多小卫星。

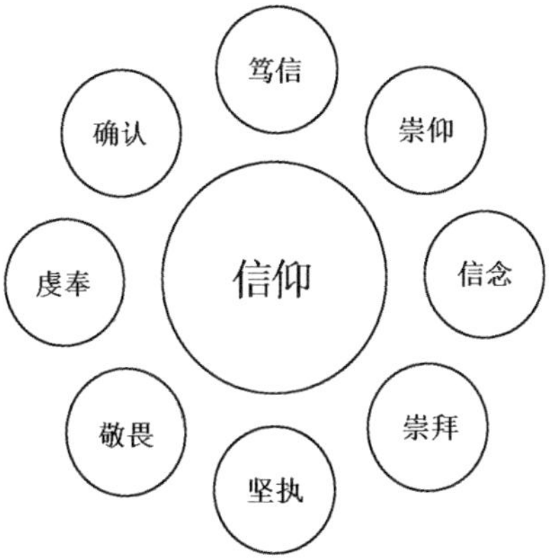

图 6-21　信仰系示意图

信仰与观念、理念、信念的含义在审视问题的视角上或层面上具有明显的不同，观念指观点、看法、想法，是中性词；而理念指自以为绝对正确的观点，可以作为道理、真理来信奉；信念是自己认为可以确信的看法，引申为对某人或某事信任、信赖或有信心的一种思想状态；而信仰，指的是对某种主张、主义、宗教或某人极度相信和尊敬，并把它奉为自己的意志圭臬和行为准则；信仰带有执着赤诚的情感体验色彩，有时具有强烈的排他性，特别体现在宗教信仰上更是如此。

15. 精神系

信仰一旦产生，便会成为一种精神支柱，成为精神世界的向导，一切观念的、思想的、智慧的内容都会跟随着这个向导而运行，并由此建构成一个自成体系的个体精神世界。

图6−22是精神系示意图。围绕精神运行的有气度、品质、境界、豪情、风采、胆识、尊严、力量等诸多小卫星。

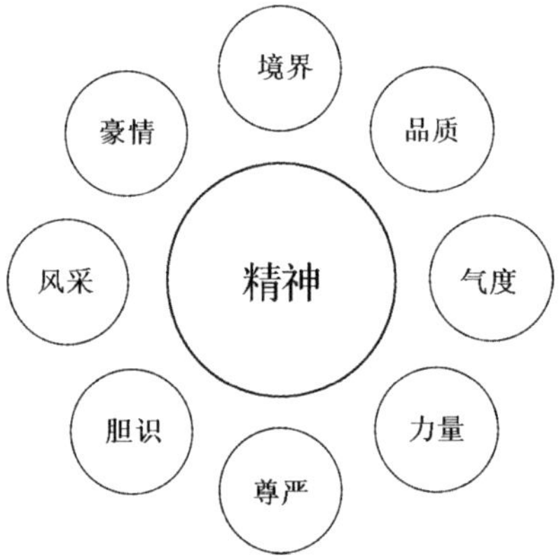

图 6−22　精神系示意图

人类生活在物质世界中，也生活在精神世界中。精神是与物质相对的概念，既产生于物质，又独立于物质，既游离于物质，又归附于物质。

人类大脑是精神与物质相互毗连、相互联系和相互沟通的奇点，没有人类的大脑，精神便不会着床，便不会产生，而没有外在的物质世界，大脑便如一张白纸，了无痕迹。

这就是说，精神并非内生的，而是由外而内的。外界的事物通过人的感觉、知觉形成影像而进入人的大脑，并转化为表象，然后再通过欲望的驱动而使诸多表象纠缠、振荡、联系并运转起来，从而形成了意识活动，意识活动的方向即为欲望的方向，并在这个方向上形成观念、理念、思想、信念、信仰。而将这一切汇聚、统合在一起便构成了人的全部精神世界。

16. 目标系

人的精神活动或意识活动是有方向、有目标的，这个方向和目标就是欲望力所驱动的方向和目标。而获得舒适、获得快乐、获得幸福，并实现所有欲望的满足是每一个人终其一生追求的终极目标。

虽然我们每一年一天，甚至每一时一刻都有不同的目标，都在为不同的事物忙碌着，都在为不同的追求奋斗着，但这些都是组建人生的小目标，把这些小目标连接起来，叠加起来，整合起来，最终抵达的便是人生的终极目标。

就像攀登一座高楼，要想抵达最高层，就必须一阶一阶地往上登，一层一层地往上登，正是每一阶、每一层这些小目标的逐一实现，才使我们最终登上了整座大楼的最高层，也正是在这一过程中，我们倾注了所有情感和所有力量，领略了一路风景和一路波折，完成了壮丽而漫长的人生之旅。

图 6–23 是目标系示意图。围绕目标运行的有目的、前程、理想、向往、志向、规划、愿景、期待等诸多小卫星。

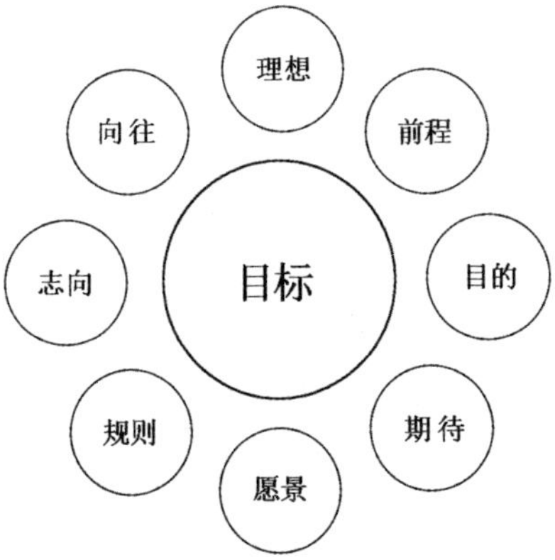

图 6–23　目标系示意图

如果把目标系比喻为一种正物质，那么匮欠系就相当于它的反物质，二者交合在一起便会发生一种特殊的欲望反应，其结果最终归于零，欲望因此而彻底消失。

每个人都有自己的欲望，因此也都有自己的目标，但目标有大目标，也有小目标。小目标诸如简单的吃喝拉撒睡等日常生理保障，大目标诸如长久的人生规划，对于自己、对于家庭、对于社会、对于民族、对于国家的雄伟抱负。

一般地，只有远大的目标和迫切追求的目标才能对整个自我的精神大厦起到坚强的支撑作用，才能在个体自我的精神世界中发挥引导作用和建树作用。不同的人具有不同的人生目标，而不同的人生目标成就不同的人生之旅，经历不同的人生风景线，因此在其大脑中也构建了不同的精神大厦，形成了不同的精神宇宙风貌。

五、人类精神宇宙运行原理

在整个精神宇宙中，充斥着无数个小精神体，小精神体中又充斥着无数个小观念体，小观念体中又充斥着无数个小经验体，小经验体中又充斥着无数个小欲望体，小欲望体中又充斥着无数个小信息体，如此层层剥茧，层层分解，就可以找到精神世界的基本粒子。

我们研究精神世界就像研究物质世界一样，既要在整体论思想的指导下研究精神宇宙的宏观现象，又要在还原论思想的指导下剖析精神宇宙的微观奥秘。对于物质现象的研究，我们从现界出发，通过物理学手段，既可以考察宏观宇宙的博大无边，也可以考察微观宇宙的精妙玄微，从浩大的星体到肉眼看不见的基本粒子，或由小及大，或由大及小，不管是沿着哪一条线索或方向进行研究，都是对于物质构成原理及其现象与规律的有益探索。

对于物质体的研究如此，对于精神体的研究也莫不如此。正如一种精神，其中必然包含着很多更小的思想，而更小的思想中还会包含着更小的观念或更小的概念，更小的观念或更小的概念中还会包含着更小的意义单元，而更小的意义单元来自于特定影像或特定表象与特定欲望的媾合或契合，简称欲像（或欲象）。

每一个欲像（或欲象）都包含着具有特定欲望指向的意义或信息，所以，我们可以把欲像（或欲象）看作是构成人类精神宇宙的“基本粒子”。在本书系中我则称之为意子或信子。

这样，如此一级一级细分下去，人类精神体便会被还原到最简单的感觉层面上，还原到物质对于神经的刺激环节上，直至还原到精神与物质的毗连点上。

所以，我们对于人类精神宇宙与物质宇宙的解析方法完全可以依赖于相同或相似的世界观和方法论，甚至有的可以套用相同或相似的科学定理、原理、公理或公式。

物质世界或物质现象是一个系统或一个组织，这个系统或组织具有结构与功能的可控性，一旦进入人的精神层面，便会以信息纠缠与振荡的形式出现和存在，所以，物质世界及其运行规律必然符合系统论、控制论和信息论的基本原理。同样的，因为我们人类的精神世界完全来自于物质世界的投影，所以，我们的精神世界及其运行规律也必然可以直接套用系统论、控制论和信息论的理论模型。

维纳在他所著的《控制论》中说过："一个组织的各个要素本身也是小的组织。这样一个关于组织的概念既不是生疏的，也不是新颖的。古希腊关系松弛的联邦，神圣罗马帝国及其同时代的类似组成的封建国家、瑞士联邦、尼德兰联邦、美利坚合众国以及中美洲的许多合众国、苏维埃社会主义共和国联盟，这些都是政治领域内类似教阶关系的组织系统的例子"。[1]

维纳同时还以生命机体和动物为例，阐述了生物个体内部各机体之间的组织关系和生物群体内部的组织关系，以及借助相互通信而实现的整体控制论思想。人类精神宇宙作为一个庞大的组织，内中还有许多大大小小的组织，大的组织中套着小的组织，并一级控制着一级，而低级组织与高级组织之间具有生成与反衍关系、作用与反作用关系。

几乎所有组织都具有可控性，而控制的基础是信息，一切信息传递都是为了控制，进而可以证明任何控制又都有赖于信息反馈来实现。信息反馈就是指由控制系统把信息输送出去，又把其作用结果返送回来，并对信息的再输出发生影响，起到制约的作用，以达到预定的目的。

我已经论述过，欲望作为精神宇宙的第一驱动力，其本身就是信息反馈的产物，所以，控制论思想的建立完全符合人类精神宇宙的运行法则。

只有进入人类欲望场内的事物、现象及其关系，才能为人类所倾心，为人类所涉猎，才能被人类感官所关注，被人类思维所纠缠，被人类精神所辐射。

凡是处于人类欲望场之外的事物、现象及其关系，都无法成为人类关注的对象。而且在欲望场之内，越是距离欲望主体关系切近的事物、现象及其关系，便越能成为欲望主体急切关注、探索、研究和统摄的对象。反之，便会被人类所怠慢、冷落和放任，因此也不会成为人类研究和控制的对象。

所以，欲望动力心理学特别是欲望与场域心理学也可以被称为欲望辐射论、精神辐射论，或简称辐射论。

试想，人类文明之所以不断发展和进步，就在于随着认识水平的不断提升，同步推动了欲望层次的不断提升，而欲望层次的不断提升，必然导致其欲望场的不断扩大，这也同步扩大了人类精神家园的辐射范围。而人类精神辐射范围的扩大，也必然导致关注对象和研究领域的扩大。而这种扩大和提升都是正比例同步发展的，关注和研究的范围的扩大，必然使人们寻找新的研究工具和科学手段，进而使精神辐射的点位更加精微细密。

1　维纳《控制论》，北京大学出版社，2007年12月，p131。

在整个精神宇宙中，各个星体或星体内部元素之间的关系就像粒子之间的关系一样，也存在着类似于“量子纠缠”现象。每一个星体与其他星体或每一个元素与其他元素之间都存在着一些相关连的、相胶着的、相叠加的内容，颇有些“纠缠不清”的意味。我将这种现象称之为“意子纠缠”或“信子纠缠”。

图 6-24 是意子纠缠示意图。意子是外部事物信息在初始映射于大脑中即被赋予特定欲望意义的单个影像（也称欲像）或在欲望驱动下而被激活的每一个表象（也称欲象）。图中的每一个圆或椭圆都代表了一个影像或表象，它们在特定欲望驱动下纠缠振荡在一起，并形成特定的意识反应。一般地，人们在长大成人以后，随着阅历的增加，大脑中必然存储并累积了大量的无数的表象，这些表象往往通过眼前一个或几个有限的临时映射的欲望性影像，即可将大脑中既存的很多相关表象激活，并产生叠加、黏连、纠缠、振荡等意识性反应。

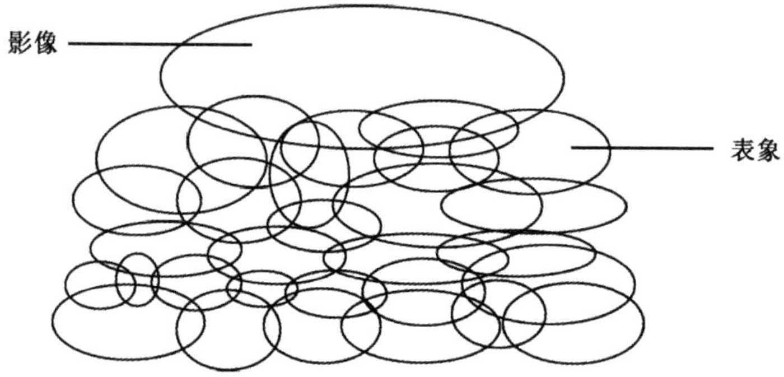

图 6-24　意子纠缠示意图

意子或信子的概念与量子的概念或能子的概念相似或相称，可以被看作是精神世界的“基本粒子”，其等同于被赋予特定欲望意义之后的单个影像或单个表象，即欲像或欲象（可以理解为含有欲望意义的最小单位，即意子），或者也可以被看作是构成宇宙信息的“基本粒子”，其等同于主体自我与客体对象之间来回传递的最基本的刺激信号或信息（可以理解为构成宇宙信息的最小单位，即信子）。

精神世界与物质世界一样，其结构体系和运动方式都严格遵循经典物理学原理或量子物理学原理，不同的是，前者是虚体世界，后者是刚体世界。

精神世界中包括情感、理性、思想、观念、信仰、精神等内容之间很难找到整齐划一的清晰分明的边界，它们之间存在着纠缠不清的胶着现象以及互促互进、互生互动现象。情感中有理性、有思维、有思想、有观念；理性中有情感、有思维、有思想、有观念；思想中有理性、有思维、有情感、有观念；而观念中也有理性、有情感、有思维、有思想、有信仰，如此等等，都在特定角度上呈现为相互联结、相互化生、相互纠缠的状态。你注意哪个方面，侧重哪个方面，强调哪个方面，倾注哪个方面，便可以在哪个方面执其牛耳，循其所踪，用其所用，成其所成。

其实，量子纠缠不限于基本粒子，在宏观宇宙中，这种纠缠现象也无处不在。不管是哪个空间位置、时间位置的楼宇或建筑，或不同交通工具，如汽车、火车、飞机，等等，都存在着设计理念、制作结构、基本用途的交叠、模仿甚至复制，这就足以证明宇宙中的一切物质都具有相互联系、相互叠加、相互纠缠的特性。同理，人类精神宇宙存在这种纠缠现象也就不足为奇了。

第七章 人类精神现象的质能转化原理

——精神世界的形成与质能结构主义的诞生

牛顿说:“毫无疑问,我们所看到的这个世界,其中各种形式是如此绚丽多彩,各种运动是如此错综复杂,它不是别的,而只能出于指导和主宰万物的上帝的自由意志。”[1],“科学与上帝伟大的创造相比,不过如一个孩子在大海边偶然捡到一片美丽贝壳而已。可是大海里又有多少美丽贝壳啊!”。

爱因斯坦因创立相对论而对现代物理学做出了划时代的贡献。作为犹太人的他对上帝的理解与其他科学家有所不同。他说:“我不能设想真正的科学家会没有这样深挚的信仰。这情况可以用这样一个形象来比喻:科学没有宗教就象瘸子,宗教没有科学就象瞎子。”

他曾这样写道:“荣耀而高超的上帝之灵在我们微弱心智所能察觉的微末细节上显示他自己,我对之衷心赞佩,我的宗教信仰由此构成。我深信有个高超的智能彰显在不可思议的宇宙当中,这构成了我对上帝的信念。”又说:“你很难在造诣较深的科学家中,找到一个没有宗教信仰的人。”[2]

很显然,有关上帝创造世界的观念在一些人心目中可谓经久不衰,圣经创世纪中所描述的上帝创世过程,在历代科学家中既没有得到证实,也没有得到证伪,而只能以神话传说的形式或宗教信仰的方式而在人世间亘古流传。但上帝创世说也不过是一家之言而已,与之相对立并在现代物理学界产生重要影响的是大爆炸宇宙论,近年来也俨然成为人们世界观的一部分,除此之外,包括

1 见于《牛顿自然哲学著作选》第158页,上海译文出版社, 2001-08。

2 以上两句见于《爱因斯坦文集》,商务印书馆,1979年,第283页。

进化论等思想在内的其他宇宙学说似乎都很难与之鼎足。物质世界的形成如此神秘莫测，而精神世界的形成更是精妙玄微。但有一点似乎已达成了共识，认为人的精神世界来自于大脑对物质世界的反应。但这个反应极为复杂，不但其本身离不开物质性的造化，而且其形成过程也令人感到扑朔迷离，其间明显存在着与物质世界纠结不清的临界点，因此造成主观世界与客观世界之间存在着无法跨越的理论鸿沟。

一、人类精神世界的层次理论

不过，仅仅用文学描述的办法似乎并不足以让我们洞明精神世界的本质属性或实质内容，而应该采用更加科学的方法揭开精神世界的朦胧面纱，从而让人们一眼望穿人类精神世界的真机。

图 7-1 是从本书第四章绘制的图 4-1 中演绎而来的，以人类精神世界形成图的名义放置在这里，用来解读人类三观世界所包含的基本内容。

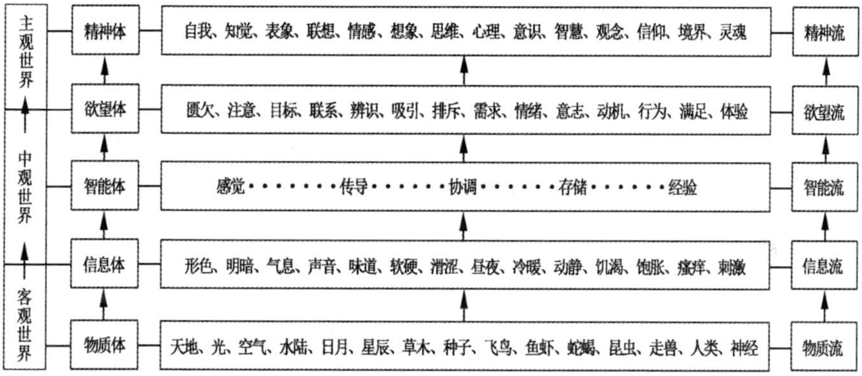

图 7-1　宇宙从客观世界向主观世界递升层次演绎图（或称人类精神世界形成图）

从图中可见整个宇宙的来源以及物质世界与精神世界的整体面貌，并进一步将传说中的上帝创世说以图示的方式做出具有明确视觉效果的推演。

世上到底有没有上帝的存在似乎并不重要，因为人类骨子里特有的寻根心理绝不会因为有无上帝的存在而发生改变。与其说上帝创造了人类和万物，毋宁说人类在观照自我和考察万物过程中而创造了上帝。人类的先民们看到宇宙间种种不可抗拒或不可理解的自然现象，产生了惊诧与疑问，为了给这个疑问赋予一个完美的答案，便在自我之上幻化出一个超自然超现象的力量在主宰着这一切，并把这种力量加以人格化，从而产生了上帝或神的观念。

演绎宇宙万事万物的根本力量必以一种“道”或“能”的形式存在着，按照物理学的观念可以理解为能量、能力、功能或效能。能在微观世界中是不可视、不可摸、不可嗅的，但其所演绎的宇宙万物却是可知、可感、可思的。它以人类作为观察者的独特视角创造了一个逐层上升的三观世界：一是以物质体为基础而呈现的客观世界，二是以智能体为基础而呈现的中观世界，三是以精神体为基础而呈现的主观世界。这样，这三个世界便呈现出三个主体层次即物质层、智能层、精神层，以及两个介体层次即信息层和欲望层。

图 7–1 是宇宙从客观世界向主观世界递升层次演绎图（或称人类精神世界形成图）。图中显示宇宙存在着五个层次的递升关系。其中客观世界既包含物质层也包含物质层投射的客观信息，当客观信息作用于主体自我及其神经系统之中，首先转化为一系列智能反应，并形成中观信息，人类此时即进入了中观世界当中。

中观世界以神经为载体，体现为一种功能性存在特征，即感觉、传导、协调、存储、经验等。再往上发展便形成欲望层，欲望层中包含匮欠性负欲望形式和目标性正欲望形式，在产生匮欠性负欲望之前的反应仍然属于中观世界范畴（如果将匮欠性负欲望界定为中观意志范畴或许更符合欲望与认知共轭并行的递升逻辑，但在宇宙二元观念中，则只能被界定为客观意志范畴），及至产生目标性正欲望，方才正式进入主观世界范畴。随着欲望驱力的不断推动，人类精神层次的内容开始呈现出来，并渐次清晰，从自我意识开始，逐渐产生一系列心理、意识、情感、理性、精神等诸多具有自我主动性和能动性的内容。

作为客观世界本体性的物质体（或称为物质层）是构建整个宇宙的第一个层次，这个层次包含着天地、空气、光、电、磁、日月、星辰、草木、种子、飞鸟、鱼虾、蛇蝎、昆虫、走兽、人类、神经等等，构成了物质层或物质流。

这个物质层或物质流从低级的具有简单物理感应性的天地到高级的具有神经反应性的人类一路演绎进化过来，在发展并进化到神经这个特殊结构的物质层次时，世界才开始呈现出具有主观色彩的面貌或主观感知的意义。

紧接着，继物质层再往上推演，便出现了作为客观世界本体性的信息体（或称为信息层），这是构建整个宇宙的第二个层次，即客观物质世界的投影（或笼统地称为影子），这个层次包含着形色、明暗、气息、声音、味道、软硬、滑涩、昼夜、冷暖、荣枯、动静、饥渴、饱胀、疼痛、瘙痒、麻木、刺激等等，构成了信息层或信息流。

这个信息层或信息流必然有一部分要通过人类神经被采集到、被映射出来，并以特定刺激信号的形式而上升和形成具有神经反应性的智能体（或称为智能层），而另有一部分则未能投射到神经智能层中来，仍以纯粹的客观信息形式外在地存在着，这两部分信息统合在一起构成整个宇宙的第三个层次。

正是第三个层次中被映射的这一部分信息，才使得这个宇宙开始出现了以感觉、传导、协调、存储、经验等为基本内容和基本存在形式的中观世界，并形成了智能层或智能流。

从中观世界的智能层或智能流继续向上发展，便产生了具有特定主体性的欲望体（或称为欲望层），其中既包括发生于中观世界的匮欠性负欲望反应，也包括发生于主观世界的目标性正欲望反应,这是构成整个宇宙的第四个层次。

这个层次包含着匮欠、注意、目标、联系、辨识、吸引、排斥、选择、需求、要求、情绪、冲动、意志、动机、行为、满足、体验等等，构成了带有特定主观倾向的欲望层或欲望流。

这个欲望层或欲望流从代表中观意志的匮欠出发,通过一系列欲望性反应，个体自我的存在感从被动性和受动性的自主神经系统逐渐转换到具有主动性和能动性的随意神经系统中来，直到出现了自我意识。并从自我意识开始，人类作为感知主体和意识主体而正式步入了主观世界当中，从而形成了主观世界的精神体（或称为精神流）。

这是构成整个宇宙的第五个层次，也是最高的层次和最后的层次，这个层次包含着自我、知觉、表象、联想、情感、想象、思维、心理、意识、理性、悟性、智慧、思想、观念、信仰、境界、灵魂等等，构成精神层或精神流。

这个精神层或精神流既是人类大脑活动的高级产物，也是人类主观世界的根本内容和基本架构。

图 7-1 中显示，人类被创造出来之后，经历了三个主体层次，即从物质层的客观世界上升到智能层的中观世界，再上升到精神层的主观世界（这就在同一个自我主体中出现了三个自我层次。

一是物质层的自我，可以被理解为内在的物我。

二是智能层的自我，可以被理解为联通内外的智我。

三是精神层的自我，可以被理解为统贯一切的意我或神我。

这三个自我形式近似于弗洛伊德所提出的本我、自我和超我三个自我形式。

除了上述三个主体层次之外，在物质层和智能层之间、在智能层和精神层之间还经历了两个特殊的过渡层，即信息层和欲望层（见人类精神世界形成图）。

其中,物质层是有形的(客观存在的形),信息层的外部感觉性映射是有形的，而内部感觉性映射是无形的，人体内部自主神经性反应也是无形的；其他包括智能层、欲望层和精神层都介于有形与无形之间。

比如智能层在神经结构上是有形的，在功能结构上是无形的；欲望层在匮欠的“无”上是无形的，在目标的“有”上是有形的；精神层在形象思维方面是有形的，在抽象思维方面是无形的。

以上包括物质层、信息层、智能层、欲望层和精神层这五个层次由实在而虚在、由低级而高级、由简单而复杂、由蒙昧而清醒，逐级上升，最终形成人类主观世界亦即精神世界。而且每一个层次中的内容（图中显示每一层次从左向右的方向）也同样有一个从低级到高级、从简单到复杂、从模糊到清晰的发生发展过程和运动过程，就像一条徜徉不息、波翻浪涌的河流。

因此我们分别称它们为物质流、信息流、智能流、欲望流和精神流。

虽然智能流、欲望流和精神流可以合称为意识流。但事实上三者之间存在着明显的不同。智能流是主体自我通过局部性神经智能捕捉各种刺激性信息的基本过程和直接反应，而欲望流则是主体自我对智能流捕获的刺激信息所做出的应对性反应，属于反应的反应；而精神流则更有不同，它是主体自我在欲望驱动下而利用智能流捕获的既有信息进行再度加工或多次加工的过程和加工的产品，是对欲望反应再度做出的反应，属于反应的反应的反应，这就使得三者在伦理关系和层次关系上具有明显的不同。

当然，我们也可以把这五个“流”看成是五个系统（五系）、五个体式（五体）、五个境界（五界）。其中人作为生物体时属于客观世界的内容；作为智能体时属于中观世界的内容；作为精神体时属于主观世界的内容。这是对三个主体层次的属性界定，而对另外两个介体层次即信息层和欲望层的属性归纳似乎就不这么简单易行和这么泾渭分明了。

从人类精神世界形成图中可见，“客观世界→中观世界→主观世界”呈现为一种逐层演绎的递升逻辑，从客观世界到主观世界必经历一个中间层次的过渡和过程，离开了这个具有介体功能的中观世界的联通和转换，外在客观世界不可能一下子变身为人类自我主观世界。

所以，当宇宙万事万物以其所投射的影子的形式而转化为信息体时，总有一部分内容投射于自我神经系统之中而构成中观世界的内容，而另有一部分可能暂时或永远也无法进入自我神经系统之中，因此只能属于客观世界中的内容；作为欲望体时，总有一部分客观信息作用在自主神经系统之中，并以人类自我不能明确感知和不能主观控制的形式存在着。但其作用到一定阈限就会发生匮欠，造成主体自我神经对匮欠性事件作出反应，进而形成负欲望。

所以，截止于负欲望产生之前的神经智能反应都属于中观世界的内容。而待到匮欠性负欲望产生之后即转换为目标性正欲望之后，这时的中观世界方才正式转化为主观世界。

因此，在欲望体中也总有一部分匮欠性内容从中观世界的自主神经系统中跳出来而被随意神经系统感知到，进而使得自我中观世界转化为自我主观世界。但信息体或欲望体中属于中观世界的那一部分内容。

我在本书系中有时也将中观世界中的内容称之为客观性内容，目的是为了迁就我们中的一些人在传统教育中所受到的宇宙二元观念的影响，因为他们的观念中还没有形成“中观世界”的概念。（其实，我认为，客观世界、中观世界和主观世界在量子力学理论模型中最终必将统合到不可分割的一元世界当中，所谓二元也罢，三元也罢，都不过是一种哲学意义上的分解或解读，只有在一元观念的世界中，我们所面对的这个宇宙才能得到终极的还原与统一）。

根据宇宙五个层次的递升演绎理论，我们可以划分出五个自我形式或自我层次，即物质性自我、智能性自我、精神性自我、信息性自我和欲望性自我。

在物质层次中，人的自我性人格体现为一种物质性结构和生理性内外循环关系，这一层次中的欲望源自于物质性生理系统内外循环所必须具备的平衡关系，一旦这种平衡被打破，便会产生物质性欲望，这种物质性欲望也是处于最低层级的欲望。

在智能层次中，人的自我性人格体现为一种功能性结构，为了保证较低层级的物质性欲望的生理平衡运动，智能层一方面要发挥传递信息、存储信息和反应信息的功能，一方面要发挥觉察匮欠、发现目标和协调自我的功能，从而保证信息系统与欲望系统之间的对称性平衡互动关系，一旦这种平衡互动关系被打破，便会产生智能性欲望，智能性欲望包括本性欲望和感性欲望等都是为物质性欲望服务的信息传导性欲望，比物质层欲望更高级、更影像化、更电讯化、更虚在化、更动态化、更流变化。

在精神层次中，人的自我性人格体现为一种精神性结构的高端自我平衡关系，即以智能层为中间的支点和踏板，其下端连着物质层及其之上的信息层，其上端连着精神层及其之下的欲望层，构成了一种主客观两个世界的大尺度对称性平衡关系，一旦这种平衡被打破，便会产生精神性欲望，如控制欲、支配欲、皈依欲、信仰欲等，精神性欲望比智能性欲望更高级、更博大、更虚幻、更具有神游四方的广延性和居高临下的辐射性。

在物质性欲望、智能性欲望和精神性欲望三者的关系中，较低层次的欲望是较高层次欲望发生的基础、前提和铺垫，倘若物质性欲望不能得到基本满足，人的生理活动的生命意义便不能得到保证，倘若智能性欲望不能得到基本满足，亦即连基本的感知都不具备或未能获得足够积累的情况下，人的精神性欲望也不可能产生出来，所以，只有较低层次的欲望得到满足后，较高层次的欲望才会发生并成为用实际行动追逐的目标，否则，由物质性欲望、智能性欲望、精神性欲望构成的欲望系统的主体框架和主体链条便会发生断裂、断层和失联，无法实现连续运动。

我的这一观点与马斯洛在需求层次论中关于低层级需求与高层级需求关系的讨论几乎不谋而合，但我认为一切需求都必须以欲望为基础和前提，没有欲望做支撑和做指引的需求是不存在的。所以，马斯洛的这一观点只有在欲望层次关系先置性存在的基础上才能被提出来。从现实性逻辑关系上考量，需求论本应是欲望论之后的产物，但马斯洛却从社会经济利益角度而非从个体心理欲望角度出发，跨越了这个基础性逻辑存在而踉跄地走在了前面。

物质层的自我就像一台机械，智能层的自我就像机械的功能，精神层的自我就像机械功能产生的效益、效应和效果。

物质流从“上帝”创造天地开始，通过光、空气、水、土壤等物质材料的特殊组合和造化而陆续产生了各种生物，包括植物和动物，虽然“上帝”在这些植物和动物中也嵌入了具有特殊反应功能的神经材料，却没有赋给它们足够的智能，直到人类被“上帝”创造出来之后，这世界才有了超越其他生物体的高智能的神经，这表明物质世界的发展到了最高级阶段，这个高级阶段即为物质流的终极（从图 7–1 中可见“神经”是物质流的终极），但同时也由此派生并衔接上了智能流的发端（从图 7–1 中可见神经的最低级功能亦即“感觉”是智能流的发端）。

而智能流经历了从感觉、传导、协调、存储的发展过程之后，最后进入了获得实践经验的阶段，这个阶段是智能流的高级阶段（从图中可见针对感觉性信息而产生的“经验”是智能流的终极），但同时也由此派生并衔接上了精神流的发端（从图 7–1 中可见“自我”是精神流的发端）。

精神流从自我意识中开始起步，从实到虚、由低而高、自浊至清，不断向前发展，经历了知觉、表象、联想、情觉、想象、思维、理觉、理念、悟觉、智识、灵觉、思想、观念、信念、信仰等阶段。即便上升到足够高的境界，也未能达到至纯至清的程度。

其间还仍然漂浮着物质世界的尘埃，喧嚣着人事纷扰的攘往。不管是由知觉、表象、联想、情觉、想象、思维、理觉、理念等连缀而成的自我意识、意志倾向、行为动机，还是执着追逐的人生价值、社会地位、个人尊严，也不管是令人心潮起伏的各种情感、情绪、心情，还是指导和掣肘自身行为的思想、观念、信念、信仰，既然这一切精神内容的形成都来自于物质世界的投影，那就不可避免地带有被物质世界碾轧的辙痕。即便达到了某种足够高的精神境界，也不能完全脱开物质世界的搅扰和纠缠。

一个信奉金钱的人和一个信仰佛教的人，其精神境界是不可同日而语的，但信仰佛教的人也不会完全达到视金钱如粪土的纯粹精神境界。因为，任何人只要有肉身的存在，就离不开对物质世界的依赖。

所以，精神流不管将自我推动到何等至高的境界上，都无法达到精神的纯粹化，只有彻底超越肉体而抵达灵魂的高度，才是人类精神世界发展到最后的“欧米伽点”。

这是一个绝对自由、绝对真纯、绝对自我的高度，也是一个最理想化的高度，人类站在物质世界上，对这个高度，只能想到，却不能做到。一旦做到，人也就呜呼哀哉了。

所以，这个“欧米伽点”既是一个美好的令人神往的高度，也是一个可怕的高度和可怕的结局，或者说，这是爱与恨、生与死相交的奇点。所以，我认为，在人类精神世界形成图上，灵魂应该是整个精神流的终极所在。

另外，我们还可以看到，五流从低级流向高级，从模糊流向清晰，而且越流越宽，越流越深。同时我们还可以将这五流从物质流开始，首尾相接，前后一贯地看成一条长长的河流，从蜿蜒的小溪流向辽阔的大海。我将这条从物质世界流向精神世界、再从精神世界流回物质世界的河流称之为量子流。这是一条神奇的河流，是一条从客观流向主观、从实体流向虚体、而后再返回到其源头的量子性纠缠振荡之流和阴阳混沌之流。

其中人类居于物质体与精神体的中间，表明人是物质与精神的合和体。人所具备的神经功能也居于物质体与精神体的中间。从严格意义上说，人类神经系统所特有的感觉、传导、协调、存储、经验等功能并非纯粹的精神世界中的固有内容，而仅仅是功能体中的部分功能在人体神经中的寄身或寄存而已。

这些神经功能眼观六路，耳听八方，前思后想，上下勾连，纵横捭阖，融会贯通，一方面捕捉物质性客观世界的一切信息，并将这些信息按照自己的欲望方向筛选加工成主观信息，一方面感知本体自身所存在的一切与匮欠有关的信息，藉此产生各种欲望，并在欲望的驱动下与外在目标性影像发生连接、纠缠和重组而形成人类的主观世界。

从图 7–1 中可见，人的自我、知觉、表象、联想、情觉、想象、思维、理觉、理念、悟觉、智识、灵觉、思想、观念、信念、信仰、境界、灵魂等内容才属于真正的精神范畴，才是人类主观世界实实在在的内容。

即主观世界属于人类特有的神经功能所创造出来的再生体或衍生体，相对于人类神经功能，主观世界比它更虚幻、更飘渺、更高远。

比如，感觉的根儿在神经上，是神经功能的产物，而人类欲望、心理的根儿在感觉上，是感觉功能的产物，它们之间存在着的伦理结构是显而易见的。对整个功能体系统来说，如果将功能体本身抛开在外的话，那么人类以其物质性形式的呈现，只能权作第一代，影像信息的呈现算是第二代，感觉传导等功能算是第三代，意识活动则是第四代，而终极精神则只能算是第五代，实在比孙子的辈分还小。

我有理由认为，客观世界与智能世界的交集构成了主观世界。没有与智能世界相交的部分不会成为主观世界的内容。对宇宙之谜的东西、对于未解的宏观世界和微观世界中的东西，只有借助仪器或猜想才能将它们纳入智能世界之中，而即便是猜想的东西，也是凭借先期的智能性经验作为铺垫和支撑的。所以这个交集部分就是人类智能在感知客观世界过程中所获得的经验性信息反映，以及凭借这些经验性信息刺激所做出的包括表象、联想、想象、思维、情觉、理觉、悟觉、灵觉、智慧、思想、观念、信仰等意识活动的总和。

经验对于主观世界的形成至关重要，在不同程度上决定了主观世界的内部结构和运行机制。经验一旦形成便具有一种稳固性和习惯性力量，便会反过来潜在地制约、牵制、掣肘、指导、影响甚至改变智能的发动方向、运行机制和认知结果。

经验不同的人即便面对同一个认知对象，得到的结果也是必然地存在很大不同的。这正像吃过奶酪的人和没有吃过奶酪的人，即便同时同地提到或看到同一块奶酪时所做出的心理、意识、情绪等反应是不同的一样，即便他们都有过吃奶酪的经验，但因为在彼时即存在着各自所经历的饮食文化背景的不同、生活习俗的不同、以及个人生理匮欠程度和胃口偏好的不同，久前所获得的经验也自然不尽相同。而深受着这些经验的影响，他们同时看到了一块奶酪，产生的心理性、意识性、情绪性、意志性等各种智能反应和精神反应也是大相径庭的。

经验中喜欢吃奶酪的人，看到奶酪眼睛一亮，心里十分高兴，很想拿过来吃到嘴里品尝一番；而另一个不喜欢吃奶酪的人却视之如敝屣，对奶酪不屑一顾，甚至生出厌恶之感，对喜欢吃的人似也有些不理解之处。此后与奶酪有关的记忆、表象、联想、想象、思维等智能和意能的发挥与运行，以及所产生的情感、理性等更高层次的精神层面的内容在两个人心目中也会产生不同形式和不同方向的纠缠、振荡、黏连和拼接。这就在一定程度上改变了智能内部的细微元素的组织架构，以及意识层面或精神层面的基本倾向，从而连带地和潜在地改变了个体的世界观和方法论。

对奶酪如此，对光、空气、风、山、水、动物、人、颜色、形状、声音、语言、器械、工具等一切客观事物或客观信息的经验性作用又何尝不是如此。

我们所面对的世界是什么样的？这与我们每个人所获得的不同经验息息相关。从这一意义上说，每个人的主观世界都是独一无二的，每个人的世界观都是独一无二的。但人们所面对的客观世界却只有一个。如是看来，我们所具有的主观世界不过是对客观世界的一种经验、一种印象、一种解读，一种评价。对于“客观世界是什么样的？”这个问题，有一千个人便会有一千个答案。

同时还应该说明一下的是，在人类精神形成图中，各层级所列示的内容仅仅是举例，择其荦荦大者而列示之，并非全部。

物质层的东西包罗万象，这似乎不用逐一列说。

智能层的内容包括感觉、传导、协调、存储、经验（这些属于前智能，我在本书系中简称为智能）、自我、知觉、表象、联想、情觉、想象、思维、理觉、理念、悟觉、智识、灵觉、思想、观念、信念、信仰、境界、灵魂（这些属于后智能，我在本书系中称为意能）等内容。从广义的智能概念上看，前智能和后智能，都属于人类智能范畴。

其中，感觉、知觉、情觉、理觉、悟觉、灵觉等属于人类智能特有的六大自觉性功能，并由这六大自觉性功能形成智能六性，即感性、知性、情性、理性、悟性（慧性）、灵性（神性）。

物质层、智能层、精神层这三个主体层次和信息层与欲望层这两个过渡层次的紧密连锁关系和区别都可以从图示上得到完好的体现。

自古以来，包括很多人类学家或各类学者未曾就人类智能与人类精神之间划定清晰的边界。我在这里第一次将人类智能与人类精神严格区分开来，智能是智能，精神是精神，二者不能相互混淆在一起。

另外，精神层中的内容并不全部是神性内容。人类从物性到兽性、到人性和到神性的发展过程，也是物质与精神的相互演绎过程，是客观意志与主观意志的相互驱动过程。人类只有经过精神层面的自我荡涤、自我纯化、自我超越和自我升华，才能抵达灵魂的自由王国。只有在灵魂涅槃的“欧米伽”点上，才能达到人与神、人与自然交融在一起的“人神合一”“天人合一”“梵我一如”的高度和境界。

二、从上帝粒子看宇宙精神

我们所面对的宏观宇宙空间，充满了无数大小星辰等物理性刚体，它们以其质量与能量的等效性规则似乎均匀地分布并漂浮于广袤的宇宙时空中，居然很少发现有“掉下去”的或者“飞上来”的。

或许这些星体都“漂浮”于无处不在、弥漫整个宇宙而类似于以太形式存在的中微子之中，彼此之间以其引力、斥力、强力、弱力、场力等等不同的作用和关系，在一定时限内保持特定的平衡状态。这与我们在阳光下看到的尘埃漂浮于空气中的情景何其相似乃尔，尘埃自组织系统中的各个粒子之间也理所当然地存在着相同的因素或事件。研究大尺度宇宙与考察小尺度或微尺度宇宙在我看来大致遵循着相同、相似或对称的原理。

我们人类本身不过是生活在宇宙中一个极小漂浮物上的具有感知功能的考察者而已。对于可感知的尘埃性粒子漂浮物尚且难辨玄微，哪里还有什么资格去研究超越感官能力之上的大尺度宇宙空间呢？不过，以人类的顽强和执着，毕竟已经走在了路上，尽管实现了一些惊人的突破，但这些突破对于茫茫宇宙和高深莫测的上帝功能体来说，实在是微不足道的。

物理学家们自古而今所创立的物理学知识系统，显而易见受到两个方面先天的局限和制约。

一个是来自于我们对于事物感知能力的局限。要知道，我们只有五种简单的官能，其中有些官能甚至连一些动物都无法与之比美，这就大大限定了我们对于微观世界或宏观世界的直观性考察。尽管我们可以借助一定的仪器设备来延伸和拓展这种考察能力，但并不能让我们从本质上突破这种天设的阈限。宇宙中总有一些事物及其规律无法被我们的感知能力直接捕获，甚至是绝大部分都不能摄入我们的视界或感官之中，因此也无法进入我们的意识系统进行分析和判断。

另一个是我们先天地出生在并非宇宙中心的地球上，而只能以地球为中心并站在地球的视角上来考察宇宙、考察万物的运动规律和存在形式，地球坐落在宇宙一隅的夹缝中，与浩瀚无边的宇宙相比有如一粒微尘，我们处在夹缝的一角，实在无异于井底之蛙，这就使得我们通过井底之蛙似的观察所做出的各种判断和推理都逃不脱难以避免的偏见和狭隘。

这就意味着，我们所创建的物理学，仅仅是局部物理学，至多可以算作地球物理学。伽利略在《关于托勒密和哥白尼两大世界体系的对话》的前言中指出："地球上能进行的一切实验都不足以证明地球在运动。"因为我们天生地陷入了"不识庐山真面目，只缘身在此山中"的认知洼地之中。我们所能选择和利用的参照物标准永远超不出地球本身的阈限，即便放眼外在星空，也只能站在地球上并以地球本身作为天造地设的第一参照物标准。

我们苦心创立的公式、原理、定律因为来自于地球单一视角的考察和证验，所以也不过仅仅适用于地球这个有限的空间范围，对于我们无法观察或观察有限的大尺度宇宙和微尺度宇宙而言不但未必适用，也是微不足道的。

比如，我们在物理教科书中所学到的关于物体的质量或重量的观念，并以此为元素而设计的诸多公式，如果拿到月球或太阳等其他星体上去做同样的计算，就会得出完全不同的结果来。即便包括爱因斯坦相对论著名的质能关系公式，也是如此，同样是计算一个物体的能量，在地球上计算的结果和在月球上计算的结果会出现两个差异非常大的数值。这是否意味着把同一个物体分别放在不同的天体上会表现出不同的能量呢？

爱因斯坦虽然觉察到了问题的严重性，但以他超过常人的智慧，仍然不足以实现更为本质的突破。因为这种突破不仅仅依靠想象力，还更需要依靠切实就近的观测与考察。而这种观测和考察，也许是地球人永远也做不到的。如果，我们跳出地球而站在浩瀚宇宙的绝对中心来观测宇宙，那么，我们就会发现，我们在地球上所做出的判断和推理，有一些该是多么的幼稚和可笑。也许，在宇宙绝对中心做出的判断和推理才是符合宇宙本质并足可以通用的真理。

能本自于运动，但归附于物质，既可以创生客观世界，也可以演绎主观世界。能的东西是看不见摸不着的，但我们每个人都不再怀疑它的特殊存在性。关于宇宙的本质是什么的问题，一直是哲学家和科学家聚讼纷纭和争论不休的焦点问题，但在这里，按照宇宙能的观念，我们可以轻而易举地找到宇宙的本质。

宇宙的本质是能，是能量、能力、功能或效能的聚合体。我们所感知的宇宙不过是由能所转化而成的一种外在表现形式，这个形式可以是物质的，也可以是精神的。这个宇宙所呈现的光怪陆离的万千气象，包括形状、色彩、影子、声音、气味、软硬、运动、反应、感觉、欲望、联想、想象、思维、观念、精神、意志、变化等一切一切的现象，都是能转化而成的特定形式，包括存在形式、表现形式、运行形式、变化形式。

由此延伸下去，我们还可以问道：人的本质是什么？答案是一样的，人的本质是能，是宇宙诸多能的集成和变现。人类的出现就是宇宙中既已存在的能借助某种机缘转化而成的特殊实体形式，正是诸多能、能量经过多种形式和多道程序的转化而使人最终成为人的。这一个人与那一个人的相同之处与不同之处，也完全是由能量条件的独特组合方式决定的，相同的地方缘于具有相同的能、能量或能力的合成，而不同之处则缘于具有不同的能、能量和能力的作用；相同的能条件和相同的聚合方式所转化的形式也是相同的，不同的能条件和不同的聚合方式所转化的形式也是不同的。

这同时也意味着，人类的精神世界也是由能转化而来的。

亚里士多德也曾认为，作为宇宙运动“第一推动者”[1]的上帝是完美的永恒的，没有形体，不占空间，没有性别、感情，变化，它是完美的和永恒的，上帝没有创造世界，但他推动了世界，而且他不是一种机械的力量，而是驱动世上一切活动的原动力。“上帝驱动世界，就像被爱者驱使施爱者一样。”所以，上帝是自然的终极力量，一切事物的推动力和目的。它是纯粹的能量，是经院哲学所谓的“活力本身”，也许还是现代物理学和哲学探讨的那种不可思议的“力”。与其说他是个人，倒不如说他是一种磁力。[2]

比亚里士多德稍早一些的哲学家克塞诺芬尼认为，作为世界主宰的神必须

---

1 见于赵敦化著《西方哲学简史》，p76，北京大学出版社，2012 年 7 月第二版。

2 参见【美】维尔·杜兰特著《哲学的故事》，中国妇女出版社，p55-56。

是绝对的，“是全视、全知、全闻的”，“神毫不费力地以他的心思摆布这一切”。[1]

斯宾诺莎在描述神时说：“神是一种无限的存在，也可以说是具有无限属性的实体，其永恒和无限的本质通过属性得以表现出来。”[2]

这一点，我则认为宇宙或作为功能体的上帝的永恒和无限源自于能的无数种不同的契合机缘、集成序列、组合结构和转化方式，因此形成了不同的刚体形式和生生灭灭的变化形式，其永恒和无限的属性源自于宇宙能量所具有的不断发生转化的属性。

斯宾诺莎还说：“神是第一因，他的行动依据的是他自身的规律，绝对不会受外力的作用。除了他自身，没有东西能决定他。所以，他可以依据自身的规律行动。神是唯一的自由因。”[3]

斯宾诺莎的神就是我在这里所说的宇宙功能体，把这个功能体称之为上帝，不过体现了一种人格化的象征意义而已。在这里，斯宾诺莎用“属性”“规律”这样的词语来解释神，虽然有些新意，但他仍然未能直接揭示出上帝作为宇宙功能体的本质，以属性、规律这样的词语来表述依然显得抽象而模糊。

我在这里理解的“神”其实就是一种可以带来运动、可以带来改变的能，一种演绎宇宙万千事物的功能体。“能”这个词在物理学上是很容易被理解的，可以是能量、功能或效能，也可以是力、规律或原理；在哲学上还可以被理解为道或意志；在精神学或心理学上则可以理解为心、爱、欲。这一切我则统称之为能。

上帝其实就是能的别称，或功能体的别称，而并非是一种不可捉摸和不可思议的神灵。而对于构成宇宙和驱动宇宙运转的这些能、能量、功能、效能、力、规律、原理等等加以认识，并认识得比较清楚、比较明白的，即是智慧。

探查最底层的东西或许就是近年来被量子物理学家们爆炒的“上帝的粒子”。而粒子本身是不是我们传说中的上帝呢？哥本哈根的科学家们看到了粒子具有波粒二象性，并遵循测不准原理。我们是否可以认为，波是运动，粒是物质呢？上帝作为功能体是否赋予所有的物质都具有波动性？波动究竟是粒子的自有属性还是来自于外界环境的干扰，这似乎也很值得我们思考。我们有理由认为任何粒子都处于特定情境之中，情境与粒子不可分，情境如果不是导致粒子波动的绝对干扰因素，起码也会对微弱的粒子的波动产生影响。所以，鉴于粒子总

1　见于克塞诺芬尼《论自然》，北京大学哲学系，2014年，p29。
2　斯宾诺莎《伦理学》第一部分《论神》，商务印书馆，1983年，贺麟译。
3　斯宾诺莎《伦理学》第一部分《论神》，商务印书馆，1983年，贺麟译。

要处于某一特定情境中，这或许就会使粒子的波动成为不可避免。

问题的关键是，设想到粒子处于除了它本身之外没有任何情境干扰的无的状态，又如何呢？尽管这是不可能存在的事情，但是这与我们研究上帝粒子的基本属性关系重大。这就意味着，宇宙中总有一个东西首先出现，比如，是先出现的“无”，还是先出现的“有”？是先出现“无”的情境，还是先出现“有”的情境？

但不管是“无”还是“有”，在其之前，必须有一个还要早于上帝粒子之前即已经预备好了的东西，或者上帝功能体就是这个东西本身，这就是空间。没有空间，不管是“无”还是“有”都不会存在。

但自有空间在初始状态下有没有物质存在呢？作为空间形式自有性存在的上帝功能体，最初是单单抛出了一个粒子性物质呢？还是一下子抛出了两个粒子性物质呢？或者干脆一股脑抛出了现在所具有的全部物质呢？按照我们人类固有的对于事物分解还原观念的执拗，我们只有把万物归到一的位置，似乎才算找到根了，要不然就像总是处于找不到头绪的状态。

按照传说中的上帝创世理论来考察，上帝造人起初造的第一个人叫亚当，后来从亚当的身体上抽取一根肋骨，又造了第二个人叫夏娃，再后来他就懒怠造下去了，把造人的活留给了亚当和夏娃以相互交合的方式来完成，这样，一个接两个，两个连三个地造出了无数的人来。而除了人之外的其他物质呢，是不是也是按照这个规律创造的呢？比如先抛出一个粒子，然后再从中抽取一部分，变成两个，一个为雌，一个为雄，雌雄相交而接二连三地创造出了这个无边无际的物质世界？

问题肯定不会这么简单。

我认为粒子所处的情境也会从中起到特定的作用。抛出一个粒子，这个粒子就进入了特定空间情境，粒子的外形就像一个极为微小的、肉眼看不见的弹簧。在我们做实验时，正面打在屏幕上则呈现为一个点状的粒子？斜着打在屏幕上则呈现为一种动态的波？就像螺旋弹簧式的瞬间波动？但是因为我们已经假设它是物质性唯一的粒子，不会遇到任何干扰，所以便不会因为被干扰而发生波动，而只能是一种自动；如果最初不是抛出一个粒子，而是两个或多个，甚或是现有宇宙的全部物质，那么，波动的属性是不是自有的，还是源自于外在其他粒子或物质的干预，则会变得更加扑朔迷离。即便最初上帝功能体赋予波动为粒子自有的属性，也会在波动过程中因受到干扰而呈现出一种异动，与初始自动性的波动大大不同了。

但这仅仅是关于世界本原问题的哲学思考，事实上，根据物质不灭定律和能量守恒定律，上帝功能体创造世界并非只抛出了一个或两个粒子，而是一股脑抛出了它的全部粒子。我们现在看到的是多少，那最初抛出来的就是多少。否则，物质不灭定律和能量守恒定律便不能被尊为永恒的真理。

所以，我们分解或还原物质世界，可以试图分解到最小，以最小为伊始，但绝不等于把世界所有物质划归为一，而全部以一为伊始。因为上帝功能体创造世界并非一下子只抛出一个粒子，而是一下子抛出了它的所有和全部。这就意味着，任何一个粒子都不是单独存在的，而总是处于其他粒子所包围的情境之中，并受到其他粒子的干扰和影响。一切试图将物质的粒子划归为最初的一个或一种的设想可能都是荒谬的。

我们有理由坚信，这个世界是由两个基本定律支撑起来的世界。一个是质量守恒定律，另一个是能量守定律。客观世界和主观世界都受到这两个定律的制衡。质量守恒定律被表述为：在任何与周围隔绝的体系中，不论发生何种变化或过程，物质质量既不会增加也不会减少，只会由一种形式转化为另一种形式，其总质量始终保持不变。或者说，任何变化包括化学反应和核反应都不能消除物质，只是改变了物质的原有形态或结构，所以该定律又称物质不灭定律；能量守恒定律被表述为：能量既不会凭空产生，也不会凭空消失，它只会从一种形式转化为另一种形式，或者从一个物体转移到其他物体，而能量的总量保持不变。

这两个定律具有如此高度一致的吻合性和相似性，说明了什么呢？说明物体的质量与能量在本质上是二像合一的，相当于一副扑克牌的两面，人类主观考察时则只能看到其中的一面，但并不意味着另一面不存在。看到的这一面必然具有主观感知的确定性，而同一瞬间看不见的那一面则必然具有主观感知的不确定性。

比如，人们喜欢玩牌，就因为在不确定性与确定性之间寻求刺激的快乐，在未予获得感知的不确定性的客观与已然获得感知的确定性的主观之间，来回跳跃着，纠缠着、振荡着，并在这一过程之中体验自我及他人的运气感或命运感。

从未出现和看不见的那一面的不确定性，到已出现和看得见的这一面的确定性，只能隔着间断性的时空序列进行切换。这就使得主观上的确定性和客观上的不确定性构成了一种跨越时空的切换关系，我将这种关系称之为主客观确定性与不确定性切换原理，简称主客观切换原理。

比如一个人的出生本身便是一种确定性的出现。但这个确定性却来自于一连串的不确定性，来自于其父母最初不确定性的偶然相遇和相识，以致结成确定性的婚姻关系，而后又不确定性地发生若干次性交。

在某一次确定性的性交中，有无数精子涌入其母亲的阴道，但究竟是哪一颗精子能够游入子宫并与卵子结合,这是不确定的,其着床几率只占数亿分之一。

但经由这一连串的不确定性，最终发生了一次确定性事件。于是这个人的出生方成为一种确定性的存在；同时非止于此，抛开情非已愿的被迫的自杀性事件之外，一个人对于自身死亡事件的认知也同样像“薛定谔的猫”一样具有不确定性。正所谓“人不知死，车不知翻”。在什么时候死亡并不在自我主观认知范围之内。

所以，人的出生和死亡都具有不确定性，都属于主客观的奇点性事件。在这两个不确定性的客观事件之间，除却睡眠时间之外，方才属于自我认知的确定性存在过程。

换句话说，就是从出生到死亡这两个不确定性事件即是在主观上可以意识到和确认到自我存在的两个端点，说明人类个体自我所具有的确定性主观存在时间实在是很短和很有限的。

所以，休谟曾经说过：“凡‘存在’者原可以‘不存在’”。[1]因此，任何一个东西的存在都是从客观的不确定性的几率中变成主观可见可感的确定性的存在的。从客观未知的偶然性变成主观已知的必然性，最后再由主观已知的必然性变成客观未知的偶然性。

不确定性与确定性之间的切换，不限于主观世界与客观世界两种关系的切换，也包括质能关系的切换、时空关系的切换。但这种切换不等于将二者分开，而是观察者时空维度和观察视角的转换。

所以，所谓二象性不过是人类考察宇宙物质时，从客观的不确定性到主观的确定性所采取的两种观照视角，是人类对于同一个东西主观归纳出来的两种属性，而在本质上则是一个绝对不可分割的完全统一体或时空连续统。人类不可能从这个统一体和时空连续统中跳出来，其作为观察者置身其间的尴尬，最终总要在微观的和智能阈限的终极处陷入测不准的矛盾之中。

对于同一个观察者而言，其主客观两个世界是不可分割的，就像宇宙时空关系和质能关系不可分割一样。我们能够分割物质的形式（即物体），并借助分割物质形式而分割物体的质量和能量的大小，却永远不可能将质量与能量、空间与时间、主观与客观二者完全分离开来。当然，也不可能将它们彻底分开

1 休谟著《人类理解论研究》，p144,商务印书馆，1957年10月第1版。

来解释和分开来研究。我将这一观点简称为宇宙不可分定律（其中包含着质能不可分定律、时空不可分定律和主客观不可分定律等至少三个方面的内容）。

微观世界的一切基本粒子总是做自旋运动，这一点已经得到了物理学的证实。自旋或许是宇宙中一切物质运动形式产生的根源。找到这个根源的意义就在于，按照先有部分后有整体的还原论思想，正是因为底层的自旋运动，才使得整个宇宙中一切物质总是以自旋的运动形式呈现出来：夸克自旋、电子自旋、原子自旋、原子核自旋、质子自旋、分子自旋、水漏自旋、地球自旋，星系自旋，宇宙自旋，一切物质世界都是按照特定的近似于圆形旋转轨道做自旋运动。

据此可以做出如下推论，微尺度的粒子自旋规则与显尺度的物质自旋规则和大尺度的宇宙自旋规则具有相符一致的特点，大尺度自旋是粒子自旋运动的延伸和扩展，粒子自旋运动是导致大尺度宇宙做自旋运动的最底层根源，构成了宇宙运动形式的基本范式，同时也更是宇宙发生膨胀的根本原因（这一点与宇宙大爆炸观点显然不同，甚至可以认为自旋产生的离心力是导致宇宙膨胀的第一驱动力）。

一个小小的粒子的自旋运动，最终导致了整个浩瀚的大宇宙的自旋运动，真是一件非常奇妙的事件。

地球既在自转也在围绕太阳公转，太阳其实也在旋转，尽管我们看到的太阳似乎并没有围绕着什么旋转，但这只是观察角度和观察位置造成的困境，事实上我们始终都在伴随地球本身也正在与太阳一起旋转，就像我们站在地球上而无法感知到地球本身的旋转一样。整个银河系也在旋转，其旋转速度非常快。至于太阳或银河系等大尺度星体都围绕着什么在旋转，还有待于物理学界的进一步考证。

我有理由认为宇宙中的一切运动都是趋圆性运动，而凡是趋圆性运动都是有心的运动，都是围绕着一个特定中心的运动。

小到基本粒子，大到宏观星体，都是围绕着特定中心的运动，就像人推碾子，人要一圈圈地旋转，这个旋转是有心的旋转，即围绕一个特定的中心在旋转。而这个中心对于围绕其旋转的主体而言代表了一种目标，代表了一种意志倾向，同时也是主体产生主观意志的根本原因。

所以，我称这个中心为一种极为特殊的主观之心，并认为一切物质都是围绕着主观之心运动着的。地球自转围绕地球之心，地球公转围绕太阳之心，在整个环绕性运动模型当中，被环绕者给环绕者带来了向心力指引下的主观，环绕者给被环绕者带来了离心力影响下的客观。而心即是主观世界的根本内容所在，并对客观世界的运动形式产生决定作用。心变了，形就变了，正如人心态变了，形态就变了，表情就变了，姿态就变了，行为就变了，运动方向和运动方式就变了。

这个心的东西其实与爱因斯坦称之为宇宙生命力的“爱”[1]具有不谋而合的意味。但我觉得用“心”这个概念更精准，不但含有主观之心决定客观之形的意义，也含有外在客观总是以内在主观为中心，惟主观之心而马首是瞻的意思。

而且在宇宙的终极之处，在理论的终极之处，在人类认识的终极之处，主观之心与客观之心交合为一个宇宙奇点，即主观意志与客观意志最终合而为一。

这说明，站在主观世界的视角上而言，客观决定主观的理论可以被称为宇宙真理，但站在客观世界的视角上而言，主观决定客观的理论则也同样是宇宙真理，两者共轭并行才能成为解读主客体合一的整体宇宙的适格真理。

正因为这种围绕主观之心的自旋运动属性，决定了宇宙中的一切物质都呈现出一定圆形或球形的样式和模型，并表现为无限循环的特征，我将这一规律称为宇宙运动趋圆循环定律。

正是这种被底层注定的运动形式才使宇宙一切物质的运行轨道呈现出趋圆性、循环性、无限性和膨胀性的特征。我认为，自旋构成了物质永恒和无限的运动模式。似乎光的传播是个例外，因为其运行速度太快和易于被其他物质转化和吸收，在人类可观测的范围内似乎总是呈现为直线传播的特性，但在足够遥远的天文尺度上也会发生弯曲，假若其能量未被快速地转化或被对象截留和吸收，最终也必然会呈现趋圆的本性。

宇宙之光辐射到哪里，客观宇宙的边界就延展到哪里，我们的感觉辐射到哪里，主观宇宙的边界就延展到哪里。英国科学家斯蒂芬·沃伦等人发现的距离地球 200 亿光年的类星体是目前我们人类所能测量到的宇宙的最大边界，鉴于人类所借助的仪器功能所限，每个人都清醒地认识到，这远远不是宇宙的最终边界。如果宇宙相通论的理论范式成立，那么，我们应该相信，宇宙是圆的这个结论应该不是一种胡思乱想的判断和推理。

根据我提出物质世界质能不可分定律，将物质分割到最小单位的基本粒子，也就意味着同步分割出了最小的能量，我将能量的最小单位称作能子。而能子中所含有的最小的力，可以被称之为动子。世界上一切物质之中都隐藏着动子，

1 1980 年代末，爱因斯坦的女儿 Lieserl 出于对父亲的命令而不是为了出版，将爱因斯坦写的 1400 封信捐给了希伯来大学。一直到爱因斯坦死后 20 年才公开其中的内容。其中一封信中写道：“有一种无穷无尽的能量源，迄今为止科学都没有对他找到一个合理的解释。这是一种生命力，包含并统领所有其它的一切。而且在任何宇宙的运行现象之后，甚至还没有被我们定义。这种生命力叫‘爱’”。

这就意味着每一种物质都可以在特定条件下经由特定媒介而转化为针对并作用于其他物质的动力。

能子是指构成特定物质最小的基本粒子以其自有的最基本的自旋运动所做的功及其所产生的效能。能子与引力子在物理场中的作用具有等效性，但能子属于粒子自有能量或自作用产生的能量，而引力子则属于场域能量或粒子之间相互作用产生的能量。

不过，能子的概念与粒子物理学对于费米子和玻色子的理论描述存在着令人费解之处，一方面，既然质能不可分割，为什么粒子物理学理论模型中还会存在没有质量的玻色子呢？比如被认为是物质的质量之源的希格斯玻色子，它似乎只能通过自相互作用而获得质量。另一方面，质量起源在物理学标准理论模型中仍然是个谜，一个绝对没有质量的东西是不存在的。

从哲学的意义上说一切物质都是有质量的。无论是费米子还是玻色子，粒子物理学家对其进行描述和检测的机制存在着巨大的差异，所谓没有质量的结论只能在 SU(2) 规范理论或希格斯机制中得到解释。换句话说，没有质量的粒子只能在理论上存在，在实际上不存在。这就使质能不可分定律不失其实际指导意义。

一切基本粒子的质量的大小与其自旋角动量密切相关，有多大的自旋角动量就会产生多大的质量，这就说明，最小的粒子必然是最小的质量与其最小的能量的等效性耦合，这就使得一些所谓没有质量的粒子也可以通过其运动方式或运动速度体现出来。同时也恰好可以证明真正的质量概念是不存在的，因为一切物质所谓的质量都是来自于力的振动模式或振动频率的激发状态，不同的振动模式、振动频率或振动激发态合成了不同的物质及其质量结构。这一点，可以在弦理论中得到更好的解释。

弦理论（以及它的升级版超弦理论）认为所有的亚原子都并非是占据空间单独一点的基本粒子，而是一小段一维的弦，类似于橡皮筋的弦。

也就是说，自然界的基本单元不是电子、光子、中微子和夸克之类的点状粒子，而是很小很小的线状的“弦”。

弦的不同振动和运动就会产生出各种不同的基本粒子，以致使其既具有粒子性特征，也具有波动性特征；既具有振荡性特征，也具有纠缠性特征；既具有物质性特征，也具有能量性特征。能量与物质是可以转化的。

据现有理论认为，超弦理论模型中的宇宙时空，是一个十维的空间，其中四维是爱因斯坦的时空流形（也就是我们所能感知的日常生活空间），另外一个与它“垂直”的还有一个很小很小的六维流形。在这个十维空间中，有一种最小单位的弦纵横其中。除此之外，最新的 M 理论，[1] 则在超弦理论基础上认为宇宙是从十一维开始演进的。

弦论是迄今以来最有希望将自然界的基本粒子和四种相互作用力统一起来的理论。弦理论中的物理模型认为大至星际银河，小至电子、质子、夸克一类的基本粒子都是由这种占有二维时空的“能量线”所组成。

这些弦中有端点的叫“开弦”，没有端点的圈状的叫“闭弦”或闭合弦。不同的弦在不同的情境中必然表现出不同的振荡模式、不同的振荡频率、不同的波长、不同的纠缠方式、不同的象性表征和不同的能量作用。

描述大尺度空间规律的相对论与描述小尺度空间规律的量子力学，构成了现代物理学的理论基础。鉴于二者之间存在着一些相互矛盾的地方，爱因斯坦试图找到一个方法把它们统一起来，能够用同一组方程式描述全部粒子和力的物理性质，这便是爱因斯坦的梦想，人类的终极智慧——统一场理论。

广义相对论认为：在非球对称的物质分布情况下，物质运动，或物质体系的质量分布发生变化时，必然会产生引力波。

比如致密星体碰撞并合过程中出现的这类大质量天体剧烈运动，会扰动着周围的时空，扭曲时空的波动也在这个过程中以光速向外传播出去。

因此引力波的本质就是时空曲率的波动，也可以唯美地称之为时空的“涟漪”。引力波以引力辐射的形式传输能量。

虽然爱因斯坦早在 1916 年就预言了引力波的存在，但直至 2016 年 2 月 11 日，美国激光干涉引力波天文台才正式宣布，人类首次直接观测到了引力波，相对论最后一块未曾得到证实的拼图被发现了。

引力波的存在是广义相对论洛伦兹不变性的结果，因为它引入了相互作用的传播速度有限的概念。相比之下，引力波不能够存在于牛顿的经典引力理论当中，因为牛顿的经典理论假设物质的相互作用传播是速度无限的。

引力波可以直接与宇宙大爆炸连接，一旦我们发现了宇宙大爆炸时期的引力波，就可以揭开宇宙的各种谜团，甚至了解宇宙的开端和运行机制。

按照量子物理学家的解读，现行宇宙中的一切都始于大爆炸发生时的普朗

1　M 理论（M-theory）是为“物理的终极理论”而提出的理论。物理学家希望能用一个理论来解释所有的物质与能源的本质和交互关系。它试图把 4 种作用力 -- 电磁力、引力、强核力和弱核力统一起来。它还试图结合当前所有 5 种超弦理论和 11 维的超引力理论进一步加以完善。M 理论的“M”包含有许多意思，例如魔术（magic）、神秘（mystery）、膜（membrane）或矩阵（matrix）等等。

克时间。普朗克时间＝普朗克长度／光速，即普朗克时间为10的负43次方秒，这可以被认为是人类已知的最小时间存在。

物理学的发展不断改变着人类的宇宙观，即便人类对于意识与物质之间关系的认识，也会因一次又一次惊人的物理发现而不断使传统的认知函数发生坍缩，甚至有可能使唯物主义和唯心主义两大哲学阵营因此而握手言和，其历史的恩怨在物理学的终极智慧层面上可能会就此化解。

量子物理学家推断，人类意识或许就是宇宙弦在振动进行时的一种激发状态。这就意味着意识不是宇宙弦自身，而是其以特定振动频率而振动的效应或状态。有人认为这种效应或状态就像一场交响乐，乐器本身不会产生音符，但其通过振动而产生的振动效应或效果才是音符。意识就相当于这样的音符，只有在振动进行时才能产生并存在，一旦这种振动停止了，意识的音符也随之停止。

鉴于现代物理学已经获取的证实，自旋是粒子的基本属性。我有理由认为，每种粒子都具有其独特的自旋轨道、尺度、方式和频率，从而表现出不同的能子活力、能子数量（能量）和能子分布等特征，这也决定了不同粒子构成的物质形态和能量储备及其转化方式的刚性不同和属性不同。在量子力学中，粒子自旋角动量遵从角动量的普遍规律。任何体系的角动量都是量子化的，其取值只能为 $s \times h/2\pi$。其中 $h/2\pi$ 是约化普朗克常数，s 称为自旋量子数，自旋量子数是整数或者半整数 (0,1/2,1,3/2,2,……)，自旋量子数可以取半整数的值，这是自旋量子数与轨道量子数的主要区别，后者的量子数取值只能为整数。自旋量子数的取值只依赖于粒子的种类，无法用现有的手段去改变其取值。

所以基本粒子的自旋运动即能子是宇宙中一切能得以产生的根源。我们知道，由运动产生的能是动能，因此动能也可以称为元能，是宇宙第一能。

正是在元能的基础上，才转化并产生了势能、热能、光能、风能、波能、电能、磁能、场能、核能、辐射能、机械能、化学能、生物能、潮汐能等一切宇宙之能。

换句话说，元能即动能是宇宙中一切能的肇始之能，没有元能的存在，其他能将不可能产生，不可能被转化出来。这就意味着，宇宙中的一切能，都是由动能转化而来的，都可以被理解为动能或动能的转化形式，都可以通过数学关系而换算成动能。这与爱因斯坦考察电磁场的能量张量问题所得出的结论也是完全一致的，即“单位体积的动量与能量流相等”。[1]

元能是自有之能、先天之能。自元能之后，其他包括势能（位能）、热能、波能、电能、场能、机械能等所有的能都是后天之能，都是被转化而来的能，

1　见于爱因斯坦著《相对论的意义》，上海科技教育出版社，2001年12月，p44。

都是由元能衍生的“子能”“孙能”，而且每一种能也都借助于元能实现了其转化过程。

因此，一切能都是从作为元能的动能开始的，一切能的呈现过程都是运动的过程。而且，除元能之外，每一种能都有其上位，可称为上位能。同时，由于每一种运动都必然地产生特定的效能，这就使包括动能在内的每一种能都有其下位，称为下位能。换句话说，除了元能之外，其他每一种能都需要得到上位能的支持、驱动和干预，进而必然产生或转化为特定的下位能，而且，上位能与下位能可以相互转化并形成循环递动关系。比如位能的上位能是动能，没有动能，就不可能产生位能，位能的下位则依然是动能；热能的上位可以是动能，光能，也可以是电能，其下位可以是动能、光能、电能，其间的互动性、循环性、递动性、连锁性构成了能量转化连锁循环关系。因此，我们可以这样总结，一切能都是从作为动能的元能开始的，所以一切能都意味着运动，自元能以下，任何能都要经由元能而实现转化，一种能总会产生并转化为另一种能，能与能之间递动循环，以至无穷。我将能与能之间所具有的这种关系称为能量转化上下位循环定律。

元能的先天性已经在量子物理世界中得到了较好的证实，最基本粒子的运动是没有其他运动给予支持便得以实现，这是粒子的基本属性使然，这个属性本身也许就是众多学者所探讨的宇宙发生的奇点。这同时也是宇宙自动说的最根本的和最底层的证据体现。

鉴于宇宙元能既然是动能，也就意味着最小的能也必然是动能，那么，能子也必然是一种动能。

能子在物质概念下究竟扮演了怎样的角色？一个物体的质量到底指什么内容？答案并不像问题的提出这么简单。在爱因斯坦建立相对论的基础理论观念中，认为“质量是用物体反抗它的加速度的阻力（惯性质量）来加以定义的，它亦可通过对物体称量测得（重力质量）”。[1]这就使得现代物理学观念中的质量常常与重量的概念相混淆，对于我们建立严谨的科学的质量观念显然存在着认知的误区。

我们中的很多人对于物理学中经常用到的几个概念未必十分清楚，比如物体、物质、质能、能量，其内在含义常常发生混淆。

其中，物体的内涵似乎更容易被理解，其是指物理世界的有形之体，宇宙中所有的物都是有形有体的，简称为物体；而物质一词则是物与质两个字的组合，

1 见于爱因斯坦著《爱因斯坦晚年文集》，海南出版社，2000 年 3 月，p50。

物指的就是有形的物体，而质却是无形的，到底什么是质？中国汉语词典的解释是主体、本性，牛津英语词典中的解释是物体的质量、品质。这两个解释其实都很抽象，很虚在，让人无法把握质的根本含义。

我在此将物质一词分开来解释，物为有形之体，质为无形之能。不同的物质既具有不同的形，也具有不同的能，物质是形与能的结合体，具有不可分割性。当我们说某种物体有用或无用时，指的是这个物体的能，物体含有怎样的能，便具有怎样的用途。能是物理世界的本质，是支撑物理世界得以存在和得以运行的根本力量。

或许我们还可以这样推论一下，物的最小单位是粒子（比如费米子），粒子是有形的；能的最小单位是能子（比如玻色子传递的作用），能子是无形的。

假如你对上面的解释认为不错的话，那么错误却紧跟着冒出来了。因为这种解释与爱因斯坦讨论质能关系时所提到的“质”与“能”的含义发生了矛盾。质能一词的质指的是什么？简单地理解就是物体中所包含的粒子的数量，质能一词的能则是指物体的能量。按照我的质能结构主义哲学的理解就是物体中所包含的能子的数量。

质能关系其实就是物体的质量与能量的关系，按照最小单位来说亦即粒子与能子的关系了。而量则仅仅是一个表示轻重、长短、快慢、多少等数量单位的统括性概念。

这样，物体、物质、质量和能量几个物理学概念的含义也就被界定清楚了。即质量所指向的内容是物体在静态意义上的粒子而言的，能量所指向的内容是物体在运动意义上的能子而言的。粒子与能子统一于一体即为物质的全部含义。物质＝能质，其中“质”字的含义在这里显然具有明显的差别。

物质的能子可以被认为是物体内部所包含的基本粒子运动的力在微距离轨道上所做的功，以及由此产生的微弱的效力或效能。

每一种物质都是由无数个基本粒子组成的，而且每一个粒子又都是运动的，既然是运动的就必然存在着力在做功，尽管这种力很微弱，尽管这种功很微效，尽管其运动的空间很微小，但是，无数个粒子都隐含着这样的能子，无数的能子也都支撑着其所寄身的粒子的存在和呈现。这样，一个物体也就必然具有了质能一体且不可分割的时空存在性。

由此可以推论出我们所面对的宇宙实际上包含着两种结构形式，一者是质结构形式，一者是能结构形式。质结构形式构成了可视可感的有形宇宙，能结构形式构成了不可视却可传递作用的无形宇宙。

比如我们看到一个路牌，这个路牌有形有体有文字符号，显然是一种具有可视性的质结构，但是这个路牌放在这里具有一定的指路意义，具有一定的作用和功能，这种意义、作用、功能即是一种具有不可视性的能结构。

同样，路上跑的汽车也是如此，一方面它是一种质结构，是由很多可视可感的部件组合而成的质结构，一方面它又是一种能结构，是由能载货、能奔驰、能加速、能减速、能转弯、能停止等功能组合而成的能结构。

这就是说，我们所能看到的世界，所能感知的世界，完全是一种质结构世界，包括山水、草木、动物、阳光、云彩等等，包括空气以及分子、原子、电子、夸克、中微子等基本粒子所构成的微观世界，虽然肉眼看不见，但在理论上通过仪器是可以看见的，也都属于具有可视性质的质结构世界。

而我们看不见、却时刻都在发挥着作用的世界则是一种能结构世界，包括力、功、能、电、磁、场，以及人类的精神、意识、心理、思想、观念、信仰、灵魂等等，都属于能结构世界范畴。

我们由此可以归纳出，质结构是可视世界范畴，能结构是不可视世界范畴。而作为人类的我们，同其他物质世界一样，既包含着质结构，也包含着能结构，是质能合一的产物。

而根据两个守恒定律，我们可以推定，这个宇宙中目前所包含着的所有物质与数亿年前或者说是宇宙形成之初的所有物质，在质量和能量方面是完全相同的，所不同的只是外在表现出来的物质形式的不同而已。

我们甚至还可以推断，上帝功能体创造世界的过程也必然是基于这两个守恒定律完成的，即在能量业已存在的基础上而不断做出的物质形式上的转化，上帝功能体既不能让物质生灭也不能使能量增减。他只能让能量从一种形式转化为另一种形式，或者从一种物质转化为另一种物质。

这同时也意味着，物质世界永远不能还原到最初的某一个特定的基本粒子中去，还原论者只能分解宇宙的物质形式，却不能分解还原宇宙质能一体的本质。

一切物质都是能的转化形式，物理学家看到的粒子衰变，其实也是缘于能量消耗与转化过程中必然导致的一种粒子形态。任何一种能，最终总要转化成其他某种特定的物质形式，转化过程则是由运动这种独特而绝对的方式来完成的，没有运动，能量就根本不会存在，也更不会转化，没有运动，就没有空间形式和时间形式的存在、发展和变化。

能量的物质性存在形式是多种多样的，比如可以存在于阳光形式中，可以存在于花朵形式中，可以存在于木炭形式中，也可以存在于土壤形式中，还可以存在于匮缺形式中（物质的反面形式亦即非物质形式或反物质形式），而能本身是一种还是多种呢？按照能量转化和守恒定律来说，作为能量存在形式的物质可以是多种多样的，而能子的数量或许就跟最小的粒子数量相同，其在不同物质之间“跳来跳去”、“转来转去”的运动是能子所特有的本质属性，或者干脆说能子的本质就是跳来跳去或转来转去的运动。抛开运动，一切能子、能量都将不复存在。而没有能存在的物质世界必将造成引力坍缩和时空曲率归零的虚无，物质世界也就因此而消失了。看来，运动是柱撑和建立物质世界的基础。

我们讨论物理世界的运行与转化原理的目的主要在于物理世界与精神世界存在着严谨的对称性、对应性，借助有形的物理世界基本原理可以将无形的精神世界基本原理推导出来，以便于对无形的精神世界实现更好的解读和诠释。

三、宇宙质能关系定律的疑点与重设

爱因斯坦研究的问题基本上都是宇宙本原问题。要解决这一类问题，我们就必须回到原点，从具有本原意义的元能说起。

我们知道，任何一种能都可以借助还原思想而做出体量大小的物理分割和数学解读。而分解能的大小与分解物质的大小似乎完全依托于同一个理论认知模型。首先，我们尝试对元能亦即动能做出最小化的分割，直到不能再分时即可理解为动能的最小单位。但以能的不可见、不可触摸的特性，使得我们分割能的设想似乎只停留在理论层面上，并具有必要的和显而易见的逻辑陈述意义。但在实际操作上却很难做出直接的和精准的分割，而只能借助能量所寄身或所转化的具体物质形式而进行时空性规度和效应性测量，即通过分割物体的质量而达到分割物体的能量的目的，除此，似乎没有其他途径可走。

而对于物质的无限分割则是物理学家们上演的最古老也是最经典的拿手好戏，但这出戏上演到不可再分的基本粒子时，便很难再有作为了。究竟分割到何等微观尺度上才算是最小的粒子，这一点似乎还没有在科学界达成共识，但几乎所有科学家都确信，对于某种特定物质而言，终有一种粒子是不可再分的，而且在物质世界中是通用的。

为了把能子引入物理学计算系统，我们也可以使问题更简单化：能子即是最小的粒子做自旋运动时以其先天的最小的力所做的功。我将这个最小粒子在运动过程中所具有的最小的力称之为动子，或力子。能子通过动子的不同振动模式、振动频率、振动幅度和振动状态，可以转化为不同的粒子形态，无数个这种微形态的叠加和集结，扩展到宏观宇宙中即为视界内显性的物质形态。这说明质能之间存在着可以相互转化的关系，一定的质量可以转化为一定的能量，对这种关系在爱因斯坦的物理学理论中被称之为质能转化定律。

假如宏观世界的经典物理学原理能够适用于微观世界，那么，我们就可以在理论上计算出能子的相对确定性数值。设某一最小粒子在其特定自旋轨道上运动一个回合的距离为 s，其运动的力为 f（动子），其能子则为 θ，即 $\theta = f \cdot s$，θ 即等效于粒子在其自旋轨道上运行一周所做的最小的功。这个最小的能子也只能支持一个最小的粒子存在，并通过与其他粒子所蕴藉的能子之间的吸引、排斥或谐振等作用而实现能量转化。如果粒子在固定的微观尺度内轨道上运行 n 圈，则 $\theta = f \cdot s^n$。但这个公式只能在理论上成立，原因是粒子的运行轨道周长和运动的力的大小还受到测不准原理的限囿，在我们现有的观测水平上是很难精确地获得的。

能子概念的提出具有革命性的物理学描述和解读意义，相较于粒子概念的刚体性、实在性、稳固性等物质特征而言，填补了力、功、效等虚体性、作用性、方向性、动态性、流变性、传导性、转化性、效应性甚至客观意志性等运动特征，对于更好地理解和阐述物体的质能合一模型以及物质运动规律具有最根本的理论还原意义。

能子是动态宇宙之源，时间产生之本，而粒子则是刚体宇宙之源，空间产生之本。令人惊奇的是，动态宇宙与刚体宇宙的两个源头最终居然合并在了一起，合并成了不可分割的一个东西，合并成了一个奇点，这个奇点与现代量子物理学所提出的量子概念几乎完全吻合。

对于这两个源头的合并，简单地理解，就是粒子＋能子＝量子。所谓波粒二象性体现的就是质能合一的基本粒子所呈现的两面性，所以，“粒＋波＝量子”与“粒子＋能子＝量子”完全是同一理论意义的两种不同的表述方式，很显然，粒就是粒子，代表了形、体以及款式、样式、状态、模型等外在可观察的形象性属性；能子就是波，代表了运动、力以及作用、功能、效能、频率、转化等内在可计算的抽象性属性。

早在 1900 年，普朗克在研究物体热辐射的规律时发现，只有假定电磁波的发射和吸收不是连续的，而是一份一份地进行的，计算的结果才能和试验结果相符合。这样的一份能量叫做能量子，每一份能量子等于 $h\nu$，ν 为辐射电磁波的频率，h 为一常量，称为普朗克常数。

这里可以看出，我提出的能子概念并不能直接等同于普朗克提出的能量子概念，能子是与粒子同体合一却可以独立出来进行理解和阐述的一个一个具有自有性和确定性的能量单位，比量子的含义小；能量子是粒子与辐射电磁波的频率同体合一的一份一份具有整体性和间隔性的能量单位，在体量上等同于量子。能子有时可以等效于普朗克常数或与普朗克常数非常接近的一个最小单元性量值。普朗克常数的不确定性应该源自于能子运动的基本特点以及被随机干扰性。在理论上说，只要最小的粒子被确定了，其所表现出来的能子的大小、位置等规度也应该被确定了，这也许就是能子与普朗克常数在理论认识上的不同之处。

如果每个量子中只含有一个能子，那么，每个量子的能量 $E=\theta$。其中，θ 为能子的能量大小，$\theta=f\cdot s$.

但上文已经说过，这个能子的量值只能在理论上存在，而且是比较精确的，而在实际操作上迄今还没有完全找到可测量的方法和路径。

这与我们熟知的爱因斯坦在相对论中设定的关于质能关系的公式大相径庭，两个公式来自于两个迥然不同的理论模型，经详细论证或许也能做到殊途同归。

我们中的很多人对于爱因斯坦为什么把光速设置于质能关系公式之中是心存疑窦的。这是一种主观设定还是另有客观依据？一个物体所包含的能量与光速的平方表面上看是风马牛不相及的，这似乎远远超越了一般人的理解能力。如果相对论是完全正确而且没有瑕疵的理论，那就应该借助朴素的语言方式而把自己的观点解释到可以被一般物理学专业人士接受的层面上来，但是相对论似乎没有做到。这对于推广和普及相对论思想显然是不利的因素。即便爱因斯坦本人也承认：“由于未加论证就把时间概念建立在光传播定律基础之上，从而使光传播在理论中处于中心地位，狭义相对论遭到了许多批评。”[1]

对此，他解释说：“为了赋予时间概念以物理意义，我们需要某种能够在不同地点之间建立起联系的过程。至于为这样一种时间定义具体选择什么样的过程则并不重要。然而，选择那些我们已有所了解的过程显然对理论会更有益一些。由于麦克斯韦和洛伦兹的工作，我们对光在真空中传播过程的了解，比其他任何可以想到的过程都要清楚。基于所有这些考察，空间和时间的数值不

1　见于爱因斯坦著《相对论的意义》，郝建纲、刘道军译，p25，上海科技教育出版社，2001 年 12 月第 1 版。

仅仅是主观构思出来的，它们还具有物理上真实的意义。”[1]

这就意味着，将光速牵扯到质能关系之中不过是来自于爱因斯坦的一种主观构思和具体选择过程，但他认为这种主观构思和选择过程具有真实的意义，可以使很多问题“被光速不变原理和狭义相对论原理唯一地解决”。因为在爱因斯坦时代，类似于以太形式存在并弥漫于整个宇宙的中微子这样的鬼粒子还没有被发现，真正与时间数值有关的元素到底是选择光速还是选择中微子的速度，在爱因斯坦时代不可能进入他的考察范围。

鉴于后来发现的中微子不但弥漫于整个宇宙之中，而且可以自由穿越任何物质，甚至其穿越速度也不逊于光速，这就使我有理由认为中微子在宇宙时空的建构方面发挥着某种暂且不为人知的鬼魅般的独特的作用。

但是运动产生能的观点却是一个不可颠覆的真理，质能关系只能与物质的质量和构成物质能量的能子的运动方式密切相关，而不会与任何主观设计的假说构成本质上的联系。

所以，按照我的推理，似乎也可以在牛顿经典物理学理论框架下重新推导和设定质能关系定律，如果我们在这一路径上思考开来，或许也能激发我们做出进一步推敲的兴趣，结论是：

$$E=M\cdot\theta^{n}$$

其中，E 为单位物体的能量，M 为单位物体的质量，可以用重量代替，θ 为构成该特定物质的能子常数，即 $\theta=f\cdot s$（针对特定物质而言，θ 必为常数），n 为构成该特定物质能子的数量，这个数量是可以通过简易的数学公式计算出来，鉴于能子与粒子的质能契合关系，粒子在体量上是可以测量的，单位物质的体量中必含有特定数量的粒子，因此也必含有特定数量的能子。

θ 之所以称之为常数，就在于构成物质世界的能子的种类总是有限的，其种类等于构成物质世界的基本粒子的种类（截至目前科学家已经发现了 300 多种基本粒子），或者也等于门捷列夫在元素周期表上所布列的元素的种类。这就是说，构成不同物体质量的基本粒子既是不同的，也是有限的，与之相匹配，构成物体能量的能子的种类也是不同的，而且也是有限的。

比如构成铀的粒子及其能子与构成铁的粒子及其能子必然具有很大的差异，

1 见于爱因斯坦著《相对论的意义》，郝建纲、刘道军译，P25，上海科技教育出版社，2001 年 12 月第 1 版。

二者在质量相同的情况下，其所含有的能量却具有天壤之隔。单位质量的铀所含有的能子数量及其单个能子所含有的能量远远高于同一单位质量的铁，这也就是铀为什么能释放出如此惊人的爆炸性能量的根本原因。

这就是说，$E=M\cdot\theta^n$ 这个公式中的每一个元素都可以在理论上获得接近真实的量值。届时，可借此公式计算出特定物质的单位体积（体量）或单位重量（质量）所含有的能子个数，这样就可以针对特定物质而换算出 1 个单位体积或者 1 个单位重量的物质中所包含的能子数，并以此作为特定物质的 1 个单位体积或 1 个单位质量的能子数量（能量），比如以某物质 1 千克质量含有 N 个能子，则 1 千克该物质的能量 $H=N\theta$，这样，此后 H 便可设定为特定物质的 1 个单位的能量常数，则质能关系公式可以改造为：

$$E=MH$$

其中 E 为特定物质的总能量，M 为该物质的总质量（可以用重量表示），H 为该物质 1 个单位的能量常数。

在以上若干元素中，N 的数值、θ^n 的数值和 H 的数值尽管很庞大，但高智能计算机或许很容易完成这项基础性工作，其间有些技术环节尽管在目前还不能全部做到，但这并不意味着永远做不到。

最小粒子自旋一周可以计算出最小能子的数值，地球自旋一周或其他星体自旋一周，也可以计算出相应的能量数值。这个数值与爱因斯坦借助他的相对论质能关系公式所计算的数值是否一致，则在理论和实验两个方面留有更广泛的探讨空间。

当然，我本非专业物理研究人士，对于以上讨论所存在的谬误之处敬请专家学者批评指正，但愿以大家之风付之一笑耳。

据说爱因斯坦在研究电磁学时遇到了前所未有的认知瓶颈，他说：“尽管我们确实知道电是由基本粒子（电子、带正电的原子核）构成的，但是从理论的角度上我们无法理解它。我们不清楚在大小及电荷数都确定的粒子中决定电荷分布的能量因素，而且所有意在完成这一方向的理论尝试都没有成功。”我认为对于这个问题的答案，或许可以通过另一个具有独特视角的认识论思想重新得到解决。

宇宙中的一切矛盾都可以借助特定的数学模型做出解释。或者说，凡是数学的，也都是宇宙的。能量与质量关系也遵循数学无理数与有理数的对立统一关系。

一个单位物体的质量大小数值，既可以是有理数的，也可以是无理数的，但我认为其所具有的能量则一定是无理数的。换句话说，能量的取值不可能是有理数，而只能是无理数。原因很简单，能量来自运动，来自于最初的自旋运动，即便大尺度的物质运动，也具有自旋的属性，即一种物质在其完整的运动轨道上所产生的能量，其计算公式中总离不开圆周、圆弧或弦，离不开 π 这个无理数。

任何数与无理数产生实质性关系，基本上都会变成无理数。在以上的讨论中，我们预测了量子世界波粒二象性中的波动属性即是能量产生的源泉，而能量所具有的这种无理数特点，也同样符合测不准原理。这不是一种巧合，而是物理学与数学两个学科严谨的科学吻合，而这种吻合，或许可以从另一个并非仅仅是波长大小的视角上用来解释和证明测不准原理得以成立的依据。

能子属于最小的能量概念，但其计算方式我已在上文中列明。不过在物理学实验中也可以得到基本粒子的最小能量值。著名的油滴实验证实作为基本粒子的电荷具有量子性质，也就是说，电荷是由一堆称为基本电荷的单独小单位组成的。基本电荷以符号 e 标记，大约带有电荷量（电量）1.602 × 10^−19 库仑。夸克是个例外，所带有的电量为 e/3 的倍数。质子带有电荷量 e；电子带有电荷量 −e。这说明，不同的物质是由不同的基本粒子组成的，不同的基本粒子中所含有的能子运动形式也是不同的。这就比较容易理解为什么不同物质制作的电池所含有的电能是不同的，不同的导体所能传导的电能也是不同的。其他以此类推，不同物质的基本粒子是不同的，其原因在于其能子的运动形式的不同。

在一个理想的完全闭合、没有外因干预的时空系统中，能子与粒子可以完好恰合，质能合一，量值相符，且保持不变（所有能量只在物体内部的粒子之间相互转化，无法向外部释放和转化）。此时 E=M。这可以被称作理想质能关系定理。这一点，与爱因斯坦当年借助繁琐的数学公式推定的结论是完全一样且不谋而合的。但是这样理想的闭合系统在现实中是根本不存在的，所以，这个定理的理论意义远远大于现实意义本身。但我们却可以确认，现实中的所有物质在外在时空系统中总要以不同的方式运动并同时受动于外在其他运动性物质环境的干预而发生转化，物质表面的粒子也因此会发生衰变，或者相反而得到能量补充后的增强。

比如一块石头在阳光和风雨的热能或动能作用下，就会发生能量转化事件，石头上的内部动能向外在施加的热能或动能转化，转化是相互的，外在的热能或动能也向石头内部的能子转化，从而导致石头发生整体性变化，而且这种变化总是先从外部受到干预的地方开始发生，最后直到将这块石头风化为一抔泥土。

假如我们不同意质能合一的理论观点，而对纯粹物质世界的质能关系具有可分性或先后性仍然抱有幻想，那么，我们就需要按照如下逻辑进行推理：如果说质能可以分割，也就意味着二者的结合可以存在先后关系。如果先有粒子，后有能子，那么，就意味着这个世界可以存在不含有能的粒子，而按照我上面的推理已经否定了这样的结论，即没有能的存在，物质是不可能存在的——这就使我们的讨论又一次在上帝功能体所设置的认知瓶颈上卡壳了。说明这个观点是站不住脚的。

除此还有一种可能性，我们设想在没有物质产生之前便存在着无质量的运动的动子，或者叫动因，这样，动子通过在特定轨道上运动而构成能子，并以能量形式表现出来，其高速运转的特定轨道必然占据空间份额，并外在地显示为粒子形态，并以质量形式表现出来，我们通常称它为物质，表明物质之体或称物质之形是由动子的运动轨道构成的。这就使得物质具有了质能合一的属性，但是，粒子是否以动子特定运动轨道的形式呈现出来并没有得到过科学证明，因此这个设想似乎有点过于超前，便只能暂时搁浅。

这就剩下唯一的一种可能性了，亦即量子理论的可能性了。即粒子本身具有二象性，一象是物质（空间性的内容）性表达的粒子，可称物象；一象是运动（时间性的内容）性表达的能子，亦即波，可称动象。只有这样，才能在我们现有的观念中解释宇宙的产生及其运行规律。动象的波与物象的粒合为一体且不可分割、质量与能量合为一体且不可分割、时间与空间合为一体且不可分割，在本质上完全出于同一个理论基础和宇宙模型，这个模型其实也就是爱因斯坦所说的“时空连续统”。时空连续统从宇宙最底层的设计中必然源自于物质世界的质能连续统或波粒连续统。

量子二象互存互依，对立统一，缺一不可。物象的粒子是物体的形式、体式，简称体，表现为费米子形式，是构成空间的根本，表达的是物质的广延性特征和形态性特征；动象的能子是物质的本质、功能，表现为玻色子形式，是构成时间的根本，表达的是物质的持存性特征和动态性特征。质能关系也可以称为体能关系，形式与本质的关系，体式与功能的关系，是否也符合费米子与玻色子的关系似乎有待进一步研究。动象是物象不断发生改变的内因，物象是动象始终赖以运作的表征；任何一种物质的存在，源自于能子始终如一的坚强支撑；

任何一种物质的衰变、裂变或聚变，源自于能子的转化作用。

一定数量的粒子聚合态可以构成质量，同样，一定数量的能子聚合态，可以构成能量，这是我根据能子思想所界定的全新的质量与能量概念。

质量与能量之间在特定时间点的数量关系，即为我按照牛顿力学思想所推导的 $E=M \cdot \theta^{n}$。

而影响能子转化速度的因素离不开外来因素。比如爱因斯坦的钟摆在静止时，首先由外力的机械能施加给钟摆而转化为势能，再由势能转化为动能，动能使钟摆发生摆动而转化为钟摆自身的机械能，最后机械能逐渐向摩擦阻力所造成的反向机械能转化，待全部转化完毕，钟摆停止摆动。停止摆动的钟摆使得爱因斯坦的钟不再具有钟的功能，相当于整个钟衰变或坍缩为另一种物质形式了。这就是说，一切运动都意味着转化，一种物质介入另一种物质，一种力介入另一种力，都意味着能子在发生着不同程度和不同形式的转化。

再比如光线介入人的皮肤，光中的内能便会转化为人体的热能。而且，每一种物质形式都只能包含着与其形式相当的能子，超过这一限度，这个物质形式便会发生改变（衰变或坍缩），比如人体中的热能具有一定的阈限，超过之后，人体便承受不了，直到把人热死或冻死，使得人体形式发生了与其能子数量的转化程度反向而等效的改变（衰变或坍缩）。

所以，人的死亡过程完全类似于粒子的衰变或坍缩过程。

我相信在这个宇宙中，微观世界与宏观世界，客观世界与主观世界是完全相通的，微观世界中存在的理论或规律，宏观世界也都一样存在，而宏观世界存在的理论或规律，微观世界也一样存在。

同理，主观世界存在的理论或规律，客观世界也都一样存在，客观世界所存在的理论或规律，主观世界中也一样存在和有效，只是表现的形式不同而已。我将这一理论称之为宇宙相通论。按照宇宙相通论推断，人类主观上能够想得出来的，最终都可以在客观上得到实现。比如人们想跑得更快，便在客观上造出了汽车和火车，人们想上天，便在客观上造出了飞机和火箭等等，不一而足。

第八章　宇宙一元结构模型

——意识与物质在能量概念下的物理性统一

随着脑科学技术研究手段的不断增多和量子物理学影响范围的不断扩大，科学家对于人类意识的研究也在不断地变换视角和不断调整新的思考路径。

欲望动力心理学认为，人类意识活动不过是能量转化的一种特殊形式。意识的本质是各种能量信息在神经细胞之间发生的转化现象。

按照我在本书系中的描述，意识活动过程遵循能量转化的基本原理，而再进一步结合我所提出的“能子说”，则更可以大胆设想这种转化所具有的独特的物质性特征。一切能的转化都严格遵循质能不可分割定律。这一点，近年来西方学者提出的“量子意识说”与我提出的“能子意识说”在论证方法上虽然有所不同，但对于研究意识与物质之间的关系却具有极为相似的观照视角。

一、人类意识的量子化推论

早在古希腊时期，一些哲学家认为，外部世界只是我们头脑中幻化出来的影子现象，其实并不存在。笛卡尔认为，能让他确认自己存在的唯一的东西，就是他的意识，“我思故我在”。因此，按照这一哲学思想，我们并不敢确切地认定外部世界就是我们所看到的那个样子，而是我们通过对外部世界的表象而构想出来的，是一种幻觉。

现今大部分人都认为，人类的视网膜就像一架照相机，把图像传到大脑计算机里的某个部位，但看图的是谁呢？欲望动力心理学把人类的认识过程分为两个层次，一个是神经智能层次，一个是自我意能层次（也称大脑意能层次），很显然，神经智能层次就是照相机的层次，而自我意能层次即是看图和解图的层次。

英国牛津大学物理学家罗杰·彭罗斯认为，人们处于意识状态时，似乎必须意识到某种东西才具有意义，比如感觉到痛、温暖，或者看到彩色风景，听到音乐之声；也可以是迷惑、沮丧或快乐的感情；还可以是某些过去经验的回忆；或者是对其他人讲什么的一种独特的理解，或者是自己偶然的一个新思想。但有一个奇怪的现象是，大脑位于颅骨中，并没有跑到外面去体验外部的世界，它只是对内部条件，如pH值、电解液、激素、细胞膜离子交换和电脉冲等起反应。大脑是怎样看到外部世界的呢？

对此，美国著名心理学教授、意识研究中心主任斯图亚特·哈梅罗夫与彭罗斯联合提出，意识是产生于量子尺度的时空结构，在普朗克尺度之内，似乎有某种东西可能和宇宙信息相连接，而神经元内部的“微管”结构则是它的生物终端。而前意识或意识本身，或许正是嵌在这种普朗克尺度的几何结构中，正像质量、自旋和电荷构成了物质世界一样。

从本质上说，意识就是一种量子过程。对于这一量子过程的测量问题，哥本哈根的解释仅仅是若干可能之一。某事物的一种量子态的波函数，即表示粒子可以同时处于叠加位置，具有多种状态或多个位置。在特定条件下，波函数坍塌了。

按照薛定谔的推断，所有的可能性最后只能变成一种确定的真实。但这一解释很可能把意识当成了一只死掉的猫，显然禁不住科学的推敲。还有一种解释可称为多重世界解，实际是量子叠加态能达到多大和持续多久的问题。按照这种观点，在一个同时存在两种可能性的量子系统中，每一种可能性都会发展和演变成它自己的整个新宇宙。这就使得宇宙在最基本水平发生分裂，在我们面前呈现出无数个这种重叠宇宙。

彭罗斯认为，由于一种客观临界值的限定，分裂的宇宙并不稳定，它也会在特定时间还原，或自身坍塌为特定状态——这叫做客观还原。而意识起始于叠加，由薛定谔推演的一个非常简单的关于粒子能量的不确定原理的波动方程，确定了一次意识事件的波场。基于这个方程而发生了自身坍塌，当坍塌发生时，就产生了量子化的意识瞬间。

意识瞬间是不连续的，但由于其发生速度非常快，所以给人一种连续的感觉，一般来说大约每秒钟40次。意识瞬间也可以称为意识量子，就像电磁波谱里的光子一样。在电磁波谱中，可以发现高能、高速、高频的光子，如紫外线；也能发现更慢、更长的波，如红外线。而意识事件肯定也有一种频谱。当意识发生时，外部世界便会在脑海中呈现出来。比如在汽车突然发生急转弯时，车上的人会感觉外部世界忽然变慢了，因为这时人的意识瞬间从每秒 40 次迅速提升到了 80 次，内部知觉突然增强，相对于外部世界就显得慢了。迈克尔 · 乔丹说过，当他发挥良好时，他会感觉对方运动员的动作变慢了，这很可能是他的意识瞬间突然增强所致。

哈梅罗夫认为细胞分裂中的微管，特别是神经元中的微管，就像一种计算机开关网络，每个微管蛋白亚单位的状态就相当于某种比特的东西，比如一个 1 或一个 0。这就很可能意味着细胞内部也像计算机一样在进行着大量的信息处理。据说人的大脑大约有 1000 亿个神经元，每个神经元就相当于一个 1 或 0 的比特，如同一个开关。神经元之间的每个突触几毫秒就会变换一个比特。据哈梅罗夫的研究，在人的大脑中，微管处理信息的速度大约是每秒 1027 次。由此可以想到作为单细胞生物的草履虫，它们没有神经元，没有突触，它们寻找食物和配偶全靠它们的微管。微管的作用是在细胞有丝分裂时可以分离染色体，并在神经发育中推进轴突、树突和突触向前生长，进而调整突触参与记忆活动。它们一旦发生断裂，人们就会得老年痴呆症。

物质总是以一种特定的时空结构存在，在时空基本结构层面，物质的起源或许同时也是意识的起源。

有一种智慧认为，在主体与客体分离之前也有意识存在，这种意识就是前意识。有一种最底层的东西分裂出了主观和客观。自古以来的还原主义科学其实就建立在这种主观和客观的分离上，但这仅仅是人为的，而其本质是一。

二元论者认为物质与意识是各自独立的，唯心主义者认为意识产生了物质，唯物主义者认为物质产生了意识，而泛心论者认为物质和意识原本就是一回事。但哈梅罗夫认为，有一种最底层的东西，既能产生物质，又能产生意识。这种最底层的东西或许就是与基本时空结构相关的量子叠加态，然后根据该系统的坍塌方式，我们就会既能得到完全的物质，又能得到与意识共轭的物质——即发生在每个意识瞬间的客观还原。所以，站在西方中立一元或东方不二论的立场，这种解释非常符合宇宙底层设计的本质。

从量子物理学角度来看，生物间通过量子纠缠而互相连接在一起。当我们以身体形式生存时，意识几乎全部被限囿在大脑中。我们和世界上的其他人和其他物质都有着量子纠缠，或许在另一种状态下，以某种非定域性分布的形式存在。当我们死后，神经元内微管中的量子信息或许会以某种更广大的形式弥散于宇宙中，仍然继续保持着纠缠状态，使得我们仍然保持着某种自我认知，知道自己是谁，知道自己仍然存在着，或许这就是所谓的灵魂。所以，哈梅罗夫认为:“当人们死后，离体的量子信息——灵魂可能存在于普朗克尺度的时空，并可能再生。”

东方宗教传统认为，当人死亡后，会返回到一种纯潜在性的状态，这就是所谓的纯意识，甚至以可能性叠加的形式保留着记忆。如果用现代物理学术语来解释，转世再生实际上是某种可能性场域被再一次定域化。我们仅仅是一个更大的可能性场域的一部分，这种场域一般叫作阿卡西场，它是永恒的。

人在死亡时，特定时空维度中的量子信息不会消灭，而是可能漏出来发生转化，或弥散成一种更加全息式的分布，但仍然保持纠缠。这种理论或许可以解释一些人出现的濒死经历。

但有人真的不愿意看到死亡，他们认为，死亡事件不过是我们意识中产生的一种幻觉。我们中的大多数人都相信这个世界是一种客观的、不依赖于观察者的独立存在，是我们传统世界观得以建立的基础。但有大量实验显示，真实情况却与此恰恰相反。一些科学家研究证实，生命不过是一种碳运动和分子混合——我们只是暂时生存，以后必然又回归黄土，这意味着死亡仅仅是一种回归。

每个人都固有一死，因为我们总是将自我的存在感与身体的存在性紧密地联系在一起，所以身体的死亡就意味着故事的结束。但生物中心主义者认为，死亡或许并不像我们想象的那样具有绝对可怕的不可逆的终结性。生命对现实世界具有一种特殊的意志控制力，是生命创造了宇宙，创造了宇宙观，而不是相反。换句话说，正是人的意识决定了宇宙中物体的形状、大小、用途和运动方向。

同样的，空间和时间也并不是以意识告诉我们的那样以一种不容改变的方式在运行。空间和时间“仅仅是我们精神的工具”。如果空间和时间果真是我们的精神之构想，那就意味着死亡和不死的理念都同样存在于一个没有空间维度或线性边界的世界中。

量子物理学给人们提供了一个广为人知的观念，即观察无法做出绝对预测和确认，而是每个可能的观察位置都有一个不同的概率性解释。对于“多个世界”，主流的解释是，每个可能的观察都对应一个不同的宇宙，这说明我们真的可能面对着一个多元宇宙，每件事可能偶然发生在某个宇宙中。在这样的背景下，死亡在实际意义上或许是不存在的。在我们死后，我们的生命或许就变成了“一朵多年生的花，在多重宇宙中重新绽放”。

以上关于量子意识的候选理论来自于美国几位著名科学家开展的一次关于意识、生命、死亡等问题的有趣讨论。此讨论的详情还可参见于中国航空新闻网2014年9月23日发布的文章《量子物理学家提出：意识与宇宙精细结构相连》。[1]

其中一些观点令人大开眼界。我在此引述的目的在于证明我在欲望动力心理学中所阐述的“器能合一”或“质能不可分割”理论与量子意识理论存在着一些惊人的相似。如果把我所提出的“能子”理论与现代流行的“量子”理论结合起来看，或许二者遵循着相同的转化原理或发散原理，这当然是需要进一步加以证明的。

二、我们看到的世界仅仅是能量转化的形式

能量转化无处不在，其转化后而演变的形态五花八门，光怪陆离，我们看到世界上的物质五颜六色，包括无机物和有机物，包括有生命物和无生命物，包括植物的根茎叶和花朵的颜色或味道，这些万千气象都是怎么产生的呢？

仅以颜色的形成为例，一种情况是来自于中微子特定颜色的干扰和弥散，另一种情况是来自于光的照射、反射、干涉和介入，来自于太阳光子与植物粒子之间所存在的能子的相互转化。还有一种可能是来自于物质微形态或微结构对于光的反射或折射角度或特点，不同的物质总是具有不同的微形态或微结构。而光照射到不同的物质上时，则不同颜色的光便会在不同的物质微形态或微结构中有不同的表现，包括不同的反射或折射视角，也包括对于各种谱系的光素或光能的转化方式的不同。

这就出现了两种观点，一种是光谱颜色融入说，即不同颜色的光子通过能量转化的形式辐射到或融入到了特定物质之中，因此使这种物质产生了特定的颜色；一种是光谱颜色反射说（包括折射），即不同物质由于其微形态或微结构的不同，而对于不同谱系的光具有不同的反射或折射本领。

牛顿的经典光学实验的结论可以作为以上观点的理论证据之一。“光的颜色不像一般所认为的那样是从自然物体的折射或反射中所导出的光的性能，而是一种原始的、天生的性质”[2]“通常的白光是每一种不同颜色的光线的混合，

1　中国航空报CAN译讯。

2　牛顿著《光学》，北京大学出版社，2007年1月，P80。

光谱的伸长是由于玻璃对这些不同的光线折射本领不同”。[1] 既然是“混合”，就意味着杂多，就意味着不是唯一。

植物的花五彩缤纷，来自于太阳光里五彩缤纷的光谱性物质的干预和介入，而地下埋藏着的五彩缤纷的矿石或宝石，数万年前或数亿年前肯定也都接触过太阳光或其他宇宙之光的照射并对光能具有吸收和转化功能。

按照光谱颜色融入说来推断，只要是有颜色的物质，都经受过光的沐浴和照射并对光能具有不同程度的转化功能，而未经光照射过或不能吸收光能的物质都不在我们人类视界之内，就像暗物质一样，是无法看见的。原因可能就在于这些物质是排斥光能或对光能无法吸收和无法转化的。

按照颜色来自光的假想理论推断，假设宇宙中存在的颜色多于光谱中的颜色，其中一种可能情况是，凡是光谱中没有的颜色，或超过光谱的颜色，物质上也不会着上此颜色，因为这个物质除了借由光的媒介之外，再无从把颜色转化到自己身上来；相反，按照物质颜色并非来自于光的转化来分析，那么，就可能意味着物质本身先天就有与太阳光谱完全等效的颜色。或者相反，物质颜色有很多，远远超于光谱中有限的几种颜色，只是因为光谱颜色太有限，不能将更多的颜色反射出来、折射出来或转化出来。更有一种可能情况是，人的眼睛因为只能借助光来识别颜色，所以，凡是不属于由光转化来的颜色，或者凡是超出光谱的颜色，便不能被人类所识别。

牛顿证实白色的太阳光由七种颜色组成。他还给这七种颜色进行了命名，直到现在，全世界的人都在使用牛顿命名的颜色。牛顿指出，“光带被染成这样的彩条：紫色、蓝色、青色、绿色、黄色、橙色、红色，还有所有的中间颜色，连续变化，顺序连接”。正是这些红、橙、黄、绿、青、蓝、紫基础色不同的色谱才形成了表面上颜色单一的白色光。如果你深入地看看，会发现白光是非常美丽的。这种美丽也同样是由能的转化而来的。

宇宙中所有的物质颜色似乎都超不出这七种颜色的组合，不管是地球表面物质的颜色，还是深藏于地球内部物质的颜色，都是这七种光辐射的结果。可以说，光是给宇宙一切物质图颜着色的神奇之笔，为我们创造了这个五光十色、姹紫嫣红的多彩世界。

但随着科学家对中微子的研究所获得的惊人进展，人们发现中微子不但具有颜色属性，也具有味道属性，这就使得物质的颜色或味道来源等诸多问题有了更广阔的答案寻索空间，甚至远不止于此，包括强力、弱力、场力、心理、

1 牛顿著《光学》，北京大学出版社，2007 年 1 月，P86。

意识、精神、暗物质等一切我们看不见摸不着的东西，其存在形式和特点都可能与弥漫于整个宇宙中的中微子息息相关，换句话说，中微子可能是宇宙中一切隐秘物质或隐秘力量的化身，也是最底层和最终极的传递媒介，甚至可以想象它就像弥漫于宇宙中无处不在的特殊的“空气”一样，使所有的天体都无一例外地“漂浮”其中。

关于地球温度上升、海平面上升、冰川融化等直接影响人类生存的原因也一直成为科学家们聚讼纷纭的问题，目前比较共识的观点是，人类的生存活动造成的温室效应是导致地球温度不断上升的主要原因。我认为这个观点也是站不住脚的。

按照现有理论观察，特别是按照能量转化与守恒定律来推导，我们即可以得出另一个业已被证验的结论：地球上的能量不是越来越少，恰恰相反，而是越来越多。

地球整体能量增多的根本原因并非源于温室气体的排放效应，而是宇宙之光特别是太阳光作为一种外来的宇宙能量源源不断的输入，并进而转化为地球上的能量，而地球上的能量却很难或很少借助其他任何媒介传导出去（除非红外线或中微子具有向外部空间传导能量的作用），而只能在地球内部的各种物质之间相互转化，这就使得地球上的能量特别是热能越来越多了，气温越来越高了，冰川越来越少了，水平面越来越高了，而且地球上既有物质形式由于光能剂量的不断增加也必然发生与以往不同程度的转化和改变。

未来的世界面貌与以前的或现在的世界面貌即便没有人类或动物的干预，也会因为系外能量的不断增加而自动发生改变。我们已知的发生在地球上的动植物形态的改变甚至连续不断地发生的动植物灭绝现象，也都与地球能量的趋强性改变息息相关。

这就是说，按照能量守恒定律，由外来宇宙光能辐射到地球上之后而转化的热能永远不会消失，也无法向地球之外的星际空间反馈或转化，这样，整个地球就像中国古代的貔貅一样，对于来自外部空间的光辐射能量只进不出，只受不授，这就使得这些外来之光能只能在地球表面和地球内部发生转化，直接造成空气温度、土壤温度、岩石温度、冰川温度不断提升，这是导致地球冰川融化和海平面不断上升的直接原因和根本原因。我将这一理论简称为光能单向辐射论。按照这一理论计算，随着时间的推移，地球对于外来宇宙之光能的吸收和接收必将越来越多，能量越来越大，地球的质量也越来越大，如果人类不能将地球上不断增加的能量设法转移或转化到系外宇宙空间中去，那么，大约几十亿年之后，地球将不再适合人类生存。再过几百亿年之后，当系外能量无限地介入，在现有地球形式状态的阈限中容纳不了这些能量时，地球就必然会发生能量大爆炸，爆炸后的碎片将以流星的形式或宇宙尘埃的形式分散在茫茫宇宙之中。所以，地球的任务是如何把更多的能量输送出去，输送到外星系中去。

在地球位于日地平均距离处时，地球大气上界垂直于太阳光线的单位面积在单位时间内所受到的太阳辐射的全谱总能量，被称为太阳常数。太阳常数的常用单位为瓦／米 ^{2}。因观测方法和技术不同，得到的太阳常数值也有所不同。世界气象组织（WMO)1981 年公布的太阳常数值是 1368 瓦／米 ^{2}。

我们根据地球的平均半径，就能算出地球的表面积和每天接受的太阳辐射能量数值。

尽管地球在接受太阳辐射的同时，也以红外线的方式向宇宙空间辐射出一部分能量，但接收与辐射的能量并非是等值等效的，其间的差即是地球能量的增加值。

上帝粒子并不直接等同于上帝，作为宇宙功能体的上帝因其无处不在，因此不可能是有形的，而是无形的。宇宙中所有物质都是能的介入、干预和转化的结果，都是能量转化而成的特定形式。或者换句话说，宇宙中所有物质都是上帝功能体转化的形式。

我们看到的世界，只是一个形式，一个外在的质结构形式，而绝不是世界的内在本质。与其说上帝创造了世界，毋宁说上帝转化了世界。

能具有万全属性，万般功力，它以不同的属性和功力作用、蕴藉和活跃在宇宙各式各样的物质形式当中，并同样以各种各样的形式对其他事物发挥作用和产生影响。这就意味着，物质的内容是能，物质的形式也包含着能。比如一块金属矿石，其内容中含有金属等物质成分的能，其形式诸如外部展示的棱角也具有划破其他软体物质的能，体现了能的无处不在的本性。

我们表面上对能的分割、计算和量化，不过是通过分割、计算和量化物质形式而实现的，而物质只是能的存在形式，或者说能的存在形式即是物质形式，能的转化形式也要借助物质形式来实现，转化后的归附对象也必须是以物质形式而呈现。这说明，宇宙中无处不充满着能，无处不作用于能，无处不受到能的作用，充分印证了“上帝”无处不在和无所不能的特性。

我们表面上对能的分割和拆解只能借助对形式的分割和拆解来实现，而能本身是无法分割和拆解的。宇宙存在的能可以分别赋予不同形式的物质上，物体上，事物关系上，有的被赋予在土壤中，水中，阳光中，空气中，草木中，桌椅板凳上，汽车火车上，飞机大炮上，电脑机器人上，这就使能在形式上实现了相对的分割和重组。但其本质属性却没有被分割，而仅仅是被转化了或被重组了。我们看到的分割不过是能的转化形式的不同而已（即从一种形式转化到了另一种形式）。能的本质属性只有一，不同的能，不管是光能、热能、电能、磁能、场能、化学能、生物能，最后都是万能归一，万性归一，这个被归一的能便是推动宇宙一切事物不断发展变化的元能。这个元能为万能之首，它就是古今中外科学家们苦苦寻找的宇宙第一推动力发生之源。

物质被分割到不能再分时，其所止之处，即为粒子与能子两种属性、质量与能量两种形式、空间与时间两种维度的初始临界点，可以理解为“上帝的骰子”出现的前一刹那。上帝功能体在向物质世界转化的临界处将其中一部分能的属性赋予这个骰子之上，从而使这个“骰子”因为有能的作用而呈现出跳跃性、波动性、流动性、弥散性、灵活性等欢快的运动特征。这就使得关于有形物质从牛顿的“粒子说”到惠更斯和麦克斯韦的“波动说”，再到爱因斯坦的“光子说”等物理科学观念性革命的发生成为一种必然。而欲望动力心理学提出的“能子说”，则更是一种超传统、超理念的突破。

我们知道，“波动说”的最大贡献主要体现在对物质初始状态的运动属性的开元揭秘和底层证验，而“能子说”或许可以为“波动说”的波动提供最基础和最底层的解释。

沿此推导下去，正是能子的运动产生了空间的方向性，方向性产生了正、负两种形态的对立性；同时粒子与能子是否可以理解为雌雄二性，则更是一个饶有趣味和诱人深思的讨论话题。

著名的天才物理学家爱因斯坦曾经说道：“有一种无穷无尽的能量源，迄今为止科学都没有对它找到一个合理的解释。这是一种生命力，包含并统领所有其他的一切。而且在任何宇宙运行现象之后，甚至还没有被我们定义。这种生命力叫‘爱’。”我想上帝功能体对于宇宙最底层的二象性设计隐藏着一个雷人的秘密，这就是爱因斯坦所说的“爱”。

正负二性或雌雄二性的特殊结构设计，使得一切物质都必然地隐逸着“爱”的秘密，隐逸着“欲”的秘密，隐逸着“能”的秘密，这一点与我在欲望动力心理学中对于宇宙的解释如出一辙，爱＝心＝欲＝能＝力，爱、心、欲这种貌似纯粹精神世界的内容在物质世界中则以能或力的形式发挥作用，即表现为能量、能力、功能、效能。

这就意味着，欲望力不仅仅是人类精神宇宙的第一推动力，同时也必然是客观物质宇宙的第一推动力。

微观世界是宏观世界的根本，波粒二象性的微观设计在宏观宇宙中呈现两种显性的视觉效果，这两种视觉效果便是物质外现于人类主观世界的两种形式，即正与负，雌与雄，阴与阳，或者空间与时间，有形与无形，于是正负相抵、雌雄相交、阴阳相称、时空相接、有无相生，由此不断衍生出新的物质形式。物质世界达到相抵、相交、相称、相接、相生之后，由爱或欲所构成的精神世界便达到了中和态或称零和态。

这是我依据现代物理学和宇宙能的全息转化思想而对物质世界形成过程的推理，我的这一推理竟与老子的哲学思想存在着惊人的吻合，老子说："道生一，一生二，二生三，三生万物，万物负阴而抱阳，冲气以为和。"我们现在已经无法探问老子的道究竟是个什么东西，但他认为在"一"之上一定还有一种东西存在，这个存在到底存在不存在则是问题的关键。按照我在上面的推理来看，这个东西是存在的，其属性便是使粒子与能子合而为一且不可分割的自然之道。这个道可以表述为"爱""心""欲""能""力"等，正是这个特殊的道，使得宇宙中所有的事物都具有了各从其类的功能、效能、属性、规律、作用、力量等实质性内容，作为道的内容可以隐于、储于、现于、用于、转于各种事物当中，并在各种事物当中发挥特定的作用和影响。

人类通过各式各样的事物而体验到了各得其用的能，并通过对不同的能的认识而感悟和理解道的存在，进而依据这个道所规范的质能关系和能量转化原理而创造出各式各样的工具、机器、仪器等不同性状的物质形式，从而在人类认识范围内经由人的操作而进一步实现了能的转化与循环。

能与能是可以随机相通的，互动的，连接的，具有干涉、偏振、衍射、辐射、散射、扩散、弥散、波动、流动、交合、附着、聚结、转换、转化等各种特点。正是能或功能的东西演绎着世界万物。

"能"的概念不仅仅包含着亚里士多德的"能量""力"的含义，也包含着斯宾诺莎的"属性""规律"的含义，是宇宙中一切能量、属性、功能、规律、力量、效能、作用等全部内容和形式的聚合。

换句话说，我在欲望动力心理学中所界定的"能"的概念则是比物理学中的能的概念更宽泛一些，可以理解为质与能的统一，缘与道的统一，刚体与虚体的统一。

这个"能"就是千百年来人们一直倍感神秘的、看不见、摸不着却又无处不在的上帝。所以，有人称颂上帝为"万能的主"，其意义正在于此，将万能简称为能也便是自然而然并顺理成章了。作为功能体的“万能”的上帝既能创造“有”，也能创造“无”，既能创造“实”，也能创造“虚”，既能创造“在”，也能创造“空”，并分别赋予“有”“无”“实”“虚”“在”“空”具有各自不同的功能和属性。

作为功能体的上帝是能的施加者和赋予者，而不是接受者和被赋予者，斯宾诺莎认为，神与非神的关系就像作用与被作用的关系一样，作用者即是神，被作用者即是非神。神“绝对不会受外力的作用”。[1]上帝既然被我界定为功能性的实体,那么他就自然而然和无可争辩地具有了作用性和创造性的特殊力量。一切物质都是被他创造的，一切功能都是被他赋予的。威廉·潘在他的《隐居的些许收获》中写道：“上帝是这些伟大事物和所有智慧的创造者。”而事物和智慧也都具有特定的功能属性，这些功能属性则并非是作为“万全”的功能体的上帝创造的，而是它赋予的。

比如人的所有功能就是它赋予的，人借助这种功能可以制造机器，而机器的功能并不是人创造出来的，而是被人赋予其上的。

通过以上多方面的讨论，我们可以看出物质世界向精神世界发展的必然通道，并从这个通道中得出人类意识源自于物质的结论：意识与物质一样，都是不同能量通过不同形式转化而来的特定产物。

这种转化是通过信息映射于神经中的媒介性能量进行传导的，信息及意识具有能子的一切属性（我们可以将主观世界中的信息或意识的最小单位简称为信子或意子），包括附着性、流动性、被存储性、转化性、辐射性、反射性、衍射性、弥散性等基本特征,信息通过在神经导体中的流动而进入大脑,被存储,被转化成意识。意识是特殊的能子运动形式，不但具有与其他能子相互转化的功能，而且严格遵循能量转化上下位循环定律，同时意识与构成大脑的基本粒子具有不可分割性，符合质能不可分割定律。这说明意识也是能量的一种特殊物质形式。意识能子（亦即意子）则是精神世界与物质世界之间的奇点。

中国圣人孔子曰：“朝闻道夕死可矣。”道即是主客观归于一者，人类观察、理解和试图加以改变的万事万物，其实皆为事物之形式，而非事物之内容，事物之内容乃为事物形式中所蕴含的能。即世人所要寻求并试图得到的东西非客观事物之形式，非客观事物之质，乃客观事物之内容，乃客观事物之能，而一切能量的东西均介乎客观世界与主观世界之间的毗连处,其外在于我者为客观，内在于我者为主观，内外相接相通者即为介体性中观世界，中观之道在于用，

1　见于斯宾诺莎《伦理学》第一部分《神论》。

即为有用，有用乃是对我有用，对我的主观世界有用，对我的感受、欲望、情感、心理、意识、精神有用，而非对客观世界有用。

因此世人之所求者，非客观之形式，乃主观之内容（主观之内容与客观之内容是叠加在一起的能，是主客观两个世界的奇点）。

所以在主客观奇点处，主观为能，客观为形，人类迄今为止鉴于理论瓶颈的限制，只能通过客观之形而改变主观之能，比如通过学习、劳动、创造甚至通过战争等手段来改变客观世界的表面形式，以此改变自我的主观世界面貌，包括知识结构、心理感受、情感情绪、理念观念、思想意识、精神信仰等内容，人类总是为着心理的喜欢和不喜欢而战，客观世界也因此在人类喜欢或不喜欢的方向上而不断被改变。比如人们研究制造核武等高端武器，表面上看是为了打败客观世界的敌人，实质上看是为了保全和拓展自我主观世界的统摄范围，保全和延展自我欲望满足的时空维度。

如今随着科学技术的迅猛发展，人类发明和创造的各种技术、装备、机器、武器、仪器等用来改造、进攻和占领外在客观物质世界的工具已经达到了非常高端的水平，再往上发展似乎已经达到了极限。

比如两个核武器超级大国，谁也不敢贸然发起进攻，这并不是他们的武器不足以改变或毁灭客观存在的敌人和客观存在的世界，而是敌人的武器也会因此而改变和毁灭客观存在的自己。在这种业已接近极端的旗鼓相当的客观实力较量中真正起决定作用的，不再是客观存在的强大的武器装备，而是各自主观世界中的理性意志，是各自用以保全自我的主观欲望、想法、理念、信念、观念、意识和精神。我们通常可以将这一切主观世界及其演化的东西称之为文化、宗教和信仰。

很显然的，对于两个敌对而强悍的国家而言，利用客观存在的高端武器谁也征服不了谁了，这就意味着在客观层面上均已黔驴技穷，彼此在势均力敌的对决中任谁都不敢利用客观存在的强大武器贸然进攻对方。在这种胶着的情况下，双方不得不从改变客观世界的牛角尖中走出来，不得不将目光移向主观世界，在主观世界中下工夫、做文章，或许我们可以不费一枪一弹即可征服整个世界。

这种征服方式不再是客观征服，而是主观征服，是利用主观世界能结构关系的征服。即通过改变人们主观世界的能结构关系和能转化机理而试图改变对方的信息结构、认知层次、理念想法、思想观念、欲望倾向、情感倾向、意志倾向或精神信仰，从而让对方心甘情愿地放下武器，放弃对抗，走向合作，彻底实现从敌对到顺服的根本性转变。从而在主观世界层面上将敌人变成了朋友。

林肯当年曾说过，当敌人成为我们的朋友时，敌人也就被消灭了。截止目前，人类改变主观世界的唯一办法就是通过宣传教育、著书立说、传道解惑等信息传播和思想教化的方式实现的，包括宗教、文化和政治教化手段。

我们知道，一神教可以统一人们的观念，统一人们的主观世界。而以宗教形式统一人类主观世界的统一过程，不需要任何武力征服，只需要文化侵润和思想渗透即可以实现大一统的世界。由此我们有理由借助欲望动力心理学推断，在这个世界上，我们既可以通过武力的形式来改变和统一客观世界，进而改变和统一辖区内民众的主观世界，也可以通过文化的形式、宗教的形式、教育的形式来改变和统一不同族群的主观世界，进而改变和统一各族群所占据的客观世界。

但这种通过教化的方式或许可以间接地改变一部分的主观世界，却无法直接地改变范围更广大的、更多的人或更多的族群的主观世界面貌。

不过，随着科学技术的迅猛发展，特别是量子力学或粒子物理学所做出的惊人突破，利用量子力学，利用中微子纠缠、振荡、干涉或超弦、引力波等理论，来改变人类的主观世界的能量结构关系和能量运行机理，使得弥散于整个宇宙之中并不断在所有人体中自由穿行的中微子等微观粒子能够对每个人的主观世界产生直接干涉或影响，有关于客观世界的各种信息、各种知识尽可以经由中微子等微观粒子作为载体或媒介而直接传导或灌输到人类的大脑之中，从而以物理性操作手段彻底改变人类的学习方式、学习方法和学习效率，这样，对于人类主观世界进行极致化的改造、重塑、制衡或统摄或许在不久的将来成为可能。到那时，人们可以直接地经由改变主观世界而改变客观世界，并最终达到主观世界与客观世界的奇点性契合与欲望性融通。为此我们有理由相信第一个掌握此一技术的人即可以成为这个世界的主宰。

如果主观世界果真是一个能量的世界，那么我们经由改变能量而改变主观世界的设想就一定会变成现实。届时我们发出一种特殊的可以对接思想、对接意识、对接观念、对接情感的能量源，让某一种观念、某一种思想、某一种情感、某一种精神统贯所有人，从而使所有人在某一种精神层面上如同一个人，一个头脑，一个思维，一个想法，这就像千军万马只听从一种召唤，一种号令一样，从而使所有的人步调一致，同心同德，一呼百应了。

这就是说，根据我的主观世界能量说，可以将若干意子合成某种观念，然后以中微子等基本粒子为信息媒介衍射出去，使每个人的大脑都接收到这一信号，并通过这一信号而形成特定的观念纠缠与振荡，或许可以一下子使全世界的人瞬间便产生了同一种观念，进而全都按照施加者的唯一意志思考问题和付诸行动，这样整个客观世界便经由主观世界而实现完全统一了。这当然是我们一厢情愿的猜想，能否转变成现实，则或许有待于科学技术的进步与发展。

我想量子纠缠与振荡或许是物质世界与主观世界的奇点性表现形式，是主观世界得以形成的物理学基础。主观世界产生的一念之想的速度即是宇宙中的最高速度，也是接近光速或电速的量子纠缠速度，可称为意速，即意子的速度（或可类似于中微子的速度）。或者说，在微观世界中，时间与空间是凝缩在一起的，观察者站在大尺度空间中并利用大尺度空间观念来研究微观宇宙是错位的、不合适的，也是理解不了的。

量子纠缠必然造成时空纠缠。这边动了一下甲物质，那边的乙物质就会“知道”，就会感应到，这边与那边在宏观世界中的时空距离体现在微观世界中是完全不同的，即这边与那边的时空维度在微观世界中被忽略为零，时间与空间、主观与客观坍缩为同一个点，彼此互联互通互动，这便是“万物皆有灵”的根本。

鬼魅一样的中微子或许就是造成时空连续统的枢纽，可以将时空的维度反转为一种失去维度限制的异度时空，这个异度时空或许就是灵魂归属之所。

我们所感知的世界都不是自我本身，而是客观的外在他者的世界，自我主观世界是永远感受不到的。我们的主观世界是微观世界构成的，微观的极致即是主观世界的真相。主观不能被感知就是本体不能感知本体，客体不能感知客体，同样的，主观不能感知主观，主体不能感知主体。主体可以感知客体，感知者与被感知者在宏观世界是绝对分离的，而在微观世界最底层的奇点处却最终统一到了一起。

后　记

当我创作完成《欲望动力心理学书系：欲望的世界》这一百多万字的书稿之后，疲倦地打上最后一个句号时，心情倏然感受到了一种莫大的轻松和解脱。好像从此以后，我终于从欲望的世界里逃离出来，再也不必为人的欲望问题而焦灼和纠结了。

要知道，我在整个前半生的五十多个年头里，差不多每一天都被各种各样的欲望包围着，蛊惑着，困扰着，差不多每一天都有自己的欲望与别人的欲望交叠在一起，纠缠在一起，振荡在一起，搅得我心乱如麻，躁动不安，压得我常常喘不过气来，笑不出声来。这也许是我决定把欲望这根硬骨头啃烂嚼碎的原因。现在是啃完了，嚼完了，似乎也到了该向欲望告别的时候了。

想到本书系的写作过程，与其说是一种创作，不如说是一场修炼。但真正修炼到彻底告别欲望的程度，目前似乎还真是做不到。因为我们都活在欲望的世界里，在欲望的世界里兀兀穷年，疲于奔命。欲望是伴随人生之始终的魔咒，你不从这个世界上灭失，它就一直缠着你不放。不论你，不论他，不论我，任谁都不能幸免。

不过，我想大概也不必如此悲观。我们正是因为每天都活在欲望的世界里，每天都受到欲望的驱策，才使得我们活得有声有色、有滋有味、有情有义，才使得我们不断参与社会的合作与竞争，才使得我们不断追求人生的幸福和满足，才使得我们不断寻求和感受人生的意义之所在。

关于人类欲望问题，几乎每一位哲学家和心理学家都或多或少地做过程度不同、角度不同和观点不同的讨论。但到目前为止，基于我个人的阅历所限，还没有看到任何一部长篇大论和穷原竟委的专著。本书系的写作经历了八年的时间，我为此也付出了不少精力和代价，如能引起相关领域的专家和学者给予热心关注、支持、赞导和批评，我将足以欣慰并感戴不尽。

这里还需要特别说明的是，为了阐述问题起见，我还在本书系中绘制了上百幅图片，试图对一些抽象、玄奥、高深的欲望问题做出形象化和视觉化的解读，其效果如何相信读者诸君会看得明白。其中也有个别几幅引自于网上现成的图片，这几幅图片连同内文中引用和借鉴的一些专家或学者的优秀理论观点，对于我阐述欲望问题起到了很好的启发作用和支撑作用，由于无法与作者取得联系，我对此深感不安，并致歉意。如日后有机会取得联系，我将合理支付报酬，表达我对他人劳动成果的理性尊重。

另外，鉴于近年来国内学术环境和图书市场出现的一些乱象，让我产生了一些令人尴尬的联想。所以我不得不在此做出一个简短声明：本书系为原创作品，凡引用本书系观点，敬请注明出处！本书系作者愿意看到正当的学术讨论、引用或翻译。凡未合理注明出处的，或对本书系内容进行改写并将本书系观点当作自己的观点进行发表的，将视为抄袭或篡改。一经发现，将追究其法律责任。

本书系虽为学术专著，但考虑到内中所阐述的欲望事件与每个人的一生都息息相关，所以，在写作手法上，我尽量避免使用高深的专业术语，力求把问题阐述得简单浅近，通俗易懂。所以，本书系既适合有志于从事心理学领域研究工作的同仁作学术讨论之用，也适合那些拥有普通学历的心理学工作者、心理咨询师、教师、大学生、一般爱好者或为自我心理问题长期受到困扰的人士阅读，但愿每个人都能从中受益。

作　者

2017 年 4 月于北京

张振学

1962 年生，辽宁人
做过教师，记者，编辑
出版过多部社会科学类著作
作品多次荣登全国畅销书排行榜
后常年从事欲望心理学研究工作
创建了欲望动力心理学
欲望层次心理学
欲望场心理学
质能结构主义心理学
以及现代量子心理学理论
首开上述理论领域研究之先河

扫描下面微信二维码可直接与作者取得联系